U0956657

应用随机过程

闵 慧　张 微 主编

北京工业大学出版社

图书在版编目（CIP）数据

应用随机过程 / 闵慧，张微主编 . -- 北京 : 北京工业大学出版社，2024. 9. -- ISBN 978-7-5639-8683-5

Ⅰ. O211.6

中国国家版本馆 CIP 数据核字第 20240WJ921 号

应用随机过程

YINGYONG SUIJI GUOCHENG

主　　编： 闵　慧　张　微
策划编辑： 孙　勃
责任编辑： 付　存
封面设计： 红杉林文化
出版发行： 北京工业大学出版社
（北京市朝阳区平乐园 100 号　邮编：100124）
010-67391722（传真）bgdcbs@sina.com
经销单位： 全国各地新华书店
承印单位： 北京虎彩文化传播有限公司
开　　本： 787 毫米 ×1092 毫米　1/16
印　　张： 18
字　　数： 290 千字
版　　次： 2024 年 9 月第 1 版
印　　次： 2024 年 9 月第 1 次印刷
标准书号： ISBN 978-7-5639-8683-5
定　　价： 59.00 元

前　言

随机过程理论在物理、化学、生物、通信、经济、工程和管理等方面都得到了广泛的应用，现已逐步发展成一门非常重要的数学学科。

本书是可供具有高等数学、线性代数、概率论等知识的高等院校理工科相关专业本科高年级学生和研究生进一步学习随机过程的教材或参考书，主要内容包含预备知识、随机过程的基本概念、二阶矩过程的均方微积分、平稳随机过程及其谱分析、马尔可夫过程。为了便于理工科学生在现有的数学基础上能够更好地学习、掌握随机过程的基础知识及方法，本书介绍了随机过程所需的概率论相关的预备知识。

在本书的编写、出版过程中，编者得到北京工业大学张忠占教授、谢琍副教授的大力支持，还得到许多同事的关心和指导，在此对他们一并表示衷心的感谢。

由于编者水平有限，书中不足之处在所难免，恳请读者批评指正，并对本书提出改进的意见和建议。

编者

2023 年 12 月

目　录

第 1 章　预备知识

概率论理论是随机过程的基础，本章对其作扼要叙述，以加深对概率论知识的理解 .

1.1　概率空间

1.1.1　概率空间的概念

随机试验是概率论中的一个基本概念，具备以下三个特性：

(1) 在相同的条件下可以重复进行试验；

(2) 每次试验的结果事前不可预知；

(3) 每次试验的结果不止一个，但预先知道试验的所有可能结果 .

我们称随机试验的所有可能结果组成的集合为试验的**样本空间**，记为 Ω. Ω 中的元素称为**样本点**或**基本事件**, Ω 的子集 A 称为**事件**，样本空间 Ω 称为**必然事件**，空集称为**不可能事件** .

因为事件是集合，所以集合的并、交、差等运算也适用于事件 . 事件是样本空间 Ω 的一个子集，但并不是 Ω 的任意子集都可以作为事件，例如在几何概率中不可度量的子集不可以作为事件 . 事实上我们关心的是某些事件（ Ω 的某些子集）及其发生的可能性大小（概率），为此我们介绍事件域的概念 .

定义 1.1.1　假设 Ω 是样本空间，集合 $\mathcal{F}$ 由 Ω 的一些子集构成，它满足：

(1) $\Omega \in \mathcal{F}$；

(2) 若 $A \in \mathcal{F}$，则 $\overline{A} \in \mathcal{F}$；

(3) 若 $A_n \in \mathcal{F}$，$n = 1, 2, \cdots$，则 $\bigcup\limits_{n=1}^{\infty} A_n \in \mathcal{F}$.

则称 $\mathcal{F}$ 为**事件域**，称 $(\Omega, \mathcal{F})$ 为**可测空间**，称 $\mathcal{F}$ 中的元素为**事件** .

通常称满足上述条件的集合 $\mathcal{F}$ 为 σ − 域，因此事件域是一个 σ − 域，且由定义可得：

(1) $\varnothing \in \mathcal{F}$；

(2) 若 A，$B \in \mathcal{F}$，则 $A - B \in \mathcal{F}$；

(3) 若 $A_i \in \mathcal{F}$，$i = 1, 2, \cdots$，则 $\bigcup_{i=1}^{n} A_i$，$\bigcap_{i=1}^{n} A_i$，$\bigcap_{i=1}^{\infty} A_i \in \mathcal{F}$.

设 $P(A)$ 表示事件 A 发生的概率，则它需要满足一定的条件.

定义 1.1.2 假设 $(\Omega, \mathcal{F})$ 是可测空间，$P(\cdot)$ 是定义在事件域 $\mathcal{F}$ 上的实值函数，如果它满足：

(1)（非负性）对任意的 $A \in \mathcal{F}$，有 $0 \leqslant P(A) \leqslant 1$；

(2)（归一性）$P(\Omega) = 1$；

(3)（可列可加性）对两两互斥的事件 A_1，A_2，$\cdots$（当 $i \neq j$ 时，有 $A_i \cap A_j = \varnothing$），有

$$P\Big(\bigcup_{i=1}^{\infty} A_i\Big) = \sum_{i=1}^{\infty} P(A_i)\ ; \tag{1.1}$$

则称 P 是定义在 $(\Omega, \mathcal{F})$ 上的概率，$(\Omega, \mathcal{F}, P)$ 为概率空间，$P(A)$ 为事件 A 的概率.

样本空间 Ω，事件域 $\mathcal{F}$ 和概率 P 是概率论中的三个基本概念，在实际问题中，需要根据具体情况确定样本空间 Ω，选取事件域 $\mathcal{F}$，且在 $\mathcal{F}$ 上定义概率 P. 在本书中，我们预先给定概率空间 $(\Omega, \mathcal{F}, P)$，所有的结论都是建立在给定概率空间之上的.

设 $(\Omega, \mathcal{F}, P)$ 为概率空间，则由定义可知概率 P 具有如下性质：

(1) $P(\varnothing) = 0$；

(2)（可减性）若 A，$B \in \mathcal{F}$，且 $A \subset B$，则有 $P(B - A) = P(B) - P(A)$；

(3)（单调不减性）若 A，$B \in \mathcal{F}$，且 $A \subset B$，则有 $P(A) \leqslant P(B)$；

(4)（有限可加性）对两两互斥的事件 A_1，A_2，$\cdots$，$A_n \in \mathcal{F}$（当 $i \neq j$ 时，有 $A_i \cap A_j = \varnothing$），有

$$P\Big(\bigcup_{i=1}^{n} A_i\Big) = \sum_{i=1}^{n} P(A_i)\ ; \tag{1.2}$$

(5)（次可加性）对 $A_i \in \mathcal{F}$，$i = 1, 2, \cdots$，有 $P\Big(\bigcup_{i=1}^{\infty} A_i\Big) \leqslant \sum_{i=1}^{\infty} P(A_i)$；

(6)（加法公式）对 $A_i \in \mathcal{F}$，$i=1, 2, \cdots, n$，有

$$P\left(\bigcup_{i=1}^{n} A_i\right) = \sum_{i=1}^{n} P(A_i) - \sum_{i<j} P(A_iA_j) + \sum_{i<j<k} P(A_iA_jA_k) + \cdots + (-1)^{n-1} P(A_1A_2\cdots A_n) . \tag{1.3}$$

当事件两两互斥时，有 $P\left(\bigcup_{i=1}^{n} A_i\right) = \sum_{i=1}^{n} P(A_i)$. 特别地，加法公式对 $n=\infty$ 也成立.

1.1.2　条件概率空间

在实际问题中，除了需要考虑“事件 A 发生的概率”，有时还要考虑“在事件 B 已经发生的条件下，事件 A 发生的概率”. 一般情况下，这是两种不同的情况，我们称后者为条件概率.

定义 1.1.3　设 $(\Omega, \mathcal{F}, P)$ 为概率空间，$A, B \in \mathcal{F}$ 且 $P(B) > 0$，称 $P(AB)/P(B)$ 为在事件 B 发生的条件下，事件 A 发生的**条件概率**，记为 $P(A \mid B)$ 或 $P_B(A)$，即

$$P(A \mid B) = P_B(A) = \frac{P(AB)}{P(B)}. \tag{1.4}$$

特别地，当 $B=\Omega$ 时，$P_B(A) = P(A \mid B) = P(A)$.

对于给定的 $B \in \mathcal{F}$ 且 $P(B) > 0$，$P_B(\cdot)$ 是 $\mathcal{F}$ 上的一个概率，称 $(\Omega, \mathcal{F}, P_B)$ 为给定事件 B 的条件概率空间，简称为条件概率空间. 显然，条件概率空间是一个概率空间，且条件概率具备概率的所有**性质**.

下面给出条件概率本身特有的性质：

(1) 设 $(\Omega, \mathcal{F}, P_B)$ 为一个条件概率空间，$A \in \mathcal{F}$ 且 $P_B(A) > 0$，则有

$$P_B(C \mid A) = P(C \mid AB) = P_{AB}(C) . \tag{1.5}$$

即，在条件概率空间 $(\Omega, \mathcal{F}, P_B)$ 上计算在 A 事件发生的条件下，事件 C 发生的条件概率，等于在概率空间 $(\Omega, \mathcal{F}, P)$ 上计算在 AB 事件发生的条件下，事件 C 发生的条件概率，同时也等于在条件概率空间 $(\Omega, \mathcal{F}, P_{AB})$ 上计算事件 C 发生的概率.

(2)（乘法公式）设 $(\Omega, \mathcal{F}, P)$ 是一概率空间，$A_i \in \mathcal{F}$，$i=1, 2, \cdots, n$，且 $P(A_1A_2\cdots A_{n-1}) > 0$，则有

$$P(A_1A_2\cdots A_n) = P(A_1)P(A_2 \mid A_1)P(A_3 \mid A_1A_2)\cdots P(A_n \mid A_1A_2\cdots A_{n-1}) . \tag{1.6}$$

（3）（全概率公式）设 $A\in\mathcal{F}$，$B_i\in\mathcal{F}$，$i=1,2,\cdots$，若对任意的 $i\neq j$，有 $B_iB_j=\varnothing$，$A\subset\bigcup\limits_{i=1}^{\infty}B_i$，$P(B_i)>0$，则

$$P(A)=\sum_{i=1}^{\infty}P(B_i)P(A\mid B_i). \tag{1.7}$$

（4）［贝叶斯（Bayes）公式］设 $A\in\mathcal{F}$，$B_i\in\mathcal{F}$，$i=1,2,\cdots$，若对任意的 $i\neq j$，有 $B_iB_j=\varnothing$，$A\subset\bigcup\limits_{i=1}^{\infty}B_i$，$P(B_i)>0$，$P(A)>0$，则

$$P(B_n\mid A)=\frac{P(B_n)P(A\mid B_n)}{\sum\limits_{i=1}^{\infty}P(B_i)P(A\mid B_i)}. \tag{1.8}$$

1.1.3 事件的独立性

定义 1.1.4 设 $(\Omega,\mathcal{F},P)$ 为概率空间，$A_1,A_2,\cdots,A_n\in\mathcal{F}$，若对任意的 $2\leqslant k\leqslant n$，$1\leqslant i_1<i_2<\cdots<i_k\leqslant n$，有

$$P(A_{i_1}A_{i_2}\cdots A_{i_k})=P(A_{i_1})P(A_{i_2})\cdots P(A_{i_k}), \tag{1.9}$$

则称 $A_1,A_2,\cdots,A_n$ **相互独立**.

注意，上述定义中要求成立的等式共有 $C_n^2+C_n^3+\cdots+C_n^n=2^n-n-1$ 个.

显然，若 $A_1,A_2,\cdots,A_n$ 相互独立，则 $A_1,A_2,\cdots,A_n$ 中的任意两个都是相互独立的（称其为两两独立）；反之，若 $A_1,A_2,\cdots,A_n$ 两两独立，则未必有 $A_1,A_2,\cdots,A_n$ 相互独立.

1.2 随机变量及其分布

1.2.1 随机变量及其分布函数

随机变量是概率论的主要研究对象，其以数量的形式来描述随机现象，这给理论研究和数学运算都带来了很大的方便.

设 Ω 是一个随机试验的样本空间，如果对每一个样本点 $\omega\in\Omega$ 有一实数与之对应，就得到一个定义在样本空间上的实值函数 $X(\omega)$. 我们不仅关心随机变量 $X(\omega)$ 的取值，同时关心它取不同值的概率. 例如，对于任意实数 x，我们想知道集合 $\{\omega: X(\omega)\leqslant x\}$ 的概率，为书写简便，我们将 $\{\omega: X(\omega)\leqslant x\}$ 简记为 $\{X(\omega)\leqslant x\}$

或 $\{X \leqslant x\}$. 随机变量的统计规律用分布函数来研究，为此我们引入如下定义.

定义 1.2.1　设 $(\Omega,\ \mathcal{F},\ P)$ 为概率空间，$X(\omega)$ 为定义在 Ω 上的单值实函数，若对任意的实数 x，有 $\{X \leqslant x\} \in \mathcal{F}$，则称 X 为 $(\Omega,\ \mathcal{F},\ P)$ 上的一个**随机变量**，称

$$F(x) = P(X \leqslant x) \tag{1.10}$$

为随机变量 X 的**分布函数**.

由定义可知，分布函数 $F(x)$ 具有如下**性质**：

(1)（单调不减性）若 $x_1 < x_2$，有 $F(x_1) \leqslant F(x_2)$；

(2) $F(-\infty) = \lim\limits_{x \to -\infty} F(x) = 0$，$F(+\infty) = \lim\limits_{x \to +\infty} F(x) = 1$；

(3)（右连续）$F(x+0) = F(x)$.

可以证明，满足上述三个性质的实值函数 $F(x)$，必存在一个概率空间及其上的随机变量，其分布函数是 $F(x)$. 因此，我们也称满足上述三个性质的函数为分布函数. 这样，我们可以直接讨论分布函数，而不具体指明相应的概率空间.

在应用中，常见的随机变量有两种类型：离散型随机变量和连续型随机变量.

离散型随机变量 X 的概率分布由分布列描述

$$p_k = P(X = x_k),\ k = 1,\ 2,\ \cdots, \tag{1.11}$$

其分布函数为

$$F(x) = \sum_{x_k \leqslant x} p_k. \tag{1.12}$$

连续型随机变量 X 的概率分布由概率密度函数 $f(x)$ 描述，其分布函数为

$$F(x) = \int_{-\infty}^{x} f(t)\,\mathrm{d}t. \tag{1.13}$$

常见随机变量的分布如表 1.1（此处给出常见分布的特征函数，具体参见本章第 1.4 节）所示.

表 1.1　常见随机变量的分布

分布	分布律或概率密度	期望	方差	特征函数
0-1 分布	$P(X=1)=p$, $P(X=0)=q$, $0<p<1$, $p+q=1$	p	pq	$q + p\mathrm{e}^{\mathrm{i}t}$

续　表

分布	分布律或概率密度	期望	方差	特征函数
二项分布 $B(n, p)$	$P(X=K)=C_n^k p^k q^{n-k}$，$k=0, \cdots, n$，$0<p<1$，$p+q=1$	np	npq	$(q+pe^{it})^n$
泊松分布 $P(\lambda)$	$P(X=k)=\frac{\lambda^k}{k!}e^{-\lambda}$，$\lambda>0$，$k=0, 1, \cdots$	λ	λ	$e^{\lambda(e^{it}-1)}$
几何分布 $G(p)$	$P(X=k)=pq^{k-1}$，$k=1, 2, \cdots$，$0<p<1$，$p+q=1$	$\frac{1}{p}$	$\frac{q}{p^2}$	$\frac{pe^{it}}{1-qe^{it}}$
均匀分布 $U(a, b)$	$f(x)=\begin{cases}\frac{1}{b-a}, & a<x<b,\\ 0, & \text{其他}\end{cases}$	$\frac{a+b}{2}$	$\frac{(b-a)^2}{12}$	$\frac{e^{ibt}-e^{iat}}{i(b-a)t}$
正态分布 $N(\mu, \sigma^2)$	$f(x)=\frac{1}{\sqrt{2\pi}\sigma}e^{-\frac{(x-\mu)^2}{2\sigma^2}}$	μ	σ^2	$e^{i\mu t-\frac{1}{2}\sigma^2t^2}$
指数分布 $E(\lambda)$	$f(x)=\begin{cases}\lambda e^{-\lambda x}, & x\geqslant 0,\\ 0, & x<0,\end{cases}\lambda>0$	$\frac{1}{\lambda}$	$\frac{1}{\lambda^2}$	$\left(1-\frac{it}{\lambda}\right)^{-1}$

1.2.2　随机向量及其分布

有些随机试验的结果可能会涉及多个随机变量，我们不但要研究每个随机变量的性质，还要考虑它们之间的关系，这就涉及随机向量的概念.

定义 1.2.2　设 $(\Omega, \mathcal{F}, P)$ 为概率空间，$X_1(\omega)$，$X_2(\omega)$，…，$X_n(\omega)$ 为定义在 Ω 上的 n 个随机变量，则称 $X(\omega)=(X_1(\omega), X_2(\omega), \cdots, X_n(\omega))$ 为 Ω 上的一个 n 维**随机向量**，其取值于 n 维实空间 $\mathbb{R}^n$.

对于 n 个实数 $x_1, x_2, \cdots, x_n$，由于

$$\{X_1 \leqslant x_1, X_2 \leqslant x_2, \cdots, X_n \leqslant x_n\}=\bigcap_{i=1}^{n}\{X_i \leqslant x_i\} \in \mathcal{F}, \tag{1.14}$$

因此，讨论其概率是有意义的.

定义 1.2.3　设 $(\Omega, \mathcal{F}, P)$ 为概率空间，$(X_1(\omega), X_2(\omega), \cdots, X_n(\omega))$ 为定义在 Ω 上的 n 维随机向量，称 n 元函数

$$F(x_1, x_2, \cdots, x_n)=P(X_1 \leqslant x_1, X_2 \leqslant x_2, \cdots, X_n \leqslant x_n) \tag{1.15}$$

为随机向量 $(X_1(\omega), X_2(\omega), \cdots, X_n(\omega))$ 的**分布函数**，也称其为随机变量 $X_1(\omega)$，

$X_2(\omega)$，…，$X_n(\omega)$ 的**联合分布函数**.

n 维联合分布函数 $F(x_1, x_2, \cdots, x_n)$ 具有如下**性质**：

(1) 对于任意的 x_i，$i = 1, \cdots, n$，$F(x_1, x_2, \cdots, x_n)$ 是单调非减函数；

(2) 对于任意的 x_i，$i = 1, \cdots, n$，$F(x_1, x_2, \cdots, x_n)$ 是右连续的；

(3) 对于任意 $i = 1, \cdots, n$，有

$$\lim_{x_i \to -\infty} F(x_1, \cdots, x_i, \cdots, x_n) = 0, \quad \lim_{x_1, \cdots, x_n \to +\infty} F(x_1, \cdots, x_n) = 1.$$

在应用中，常见的 n 维随机向量有两种类型：离散型随机向量和连续型随机向量.

若随机向量 $(X_1, X_2, \cdots, X_n)$ 的每个分量 X_i，$i = 1, \cdots, n$，都是离散型随机变量，则称 $(X_1, X_2, \cdots, X_n)$ 是离散型随机向量.

对于离散型随机向量 $(X_1, X_2, \cdots, X_n)$，其联合分布律为

$$p_{i_1, i_2, \cdots, i_n} = P(X_1 = x_{1i_1}, X_2 = x_{2i_2}, \cdots, X_n = x_{ni_n}), \tag{1.16}$$

其中 $(x_{1i_1}, \cdots, x_{ni_n})$ 是随机向量的所有可能取值，$i_1, i_2, \cdots, i_n = 1, 2, \cdots, n$，且分布律具有如下性质

$$p_{i_1, i_2, \cdots, i_n} \geqslant 0; \qquad \sum_{i_1} \cdots \sum_{i_n} p_{i_1, i_2, \cdots, i_n} = 1. \tag{1.17}$$

若存在定义在 $\mathbb{R}^n$ 上的非负可积函数 $f(x_1, x_2, \cdots, x_n)$，对任意的 $(x_1, x_2, \cdots, x_n) \in \mathbb{R}^n$ 有

$$F(x_1, x_2, \cdots, x_n) = \int_{-\infty}^{x_1} \int_{-\infty}^{x_2} \cdots \int_{-\infty}^{x_n} f(u_1, u_2, \cdots, u_n)\, \mathrm{d}u_n \cdots \mathrm{d}u_2 \mathrm{d}u_1, \tag{1.18}$$

则称随机向量 $(X_1, X_2, \cdots, X_n)$ 是连续型随机向量，函数 $f(x_1, x_2, \cdots, x_n)$ 为随机向量的 n 维联合概率密度函数，其满足如下性质

$$f(x_1, x_2, \cdots, x_n) \geqslant 0, \tag{1.19}$$

$$\int_{-\infty}^{+\infty} \int_{-\infty}^{+\infty} \cdots \int_{-\infty}^{+\infty} f(x_1, x_2, \cdots, x_n)\, \mathrm{d}x_1 \mathrm{d}x_2 \cdots \mathrm{d}x_n = 1. \tag{1.20}$$

即有 $(X_1, X_2, \cdots, X_n)$ 是 n 维连续型随机向量，当且仅当它的每个分量都是连续型随机变量.

1.2.3　随机变量的独立性

我们将事件的相互独立性推广到随机变量的相互独立性.

定义 1.2.4 设 $(\Omega, \mathcal{F}, P)$ 为概率空间，$X_1, X_2, \cdots, X_n$ 为定义在其上的 n 个随机变量，对于任意的 n 个实数 $x_1, x_2, \cdots, x_n$，如果有

$$P(X_1 \leqslant x_1, X_2 \leqslant x_2, \cdots, X_n \leqslant x_n) = P(X_1 \leqslant x_1) P(X_2 \leqslant x_2) \cdots P(X_n \leqslant x_n), \tag{1.21}$$

则称 n 个随机变量 $X_1, X_2, \cdots, X_n$ **相互独立**.

若随机变量 $X_1, X_2, \cdots, X_n$ 的分布函数分别为 $F_1(x), F_2(x), \cdots, F_n(x)$，联合分布函数为 $F(x_1, x_2, \cdots, x_n)$，则上式等价于

$$F(x_1, x_2, \cdots, x_n) = F_1(x_1) F_2(x_2) \cdots F_n(x_n). \tag{1.22}$$

下面分别给出离散型随机变量和连续型随机变量相互独立的充要条件：

(1) 若 $X_1, X_2, \cdots, X_n$ 是离散型随机变量，则 $X_1, X_2, \cdots, X_n$ 相互独立的充要条件是：对任意的 $i_1, i_2, \cdots, i_n$，有

$$P(X_1 = x_{1i_1}, X_2 = x_{2i_2}, \cdots, X_n = x_{ni_n}) = P(X_1 = x_{1i_1}) P(X_2 = x_{2i_2}) \cdots P(X_n = x_{ni_n}). \tag{1.23}$$

(2) 若 $X_1, X_2, \cdots, X_n$ 是连续型随机变量，则 $X_1, X_2, \cdots, X_n$ 相互独立的充要条件是几乎处处成立

$$f(x_1, x_2, \cdots, x_n) = f_1(x_1) f_2(x_2) \cdots f_n(x_n), \tag{1.24}$$

其中 $f(x_1, x_2, \cdots, x_n)$ 和 $f_1(x), f_2(x), \cdots, f_n(x)$ 分别是随机变量 $X_1, X_2, \cdots, X_n$ 的联合概率密度函数和概率密度函数.

独立性是概率论中的一个重要概念，在实际应用中，独立性的判定需要根据经验和实际情况来确定.

1.2.4 随机变量的函数及其分布

在许多现实问题中，我们需要计算某些随机变量函数的分布律，本节我们讨论以下几个问题. 当已知随机变量 X 的分布时，如何求解其函数 $g(X)$ 的分布？已知随机向量 $(X_1, X_2, \cdots, X_n)$ 的联合分布时，如何求解其函数 $Y = g(X_1, X_2, \cdots, X_n)$ 的分布？更一般地，如何求解 $Y_1 = g_1(X_1, X_2, \cdots, X_n)$，$Y_2 = g_2(X_1, X_2, \cdots, X_n)$，$\cdots$，$Y_n = g_n(X_1, X_2, \cdots, X_n)$ 的联合分布？我们以连续型为例.

1. $Y=g(X)$ 的分布

设$f(x)$，$-\infty < x < +\infty$，为连续型随机变量X的概率密度函数，则有：

（1）若$g(x)$为严格单调函数，其反函数$x=h(y)$有连续导函数，则连续型随机变量$Y=g(X)$的概率密度函数为

$$f_Y(y)=\begin{cases} f_X(h(y))\,|h'(y)|, & a<y<b, \\ 0, & \text{其他}, \end{cases} \tag{1.25}$$

其中$a=\min\{g(-\infty),\ g(+\infty)\}$，$b=\max\{g(-\infty),\ g(+\infty)\}$.

（2）若函数$g(x)$在不重叠的区间I_1，I_2，…，I_n上逐段严格单调，其反函数分别为$h_1(y)$，$h_2(y)$，…，$h_n(y)$，且均有连续导函数，则连续型随机变量$Y=g(X)$的概率密度函数为

$$f_Y(y)=f_X(h_1(y))\,|h_1'(y)|+f_X(h_2(y))\,|h_2'(y)|+\cdots+f_X(h_n(y))\,|h_n'(y)|. \tag{1.26}$$

例 1.2.1　设随机变量$X\sim N(\mu,\ \sigma^2)$，求随机变量$Y=e^X$的概率密度函数.

解：当$y\leqslant 0$时，显然有$P(e^X\leqslant y)=0$.

当$y>0$时，有

$$\begin{aligned} F_Y(y) &= P(Y\leqslant y)=P(e^X\leqslant y)=P(X\leqslant \ln y) \\ &= \int_{-\infty}^{\ln y}\frac{1}{\sqrt{2\pi}\sigma}e^{-\frac{1}{2\sigma^2}(x-\mu)^2}dx, \end{aligned} \tag{1.27}$$

则随机变量$Y=e^X$的概率密度函数为

$$f_Y(y)=\begin{cases} \dfrac{1}{\sqrt{2\pi}\sigma y}e^{-\frac{1}{2\sigma^2}(\ln y-\mu)^2}, & y>0, \\ 0, & y\leqslant 0. \end{cases} \tag{1.28}$$

如果引入函数：当$y\leqslant 0$时，$\delta(y)=0$，当$y>0$时，$\delta(y)=1$，则随机变量$Y=e^X$的概率密度函数可表示为

$$f_Y(y)=\frac{1}{\sqrt{2\pi}\sigma y}e^{-\frac{1}{2\sigma^2}(\ln y-\mu)^2}\delta(y). \tag{1.29}$$

我们称此概率密度函数为对数正态分布，其在金融工程和系统可靠性中具有广泛的应用.

例 1.2.2 设随机变量 $X \sim N(0, \sigma^2)$，求随机变量 $Y = cX^2$ 的概率密度函数.

解： 函数 $y = cx^2$ 的反函数为

$$x = h_1(y) = \sqrt{\frac{y}{c}},\ x \geqslant 0;\ x = h_2(y) = -\sqrt{\frac{y}{c}},\ x < 0. \tag{1.30}$$

则有

$$h_1'(y) = \frac{1}{2\sqrt{cy}},\ h_2'(y) = -\frac{1}{2\sqrt{cy}}. \tag{1.31}$$

又函数 $y = cx^2$ 分别在区间 $x \geqslant 0$ 和 $x < 0$ 上是严格单调的，则由随机变量函数的密度函数结论可知

$$f_Y(y) = \begin{cases} \dfrac{1}{2\sqrt{cy}}\left[f_X\left(\sqrt{\dfrac{y}{c}}\right) + f_X\left(-\sqrt{\dfrac{y}{c}}\right)\right] = \dfrac{1}{\sqrt{2\pi cy}\,\sigma}\mathrm{e}^{-\frac{y}{2c\sigma^2}}, & y > 0, \\ 0, & y \leqslant 0. \end{cases} \tag{1.32}$$

例 1.2.3 设随机变量 $X \sim U\left[-\dfrac{\pi}{2}, \dfrac{\pi}{2}\right]$，求随机变量 $Y = 2\cos X$ 的概率密度函数.

解： 当 $y < 0$ 时，有 $F_Y(y) = P(2\cos X \leqslant y) = 0$.

当 $y \geqslant 2$ 时，有 $F_Y(y) = P(2\cos X \leqslant y) = 1$.

当 $0 \leqslant y < 2$ 时，有

$$\begin{aligned} F_Y(y) &= P(Y \leqslant y) = P(2\cos X \leqslant y) = P\left(\cos X \leqslant \frac{y}{2}\right) \\ &= P\left(-\frac{\pi}{2} \leqslant X \leqslant -\arccos\frac{y}{2} \text{ 或 } \arccos\frac{y}{2} \leqslant X \leqslant \frac{\pi}{2}\right) \\ &= P\left(-\frac{\pi}{2} \leqslant X \leqslant -\arccos\frac{y}{2}\right) + P\left(\arccos\frac{y}{2} \leqslant X \leqslant \frac{\pi}{2}\right) \\ &= \frac{2}{\pi}\left(\frac{\pi}{2} - \arccos\frac{y}{2}\right) = 1 - \frac{2}{\pi}\arccos\frac{y}{2}. \end{aligned} \tag{1.33}$$

则随机变量 $Y = 2\cos X$ 的概率密度函数为

$$f_Y(y) = \begin{cases} \dfrac{2}{\pi\sqrt{4 - y^2}}, & 0 \leqslant y < 2, \\ 0, & \text{其他}. \end{cases} \tag{1.34}$$

2. $Y=g(X_1, X_2, \cdots, X_n)$ 的分布

设$f(x_1, x_2, \cdots, x_n)$ 为连续型随机向量 $(X_1, X_2, \cdots, X_n)$ 的联合概率密度函数，则随机变量 $Y=g(X_1, X_2, \cdots, X_n)$ 的分布函数为

$$F_Y(y)=P(Y\leqslant y)=P(g(X_1, X_2, \cdots, X_n)\leqslant y)$$
$$=\int\cdots\int_{g(x_1, x_2, \cdots, x_n)\leqslant y} f(x_1, x_2, \cdots, x_n)\,\mathrm{d}x_1\mathrm{d}x_2\cdots\mathrm{d}x_n. \tag{1.35}$$

特别地，我们有如下结论：

(1) $Z=X+Y$ 的概率密度函数为

$$f_Z(z)=\int_{-\infty}^{\infty} f(x, z-x)\,\mathrm{d}x=\int_{-\infty}^{\infty} f(z-y, y)\,\mathrm{d}y. \tag{1.36}$$

如果随机变量 X 和 Y 独立，则有如下**卷积公式**：

$$f_Z(z)=\int_{-\infty}^{\infty} f_X(x)f_Y(z-x)\,\mathrm{d}x=\int_{-\infty}^{\infty} f_X(z-y)f_Y(y)\,\mathrm{d}y, \tag{1.37}$$

其中$f_X(\cdot)$ 和$f_Y(\cdot)$ 分别为 X 和 Y 的边缘概率密度函数.

(2) $Z=X-Y$ 的概率密度函数为

$$f_Z(z)=\int_{-\infty}^{\infty} f(x, x-z)\,\mathrm{d}x=\int_{-\infty}^{\infty} f(y+z, y)\,\mathrm{d}y. \tag{1.38}$$

同理，$Z=Y-X$ 的概率密度函数为

$$f_Z(z)=\int_{-\infty}^{\infty} f(x, x+z)\,\mathrm{d}x=\int_{-\infty}^{\infty} f(y-z, y)\,\mathrm{d}y. \tag{1.39}$$

(3) $Z=XY$ 的概率密度函数为

$$f_Z(z)=\int_{-\infty}^{\infty} f\left(x, \frac{z}{x}\right)\frac{1}{|x|}\mathrm{d}x=\int_{-\infty}^{\infty} f\left(\frac{z}{y}, y\right)\frac{1}{|y|}\mathrm{d}y. \tag{1.40}$$

(4) $Z=X/Y$ 的概率密度函数为

$$f_Z(z)=\int_{-\infty}^{\infty} f(yz, y)\,|y|\,\mathrm{d}y. \tag{1.41}$$

例 1.2.4　设随机变量 X 和 Y 独立同分布，且有如下概率密度函数

$$f(x)=\begin{cases} x\mathrm{e}^{-x}, & x>0, \\ 0, & x\leqslant 0, \end{cases} \tag{1.42}$$

求随机变量 $Z=X+Y$ 的概率密度函数.

解： 随机变量 X 和 Y 独立同分布，则可得：

当 $z \leqslant 0$ 时，$f_Z(z) = 0$.

当 $z > 0$ 时，

$$f_Z(z) = \int_{-\infty}^{\infty} f_X(x) f_Y(z-x)\,\mathrm{d}x = \int_0^z x\mathrm{e}^{-x}(z-x)\,\mathrm{e}^{-(z-x)}\,\mathrm{d}x$$

$$= \mathrm{e}^{-z}\int_0^z x(z-x)\,\mathrm{d}x = \frac{z^3}{6}\mathrm{e}^{-z}. \tag{1.43}$$

即

$$f_Z(z) = \begin{cases} \dfrac{z^3}{6}\mathrm{e}^{-z}, & z > 0, \\ 0, & z \leqslant 0. \end{cases} \tag{1.44}$$

例 1.2.5 设随机变量 X 和 Y 相互独立，且均服从均匀分布 $U(-a, a)$，即有如下概率密度函数

$$f_X(x) = \begin{cases} \dfrac{1}{2a}, & -a < x < a, \\ 0, & \text{其他}, \end{cases} \tag{1.45}$$

求随机变量 $Z = X - Y$ 的概率密度函数.

解： 随机变量 X 和 Y 相互独立，则可得：

当 $z \leqslant 0$ 时，

$$f_Z(z) = \int_{-a}^{z-a} f(x, x-z)\,\mathrm{d}x = \int_{-a}^{z-a} \frac{1}{2a} \times \frac{1}{2a}\mathrm{d}x = \frac{z}{4a^2}. \tag{1.46}$$

当 $z > 0$ 时，

$$f_Z(z) = \int_{z-a}^{a} f(x, x-z)\,\mathrm{d}x = \int_{z-a}^{a} \frac{1}{2a} \times \frac{1}{2a}\mathrm{d}x = \frac{2a-z}{4a^2}. \tag{1.47}$$

即有

$$f_Z(z) = \begin{cases} \dfrac{z}{4a^2}, & z \leqslant 0, \\ \dfrac{2a-z}{4a^2}, & z > 0. \end{cases} \tag{1.48}$$

例 1.2.6　设随机变量 X 和 Y 相互独立，且均服从均匀分布 $U(-1, 1)$，即有如下概率密度函数：

$$f_X(x)=\begin{cases}\dfrac{1}{2}, & -1<x<1,\\ 0, & \text{其他},\end{cases} \tag{1.49}$$

求随机变量 $Z=XY$ 的概率密度函数.

解：随机变量 X 和 Y 相互独立，则可得：

当 $z\leqslant -1$ 或 $z\geqslant 1$ 时，$f_Z(z)=0$.

当 $-1<z\leqslant 0$ 时，

$$f_Z(z)=\int_{-1}^{0}\frac{-1}{2x}f\left(\frac{z}{x}\right)\mathrm{d}x+\int_{0}^{1}\frac{1}{2x}f\left(\frac{z}{x}\right)\mathrm{d}x=\int_{-1}^{z}\frac{-1}{4x}\mathrm{d}x+\int_{-z}^{1}\frac{1}{4x}\mathrm{d}x=-\frac{1}{2}\ln(-z). \tag{1.50}$$

当 $0<z<1$ 时，

$$f_Z(z)=\int_{-1}^{0}\frac{-1}{2x}f\left(\frac{z}{x}\right)\mathrm{d}x+\int_{0}^{1}\frac{1}{2x}f\left(\frac{z}{x}\right)\mathrm{d}x=\int_{-1}^{-z}\frac{-1}{4x}\mathrm{d}x+\int_{z}^{1}\frac{1}{4x}\mathrm{d}x=-\frac{1}{2}\ln z. \tag{1.51}$$

即有

$$f_Z(z)=\begin{cases}-\dfrac{1}{2}\ln|z|, & -1<z<1,\\ 0, & \text{其他}.\end{cases} \tag{1.52}$$

例 1.2.7　设随机变量 X 和 Y 相互独立，且分别服从参数为 λ_1 和 λ_2 的指数分布，即有如下概率密度函数

$$f_X(x)=\begin{cases}\lambda_1\mathrm{e}^{-\lambda_1 x}, & x>0,\\ 0, & x\leqslant 0,\end{cases}\quad f_Y(y)=\begin{cases}\lambda_2\mathrm{e}^{-\lambda_2 y}, & y>0,\\ 0, & y\leqslant 0,\end{cases} \tag{1.53}$$

求随机变量 $Z=X/Y$ 的概率密度函数.

解：随机变量 X 和 Y 相互独立，则可得：

当 $z\leqslant 0$ 时，$f_Z(z)=0$.

当 $z>0$ 时，

$$f_Z(z)=\int_{-\infty}^{\infty}f_X(yz)f_Y(y)\,|y|\mathrm{d}y=\int_0^{\infty}\lambda_1\mathrm{e}^{-\lambda_1yz}\lambda_2\mathrm{e}^{-\lambda_2y}y\mathrm{d}y$$

$$=\lambda_1\lambda_2\int_0^{\infty}y\mathrm{e}^{-(\lambda_1z+\lambda_2)y}\mathrm{d}y$$

$$=\frac{\lambda_1\lambda_2}{(\lambda_1z+\lambda_2)^2}\int_0^{\infty}t\mathrm{e}^{-t}\mathrm{d}t$$

$$=\frac{\lambda_1\lambda_2}{(\lambda_1z+\lambda_2)^2}.$$

即有：$f_Z(z)=\begin{cases}\dfrac{\lambda_1\lambda_2}{(\lambda_1z+\lambda_2)^2}, & z>0,\\ 0, & 其他.\end{cases}$ (1.54)

3. $(U, V)=(g(X, Y), h(X, Y))$ 的分布

设 $f_{XY}(x, y)$ 为二维连续型随机向量 (X, Y) 的概率密度函数，$g(x, y)$，$h(x, y)$ 为二元实值连续函数，则称 $(U, V)=(g(X, Y), h(X, Y))$ 为 (X, Y) 的变换. 若变换 $\begin{cases}u=g(x, y),\\ v=h(x, y)\end{cases}$ 存在逆变换 $\begin{cases}x=g^{-1}(u, v),\\ y=h^{-1}(u, v),\end{cases}$ 则二维连续型随机向量 (U, V) 的联合分布函数为

$$F_{UV}(u, v)=P(U\leqslant u, V\leqslant v)=P(g(X, Y)\leqslant u, h(X, Y)\leqslant v)$$

$$=\iint\limits_{\substack{g(x,y)\leqslant u\\ h(x,y)\leqslant v}}f_{XY}(x, y)\mathrm{d}x\mathrm{d}y=\int_{-\infty}^{u}\int_{-\infty}^{v}f_{XY}(x(s, t), y(s, t))\,|\mathbf{J}(s, t)|\,\mathrm{d}t\mathrm{d}s, \quad (1.55)$$

其中 $\mathbf{J}$ 为变换的雅可比（Jacobi）行列式

$$\mathbf{J}=\frac{\partial(x, y)}{\partial(u, v)}=\begin{vmatrix}x_u & x_v\\ y_u & y_v\end{vmatrix}, \quad (1.56)$$

则二维连续型随机向量 (U, V) 的联合概率密度函数为

$$f_{UV}(u, v)=f_{XY}(g^{-1}(u, v), h^{-1}(u, v))\,|\mathbf{J}|. \quad (1.57)$$

例 1.2.8 设随机变量 X 和 Y 独立同分布，且有如下概率密度函数

$$f(x)=\begin{cases}\mathrm{e}^{-x}, & x>0,\\ 0, & x\leqslant 0.\end{cases} \quad (1.58)$$

令随机变量 $U=X+Y$, $V=X-Y$, 求二维随机向量 (U, V) 的联合概率密度函数.

解: 随机变量 X 和 Y 独立同分布, 则可得其联合密度函数为

$$f_{XY}(x, y)=f_X(x)f_Y(y)=\begin{cases} e^{-(x+y)}, & x>0, y>0, \\ 0, & \text{其他}. \end{cases} \tag{1.59}$$

由于 $U=X+Y$, $V=X-Y$, 则逆变换为 $\begin{cases} x=\dfrac{u+v}{2}, \\ y=\dfrac{u-v}{2}, \end{cases}$ 可得雅可比行列式 $\mathbf{J}=-\dfrac{1}{2}$. 从而随机向量 (U, V) 的概率密度函数为

$$f_{UV}(u, v)=\begin{cases} e^{-\left(\frac{u+v}{2}+\frac{u-v}{2}\right)}|\mathbf{J}|, & |u|<|v|, \\ 0, & \text{其他} \end{cases}=\begin{cases} \dfrac{1}{2}e^{-u}, & |u|<|v|, \\ 0, & \text{其他}. \end{cases} \tag{1.60}$$

1.3　随机变量的数字特征

分布函数可以完全描述随机变量的概率分布, 但是确定随机变量的分布函数是一件非常困难的事情, 因此在实际问题中, 我们有时候只需要确定随机变量的某些特征值就足够了.

定义 1.3.1　设函数 $F(x)$ 为随机变量 X 的分布函数, 若有 $\int_{-\infty}^{\infty}|x|dF(x)<\infty$, 则称

$$E[X]=\int_{-\infty}^{\infty}x dF(x) \tag{1.61}$$

为随机变量 X 的**数学期望**. 这里用到的积分是黎曼-斯蒂尔切斯 (Riemann-Stieltjes) 积分.

若 X 是离散型随机变量, $p_k=P(X=x_k)$, $k=1, 2, \cdots$, 则

$$E[X]=\sum_{k=1}^{\infty}x_k p_k. \tag{1.62}$$

若 X 是连续型随机变量, $f(x)$ 为概率密度函数, 则

$$E[X]=\int_{-\infty}^{\infty}xf(x)\,dx. \tag{1.63}$$

随机变量 X 的数学期望 $E[X]$ 表示的是随机变量取值的概率平均值．数学期望有如下**性质**：

（1）设 C 是任意常数，则有 $E[C]=C$；

（2）设 k 是任意常数，则有 $E[kX]=kE[X]$；

（3）$E[X+Y]=E[X]+E[Y]$；

（4）若 X 与 Y 相互独立，则有 $E[XY]=E[X]E[Y]$；

（5）［施瓦茨（Schwarz）不等式］若 $E[X^2]<\infty$，$E[Y^2]<\infty$，则有 $(E[XY])^2\leqslant E[X^2]E[Y^2]$；

（6）$F(X)$ 为随机变量 X 的分布函数，若随机变量 $Y=g(X)$ 的期望存在，则有 $E[g(X)]=\int_{-\infty}^{\infty}g(x)\,\mathrm{d}F(x)$．

定义 1.3.2 设 X 为随机变量，若有 $E[X^2]<\infty$，则称 $D(X)=E[(X-E[X])^2]$ 为随机变量 X 的**方差**．

由上述定义可知，$D(X)=E[X^2]-(E[X])^2$．方差表示随机变量的取值偏离均值的程度，方差越大越偏离．方差有如下**性质**：

（1）设 C 是任意常数，则有 $D(C)=0$；

（2）设 k 是任意常数，则有 $D(kX)=k^2D(X)$；

（3）若 X 与 Y 相互独立，则有 $D(X+Y)=D(X)+D(Y)$；

特别地，若 X_1，X_2，…，X_n 相互独立，则有 $D(X_1+X_2+\cdots+X_n)=D(X_1)+D(X_2)+\cdots+D(X_n)$；

（4）［切比雪夫（Chebyshev）不等式］设随机变量 X 方差有限，则对任意 $\varepsilon>0$，有

$$P(|X-E[X]|\geqslant\varepsilon)\leqslant\frac{D(X)}{\varepsilon^2}. \tag{1.64}$$

定义 1.3.3 设 X，Y 为随机变量，若有 $E[X^2]<\infty$，$E[Y^2]<\infty$，则称

$$\mathrm{Cov}(X,Y)=E[(X-E[X])(Y-E[Y])] \tag{1.65}$$

为随机变量 X，Y 的**协方差**．称

$$\rho_{XY}=\frac{\mathrm{Cov}(X,\ Y)}{\sqrt{D(X)}\ \sqrt{D(Y)}} \tag{1.66}$$

为随机变量 X，Y 的**相关系数**．相关系数 ρ_{XY} 表示随机变量 X 与 Y 之间的线性相关程度的大小，特别地，若 $\rho_{XY}=0$，则称随机变量 X 与 Y 不相关．

协方差有如下**性质**：

(1) $\mathrm{Cov}(X,\ Y)=\mathrm{Cov}(Y,\ X)$；

(2) 设 a，b，c，d 是常数，则有 $\mathrm{Cov}(aX+b,\ cY+d)=ac\mathrm{Cov}(X,\ Y)$；

(3) $\mathrm{Cov}(X_1+X_2,\ Y)=\mathrm{Cov}(X_1,\ Y)+\mathrm{Cov}(X_2,\ Y)$；

(4) $\mathrm{Cov}(X,\ Y)=E[XY]-E[X]E[Y]$；若 X，Y 相互独立，则 $\mathrm{Cov}(X,\ Y)=0$；

(5) $D(X+Y)=D(X)+D(Y)+2\mathrm{Cov}(X,\ Y)$．

相关系数有如下**性质**：

(1) $|\rho_{XY}|\leqslant 1$；

(2) $|\rho_{XY}|=1$ 的充要条件是：存在常数 a，b 使得 $P(Y=aX+b)=1$；

(3) 若 X 与 Y 相互独立，则有 $\rho_{XY}=0$，反之不成立．

1.4　特征函数、母函数

1.4.1　特征函数的定义与性质

随机变量的分布函数可以很好地描述随机变量的统计规律性，但实际问题中，一些问题不容易用分布函数来解决．特征函数是研究随机变量的一个重要的工具，其与分布函数一一对应，此外在计算随机变量的矩、求独立随机变量和分布函数，以及研究极限定理中均有重要的应用．

定义 1.4.1　设 $F(x)$ 为随机变量 X 的分布函数，则称

$$\varphi(t)=E[\mathrm{e}^{\mathrm{i}tX}]=\int_{-\infty}^{\infty}\mathrm{e}^{\mathrm{i}tx}\mathrm{d}F(x) \tag{1.67}$$

为随机变量 X 的**特征函数**．

随机变量 X 的特征函数 $\varphi(t)$ 是实变量 t 的复值函数，由于对任意的 $t\in\mathbb{R}$，$|\mathrm{e}^{\mathrm{i}tx}|=1$，因此任一随机变量的特征函数 $E[\mathrm{e}^{\mathrm{i}tX}]$ 都是存在的．

若 X 是离散型随机变量，其概率分布列为 $p_k = P(X = x_k)$，$k = 1, 2, \cdots$，则

$$\varphi(t) = E[e^{itX}] = \sum_{k=1}^{\infty} e^{itx_k} p_k. \tag{1.68}$$

若 X 是连续型随机变量，其概率密度函数为 $f(x)$，则

$$\varphi(t) = E[e^{itX}] = \int_{-\infty}^{\infty} e^{itx} f(x)\,dx. \tag{1.69}$$

随机变量的特征函数有如下性质：

性质 1 若 $\varphi(t)$ 是特征函数，则 $\varphi(0) = 1$，$|\varphi(t)| \leqslant 1$，$\varphi(-t) = \overline{\varphi(t)}$.

证明：若 $\varphi(t)$ 是随机变量 X 的特征函数，则由定义可知：

$$\varphi(0) = E[1] = 1; \tag{1.70}$$

$$|\varphi(t)| = |E[e^{itX}]| \leqslant E[|e^{itX}|] = 1; \tag{1.71}$$

$$\varphi(-t) = E[e^{i(-t)X}] = E[e^{-itX}] = E[\overline{e^{itX}}] = \overline{E[e^{itX}]} = \overline{\varphi(t)}. \tag{1.72}$$

□

性质 2 特征函数 $\varphi(t)$ 在 $(-\infty, \infty)$ 上一致连续.

证明：若 $\varphi(t)$ 是随机变量 X 的特征函数，$F(x)$ 是随机变量 X 的分布函数，对于任意给定的 $\varepsilon > 0$，选取足够大的 M，使得 $\int_{|x| \geqslant M} dF(x) < \frac{\varepsilon}{4}$，则对任意的 t，$s \in \mathbb{R}$ 有

$$\begin{aligned} |\varphi(t+s) - \varphi(t)| &\leqslant \left| \int_{-\infty}^{\infty} [e^{i(t+s)x} - e^{itx}]\,dF(x) \right| \\ &\leqslant \int_{-\infty}^{\infty} |e^{isx} - 1|\,dF(x) \\ &\leqslant 2\int_{|x| \geqslant M} dF(x) + \int_{-M}^{M} |e^{isx} - 1|\,dF(x) \\ &= 2\int_{|x| \geqslant M} dF(x) + 2\int_{-M}^{M} \left|\sin \frac{sx}{2}\right| dF(x), \end{aligned} \tag{1.73}$$

取 $s < \frac{\varepsilon}{2M}$，则对任意的 $x \in [-M, M]$，有 $\left|\sin \frac{sx}{2}\right| < \frac{\varepsilon}{4}$，则

$$2\int_{-M}^{M} \left|\sin \frac{sx}{2}\right| dF(x) < \frac{\varepsilon}{2}\int_{-\infty}^{\infty} dF(x) = \frac{\varepsilon}{2}, \tag{1.74}$$

因而对任意的 t 有 $|\varphi(t+s) - \varphi(t)| < \varepsilon$，即特征函数 $\varphi(t)$ 在 $(-\infty, \infty)$ 上一致

连续．□

性质 3　特征函数 $\varphi(t)$ 是非负定的，即对任意的正整数 n 及实数 t_1，t_2，…，t_n 和复数 z_1，z_2，…，z_n，有

$$\sum_{k=1}^{n}\sum_{j=1}^{n}\varphi(t_k-t_j)z_k\overline{z_j}\geqslant 0. \tag{1.75}$$

证明：

$$\begin{aligned}\sum_{k=1}^{n}\sum_{j=1}^{n}\varphi(t_k-t_j)z_k\overline{z_j}&=\sum_{k,j=1}^{n}E[\mathrm{e}^{\mathrm{i}(t_k-t_j)X}]z_k\overline{z_j}\\&=E\Big[\sum_{k=1}^{n}\sum_{j=1}^{n}\mathrm{e}^{\mathrm{i}t_kX}z_k\overline{\mathrm{e}^{\mathrm{i}t_jX}z_j}\Big]\\&=E\Big[\Big|\sum_{k=1}^{n}\mathrm{e}^{\mathrm{i}t_kX}z_k\Big|^2\Big]\geqslant 0.\end{aligned} \tag{1.76}$$

□

性质 4　若 $Y=aX+b$，a，b 为常数，则有

$$\varphi_Y(t)=\mathrm{e}^{\mathrm{i}bt}\varphi_X(at). \tag{1.77}$$

证明：由 $Y=aX+b$，则有

$$\varphi_Y(t)=E[\mathrm{e}^{\mathrm{i}tY}]=E[\mathrm{e}^{\mathrm{i}t(aX+b)}]=\mathrm{e}^{\mathrm{i}tb}E[\mathrm{e}^{\mathrm{i}(at)X}]=\mathrm{e}^{\mathrm{i}tb}\varphi_X(at). \tag{1.78}$$

□

性质 5　若随机变量 X 和 Y 独立，则有

$$\varphi_{X+Y}(t)=\varphi_X(t)\varphi_Y(t). \tag{1.79}$$

特别地，若随机变量 X_1，X_2，…，X_n 相互独立，则有

$$\varphi_{X_1+X_2+\cdots+X_n}(t)=\varphi_{X_1}(t)\varphi_{X_2}(t)\cdots\varphi_{X_n}(t), \tag{1.80}$$

即独立的随机变量和的特征函数等于各特征函数的乘积．

证明：因为随机变量 X 和 Y 独立，则随机变量 $\mathrm{e}^{\mathrm{i}tX}$ 和 $\mathrm{e}^{\mathrm{i}tY}$ 独立，因而有

$$\varphi_{X+Y}(t)=E[\mathrm{e}^{\mathrm{i}t(X+Y)}]=E[\mathrm{e}^{\mathrm{i}tX}\cdot\mathrm{e}^{\mathrm{i}tY}]=E[\mathrm{e}^{\mathrm{i}tX}]E[\mathrm{e}^{\mathrm{i}tY}]=\varphi_X(t)\varphi_Y(t). \tag{1.81}$$

□

性质 6　若随机变量 X 的 n 阶原点矩 $E[X^n]$ 存在，则其特征函数 $\varphi(t)$ 为 n 次可导的，且

$$\varphi^{(k)}(0)=\mathrm{i}^kE[X^k],\ 1\leqslant k\leqslant n. \tag{1.82}$$

证明：由于随机变量 X 存在 n 阶矩，即 $\int_{-\infty}^{\infty}|x|^k\mathrm{d}F(x)<\infty$，$1\leqslant k\leqslant n$. 又特征函数为 $\varphi(t)=\int_{-\infty}^{\infty}\mathrm{e}^{\mathrm{i}tx}\mathrm{d}F(x)$，则

$$\varphi^{(k)}(t)=\frac{\mathrm{d}^k}{\mathrm{d}t^k}\int_{-\infty}^{\infty}\mathrm{e}^{\mathrm{i}tx}\mathrm{d}F(x)=\int_{-\infty}^{\infty}\frac{\mathrm{d}^k}{\mathrm{d}t^k}\mathrm{e}^{\mathrm{i}tx}\mathrm{d}F(x)=\mathrm{i}^k\int_{-\infty}^{\infty}x^k\mathrm{e}^{\mathrm{i}tx}\mathrm{d}F(x),\tag{1.83}$$

因而有

$$\varphi^{(k)}(0)=\mathrm{i}^k\int_{-\infty}^{\infty}x^k\mathrm{d}F(x)=\mathrm{i}^kE[X^k],\ 1\leqslant k\leqslant n.\tag{1.84}$$

□

性质 7 随机变量的分布函数和特征函数相互唯一确定.

（1）如果随机变量 X 的特征函数 $\varphi(t)$ 是绝对可积的，也就是 $\int_{-\infty}^{\infty}|\varphi(t)|\mathrm{d}t<\infty$，则 X 是连续型随机变量，其特征函数 $\varphi(t)$ 和概率密度函数 $f(x)$ 之间的关系如下：

$$\varphi(t)=\int_{-\infty}^{\infty}\mathrm{e}^{\mathrm{i}tx}f(x)\,\mathrm{d}x,\ f(x)=\frac{1}{2\pi}\int_{-\infty}^{\infty}\mathrm{e}^{-\mathrm{i}tx}\varphi(t)\,\mathrm{d}t.\tag{1.85}$$

（2）如果随机变量 X 的特征函数 $\varphi(t)$ 可表示成如下形式

$$\varphi(t)=\sum_{k=1}^{\infty}p_k\mathrm{e}^{\mathrm{i}tx_k},\tag{1.86}$$

其中 x_k 为实数，p_k 为正数，且有 $\sum_{k=1}^{\infty}p_k=1$，则 X 是离散型随机变量，其分布律为

$$\begin{pmatrix}x_1 & x_2 & \cdots & x_k & \cdots\\ p_1 & p_2 & \cdots & p_k & \cdots\end{pmatrix}.\tag{1.87}$$

（3）（反演公式）如果随机变量 X 的分布函数为 $F(x)$，特征函数为 $\varphi(t)$，则对分布函数 $F(x)$ 的连续点 $x_1<x_2$，有

$$F(x_2)-F(x_1)=\lim_{T\to\infty}\frac{1}{2\pi}\int_{-T}^{T}\frac{\mathrm{e}^{-\mathrm{i}tx_1}-\mathrm{e}^{-\mathrm{i}tx_2}}{\mathrm{i}t}\varphi(t)\,\mathrm{d}t.\tag{1.88}$$

例 1.4.1 设 $X\sim B(1,p)$，求随机变量 X 的特征函数 $\varphi(t)$.

解：由 $X\sim B(1,p)$，可知

$$P(X=1)=p,\ P(X=0)=q,\ q=1-p.\tag{1.89}$$

则可得

$$\varphi(t)=E[\mathrm{e}^{\mathrm{i}tX}]=p\mathrm{e}^{\mathrm{i}t}+q,\ q=1-p. \tag{1.90}$$

例1.4.2　设$X\sim B(n,\ p)$，求随机变量X的特征函数$\varphi(t)$及$E[X]$，$E[X^2]$，$D(X)$.

解：由$X\sim B(n,\ p)$，可知

$$P(X=k)=\mathrm{C}_n^k p^k q^{n-k},\ q=1-p,\ k=0,\ 1,\ \cdots,\ n. \tag{1.91}$$

则可得

$$\varphi(t)=E[\mathrm{e}^{\mathrm{i}tX}]=\sum_{k=0}^{n}\mathrm{e}^{\mathrm{i}tk}\mathrm{C}_n^k p^k q^{n-k}=\sum_{k=0}^{n}\mathrm{C}_n^k(p\mathrm{e}^{\mathrm{i}t})^k q^{n-k}=(p\mathrm{e}^{\mathrm{i}t}+q)^n. \tag{1.92}$$

由特征函数的性质可得

$$E[X]=\frac{\varphi'(0)}{\mathrm{i}}=-\mathrm{i}\frac{\mathrm{d}}{\mathrm{d}t}(p\mathrm{e}^{\mathrm{i}t}+q)^n\Big|_{t=0}=np, \tag{1.93}$$

$$E[X^2]=\frac{\varphi''(0)}{\mathrm{i}^2}=\frac{\mathrm{d}^2}{\mathrm{d}t^2}(p\mathrm{e}^{\mathrm{i}t}+q)^n\Big|_{t=0}=npq+n^2+p^2, \tag{1.94}$$

$$D(X)=E[X^2]-(E[X])^2=npq. \tag{1.95}$$

例1.4.3　设$X\sim P(\lambda)$，求随机变量X的特征函数$\varphi(t)$.

解：由$X\sim P(\lambda)$，可知

$$P(X=k)=\frac{\lambda^k}{k!}\mathrm{e}^{-\lambda},\ k=0,\ 1,\ \cdots, \tag{1.96}$$

则可得

$$\varphi(t)=E[\mathrm{e}^{\mathrm{i}tX}]=\sum_{k=0}^{\infty}\mathrm{e}^{\mathrm{i}tk}\frac{\lambda^k}{k!}\mathrm{e}^{-\lambda}=\mathrm{e}^{-\lambda}\sum_{k=0}^{\infty}\frac{(\lambda\mathrm{e}^{\mathrm{i}t})^k}{k!}=\mathrm{e}^{\lambda(\mathrm{i}t-1)}. \tag{1.97}$$

例1.4.4　设$X\sim U(a,\ b)$，求随机变量X的特征函数$\varphi(t)$.

解：由$X\sim U(a,\ b)$，可知随机变量X的概率密度函数$f(x)$为

$$f(x)=\begin{cases}\dfrac{1}{b-a}, & x\in[a,\ b],\\ 0, & 其他.\end{cases} \tag{1.98}$$

则可得

$$\varphi(t)=E[\mathrm{e}^{\mathrm{i}tX}]=\int_a^b\mathrm{e}^{\mathrm{i}tx}\frac{1}{b-a}\mathrm{d}x=\frac{\mathrm{e}^{\mathrm{i}tb}-\mathrm{e}^{\mathrm{i}ta}}{\mathrm{i}t(b-a)}. \tag{1.99}$$

例 1.4.5 设 $X\sim E(\lambda)$，$\lambda>0$，求随机变量 X 的特征函数 $\varphi(t)$.

解：由 $X\sim E(\lambda)$，可知随机变量 X 的概率密度函数 $f(x)$ 为

$$f(x)=\begin{cases}\lambda e^{-\lambda x}, & x\geqslant 0,\\ 0, & \text{其他},\end{cases} \tag{1.100}$$

则有

$$\begin{aligned}\varphi(t)&=E[e^{itX}]=\int_0^{\infty}e^{itx}\lambda e^{-\lambda x}dx\\&=\lambda\int_0^{\infty}e^{-\lambda x}\cos(tx)\,dx+i\lambda\int_0^{\infty}e^{-\lambda x}\sin(tx)\,dx\\&=\lambda\frac{\lambda}{\lambda^2+t^2}+i\lambda\frac{t}{\lambda^2+t^2}\\&=\frac{\lambda(\lambda+it)}{\lambda^2+t^2}=\left(1-i\frac{t}{\lambda}\right)^{-1}.\end{aligned} \tag{1.101}$$

例 1.4.6 设 $X\sim N(\mu,\sigma^2)$，求随机变量 X 的特征函数 $\varphi(t)$.

解：设随机变量 $Y\sim N(0,1)$，可知随机变量 Y 的概率密度函数 $f_Y(y)$ 为

$$f_Y(y)=\frac{1}{\sqrt{2\pi}}e^{-\frac{y^2}{2}}, \tag{1.102}$$

则可得

$$\begin{aligned}\varphi_Y(t)&=E[e^{itY}]=\frac{1}{\sqrt{2\pi}}\int_{-\infty}^{\infty}e^{ity-\frac{y^2}{2}}dy=\frac{1}{\sqrt{2\pi}}\int_{-\infty}^{\infty}e^{-\frac{(y-it)^2+t^2}{2}}dy\\&=e^{-\frac{t^2}{2}}\frac{1}{\sqrt{2\pi}}\int_{-\infty}^{\infty}e^{-\frac{(y-it)^2}{2}}dy=e^{-\frac{t^2}{2}},\end{aligned} \tag{1.103}$$

其中 $\frac{1}{\sqrt{2\pi}}e^{-\frac{(y-it)^2}{2}}$ 是 $N(it,1)$ 的密度函数，因而有 $\int_{-\infty}^{\infty}\frac{1}{\sqrt{2\pi}}e^{-\frac{(y-it)^2}{2}}dy=1$，则随机变量 Y 的特征函数为

$$\varphi_Y(t)=e^{-\frac{t^2}{2}}. \tag{1.104}$$

又 $X\sim N(\mu,\sigma^2)$，即有 $X=\sigma Y+\mu$，由特征函数的性质可得

$$\varphi_X(t)=e^{i\mu t}\varphi_Y(\sigma t)=e^{i\mu t}e^{-\frac{\sigma^2t^2}{2}}=e^{i\mu t-\frac{\sigma^2t^2}{2}}. \tag{1.105}$$

1.4.2　多元特征函数的定义与性质

定义1.4.2　设$\boldsymbol{X}=(X_1, X_2, \cdots, X_n)$是$n$维随机向量，$\boldsymbol{t}=(t_1, t_2, \cdots, t_n)\in\mathbb{R}^n$，则称

$$\varphi_{\boldsymbol{X}}(\boldsymbol{t})=E[\exp\{\mathrm{i}tx\}]=E\left[\exp\{\mathrm{i}\sum_{k=1}^{n}t_kX_k\}\right] \tag{1.106}$$

为随机向量$\boldsymbol{X}$的**特征函数**.

一维随机向量的特征函数的性质可推广到n维随机向量.

性质1　多元特征函数$\varphi(t_1, t_2, \cdots, t_n)$在$\mathbb{R}^n$上一致连续，且有

$$|\varphi(t_1, t_2, \cdots, t_n)|\leqslant\varphi(0, 0, \cdots, 0)=1; \tag{1.107}$$

$$\varphi(-t_1, -t_2, \cdots, -t_n)=\overline{\varphi(t_1, t_2, \cdots, t_n)}. \tag{1.108}$$

性质2　设$\varphi(\boldsymbol{t})=\varphi(t_1, t_2, \cdots, t_n)$是$n$维随机向量$\boldsymbol{X}=(X_1, X_2, \cdots, X_n)$的特征函数，$\boldsymbol{A}$为$n\times m$矩阵，$\boldsymbol{b}=(b_1, b_2, \cdots, b_n)$，则$m$维随机向量$\boldsymbol{Y}=(Y_1, Y_2, \cdots, Y_n)=\boldsymbol{XA}+\boldsymbol{b}$的特征函数为

$$\varphi_{\boldsymbol{Y}}(t_1, t_2, \cdots, t_n)=\varphi_{\boldsymbol{Y}}(\boldsymbol{t})=\mathrm{e}^{ibt'}\varphi_{\boldsymbol{X}}(\boldsymbol{tA}'). \tag{1.109}$$

性质3　设$\varphi(t_1, t_2, \cdots, t_n)$是$n$维随机向量$(X_1, X_2, \cdots, X_n)$的特征函数，则对任意的$k$维随机向量$(X_1, X_2, \cdots, X_k)$，$1\leqslant k\leqslant n$，其特征函数为

$$\varphi_{(X_1, X_2, \cdots, X_k)}(t_1, t_2, \cdots, t_k)=\varphi(t_1, t_2, \cdots, t_k, 0, \cdots, 0). \tag{1.110}$$

性质4　设$\varphi(t_1, t_2, \cdots, t_n)$是$n$维随机向量$(X_1, X_2, \cdots, X_n)$的特征函数，$\varphi_{X_k}(t)$为随机变量$X_k$的特征函数，$k=1, 2, \cdots, n$，则随机变量$X_1, X_2, \cdots, X_n$相互独立的充要条件为

$$\varphi(t_1, t_2, \cdots, t_n)=\varphi_{X_1}(t_1)\varphi_{X_2}(t_2)\cdots\varphi_{X_n}(t_n). \tag{1.111}$$

例1.4.7　设随机变量$X\sim N(\mu_1, \sigma_1^2)$，$Y\sim N(\mu_2, \sigma_2^2)$相互独立，求随机变量$Z=aX+bY$的概率密度函数.

解：因为随机变量X和Y相互独立，则由特征函数的性质可得

$$\begin{aligned}\varphi_Z(t)&=\varphi_{(X, Y)}(at, bt)=\varphi_X(at)\varphi_Y(bt)\\&=\exp\left\{\mathrm{i}(a\mu_1+b\mu_2)t-\frac{(a^2\sigma_1^2+b^2\sigma_2^2)t^2}{2}\right\}.\end{aligned} \tag{1.112}$$

由特征函数唯一确定分布函数可知 $Z \sim N(a\mu_1 + b\mu_2, a^2\sigma_1^2 + b^2\sigma_2^2)$，则随机变量 Z 的概率密度函数为

$$\varphi_Z(z) = \frac{1}{\sqrt{2\pi(a^2\sigma_1^2 + b^2\sigma_2^2)}}\exp\left\{-\frac{[z-(a\mu_1 + b\mu_2)]^2}{2(a^2\sigma_1^2 + b^2\sigma_2^2)}\right\}, \quad -\infty < z < \infty. \tag{1.113}$$

1.4.3 母函数

母函数是研究非负整数值的随机变量的重要工具.

定义 1.4.3 设随机变量 X 取非负整数值，分布列

$$p_k = P(X = k), \quad k = 0, 1, \cdots, \tag{1.114}$$

则称

$$P(s) \triangleq E[s^X] = \sum_{k=0}^{\infty} p_k s^k, \quad -1 \leqslant s \leqslant 1, \tag{1.115}$$

为随机变量 X 的**母函数**.

特别地，取 $s = e^{it}$，则 $P(s) = E[s^X] = E[e^{itX}] = \varphi_X(t)$，所以母函数本质上是特征函数. 又 $\sum\limits_{k=0}^{\infty} p_k = 1$，则由幂级数的收敛性知母函数 $P(s)$ 在 $-1 \leqslant s \leqslant 1$ 上一致收敛且绝对收敛，即任意取非负整数值的随机变量都存在母函数.

例 1.4.8 设 $X \sim B(n, p)$，即 $P(X = k) = C_n^k p^k q^{n-k}$，$k = 0, 1, \cdots$，$0 < p < 1$，$q = 1 - p$，则随机变量 X 的母函数为

$$P(s) = E[s^X] = \sum_{k=0}^{n} s^k C_n^k p^k q^{n-k} = (ps + q)^n, \quad -1 \leqslant s \leqslant 1. \tag{1.116}$$

特别地，当 $n = 1$ 时，X 服从 0-1 分布，其母函数为

$$P(s) = ps + q, \quad -1 \leqslant s \leqslant 1. \tag{1.117}$$

例 1.4.9 设 X 服从泊松分布，即 $P(X = k) = \dfrac{\lambda^k}{k!}e^{-\lambda}$，$k = 0, 1, \cdots$，$\lambda > 0$，则随机变量 X 的母函数为

$$P(s) = E[s^X] = \sum_{k=0}^{\infty} s^k \frac{\lambda^k}{k!} e^{-\lambda} = e^{\lambda s} e^{-\lambda} = e^{\lambda(s-1)}, \quad -1 \leqslant s \leqslant 1. \tag{1.118}$$

例 1.4.10 设 X 服从几何分布，即 $P(X = k) = q^{k-1}p$，$k = 1, 2, \cdots$，$0 < p < 1$，$q = 1 - p$，则随机变量 X 的母函数为

$$P(s)=E[s^X]=\sum_{k=1}^{\infty}s^k q^{k-1}p=ps\sum_{k=1}^{\infty}(qs)^{k-1}=\frac{ps}{1-qs},\quad -1\leqslant s\leqslant 1. \tag{1.119}$$

母函数有如下性质：

性质 1　非负整数值随机变量的分布律和母函数一一对应且相互唯一确定：若随机变量 X 的分布律为 $P(X=k)=p_k$，$k=0$，1，…，则其母函数为 $P(s)=\sum_{k=0}^{\infty}p_k s^k$，$-1\leqslant s\leqslant 1$；反之，若随机变量的母函数为 $P(s)=\sum_{k=0}^{\infty}p_k s^k$，$-1\leqslant s\leqslant 1$，则其分布律为 $p_k=\frac{1}{k!}P^{(k)}(0)$，$k=0$，1，….

证明：由母函数的定义可知

$$P(s)=\sum_{k=0}^{\infty}p_k s^k=\sum_{k=0}^{n}p_k s^k+\sum_{k=n+1}^{\infty}p_k s^k,\quad -1\leqslant s\leqslant 1, \tag{1.120}$$

则上式两边对 s 求 n 阶导数可得

$$P^{(n)}(s)=n!\,p_n+\sum_{k=n+1}^{\infty}k(k-1)\cdots(k-n+1)p_k s^{k-n},\quad n=0,1,\cdots, \tag{1.121}$$

取 $s=0$，则 $P^{(n)}(0)=n!\,p_n$，即有

$$p_n=\frac{P^{(n)}(0)}{n!},\quad n=0,1,\cdots. \tag{1.122}$$

□

性质 2　$|P(s)|\leqslant P(1)=1$，对任意的 $-1\leqslant s\leqslant 1$.

证明：

$$|P(s)|=\left|\sum_{k=0}^{\infty}p_k s^k\right|\leqslant\sum_{k=0}^{\infty}p_k|s^k|\leqslant\sum_{k=0}^{\infty}p_k=1,\quad -1\leqslant s\leqslant 1. \tag{1.123}$$

又 $P(1)=E[1^X]=1$，则可得结论.　□

性质 3　设随机变量 X 的母函数为 $P_X(s)$，$-1\leqslant s\leqslant 1$，则随机变量 $Y=aX+b$（a，b 为非负整数）的母函数为 $P_Y(s)=s^b P_X(s^a)$，$-1\leqslant s\leqslant 1$.

证明：

$$P_Y(s)=E[s^Y]=E[s^{aX+b}]=s^b E[(s^a)^X]=s^b P_X(s^a),\quad -1\leqslant s\leqslant 1. \tag{1.124}$$

□

性质 4　独立随机变量之和的母函数等于母函数之积：若 X_1，X_2，…，X_n 相互

独立，其母函数分别为 $P_{X_1}(s)$ ，$P_{X_2}(s)$ ，…，$P_{X_n}(s)$ ，则 $Y=X_1+X_2+\cdots+X_n$ 的母函数为 $P_Y(s)=P_{X_1}(s)P_{X_2}(s)\cdots P_{X_n}(s)$ ，$-1\leqslant s\leqslant 1$.

证明： 由于 X_1，X_2，…，X_n 相互独立，则可得

$$P_Y(s)=E[s^Y]=E[s^{X_1+X_2+\cdots+X_n}]=E[s^{X_1}]E[s^{X_2}]\cdots E[s^{X_n}]$$
$$=P_{X_1}(s)P_{X_2}(s)\cdots P_{X_n}(s),\quad -1\leqslant s\leqslant 1. \tag{1.125}$$

□

性质 5 随机变量 X 的 n 阶原点矩存在，则母函数 $P(s)$ 的 k（$k\leqslant n$）阶导数存在，且 X 的 k 阶矩可由母函数在 $s=1$ 处的各阶导数表示．特别地，$E[X]=P'(1)$ ，$E[X^2]=P''(1)+P'(1)$.

证明： 由母函数的定义可知

$$P_X'(s)=\sum_{k=1}^{\infty}kp_ks^{k-1},\ P_X''(s)=\sum_{k=2}^{\infty}k(k-1)p_ks^{k-2},\ s\in[-1,1]. \tag{1.126}$$

则取 $s=1$，有

$$P_X'(1)=\sum_{k=1}^{\infty}kp_k=E[X], \tag{1.127}$$

$$P_X''(1)+P_X'(1)=\sum_{k=2}^{\infty}k(k-1)p_k+\sum_{k=1}^{\infty}kp_k=\sum_{k=1}^{\infty}k^2p_k=E[X^2]. \tag{1.128}$$

□

例 1.4.11 设随机变量 $X\sim B(n,p)$ ，求 $E[X]$ ，$D(X)$.

解： $X\sim B(n,p)$ ，则其母函数为 $P_X(s)=(ps+q)^n$，$s\in[-1,1]$ ，从而

$$P_X'(s)=np(ps+q)^{n-1}, \tag{1.129}$$

$$P_X''(s)=n(n-1)p^2(ps+q)^{n-2}. \tag{1.130}$$

由性质 5 可得

$$E[X]=P_X'(1)=np, \tag{1.131}$$

$$E[X^2]=P_X''(1)+P_X'(1)=n(n-1)p^2+np, \tag{1.132}$$

$$D(X)=E[X^2]-(E[X])^2=np(1-p)=npq,\ q=1-p. \tag{1.133}$$

性质 6 若 X_1，X_2，… 是相互独立且同分布的非负整数值随机变量，母函数为 $P_1(s)$ ；N 为非负整数值随机变量，且与 X_1，X_2，… 相互独立，母函数为 $P_2(s)$ ，

则 $Y=\sum_{i=1}^{N}X_i$ 的母函数为 $P_Y(s)=P_2(P_1(s))$，$-1\leqslant s\leqslant 1$.

证明： 由 X_1，X_2，… 相互独立且同分布，且 N 与 X_1，X_2，… 相互独立，可得

$$\begin{aligned}P_Y(s)&=E[s^Y]=\sum_{k=0}^{\infty}P(Y=k)s^k=\sum_{k=0}^{\infty}P\Big(\sum_{i=1}^{N}X_i=k\Big)s^k\\&=\sum_{k=0}^{\infty}\sum_{n=1}^{\infty}P(N=n)P\Big(\sum_{i=1}^{N}X_i=k\mid N=n\Big)s^k\\&=\sum_{n=1}^{\infty}P(N=n)\sum_{k=0}^{\infty}P\Big(\sum_{i=1}^{n}X_i=k\Big)s^k\\&=\sum_{n=1}^{\infty}P(N=n)(P_1(s))^n=E[(P_1(s))^N]=P_2(P_1(s)).\end{aligned}\tag{1.134}$$

□

由性质 5 和性质 6 可知，若 $Y=\sum_{i=1}^{N}X_i$，其中 X_1，X_2，… 相互独立且同分布，且 N 与 X_1，X_2，… 相互独立，则有

$$E[Y]=E[N]E[X_1].\tag{1.135}$$

例 1.4.12　某彩票销售点一天接待的顾客数 N 服从参数 $\lambda_1=100$（人）的泊松分布，假设每位顾客购买彩票的张数 X 服从参数 $\lambda_2=20$（张）的泊松分布，每张彩票售价 2 元．求该彩票销售点一天的平均营业额 Z.

解： 由题意可知 $E[N]=100$，$E[X]=20$，则可得

$$E[Z]=E\Big[\sum_{i=1}^{N}2X\Big]=2E[N]E[X]=2\times100\times20=4000(\text{元}).\tag{1.136}$$

1.5　多元正态分布

正态分布是概率论中一种极为重要的分布，由中心极限定理可知现实中的许多随机变量都服从或者近似服从正态分布，同时正态分布有众多良好的性质．在本节，我们考虑多元正态分布．

定义 1.5.1　设 $\boldsymbol{X}=(X_1,X_2,\cdots,X_n)$ 是 n 维随机向量，若其联合概率密度函数为

$$\begin{aligned}f(\boldsymbol{x})&=f(x_1,x_2,\cdots,x_n)\\&=\frac{1}{(2\pi)^{\frac{n}{2}}|\boldsymbol{B}|^{\frac{1}{2}}}\exp\Big\{-\frac{1}{2}(\boldsymbol{x}-\boldsymbol{\mu})\boldsymbol{B}^{-1}(\boldsymbol{x}-\boldsymbol{\mu})'\Big\},\end{aligned}\tag{1.137}$$

其中$\boldsymbol{\mu}=(\mu_1, \mu_2, \cdots, \mu_n)$为实值向量，$\boldsymbol{B}=(b_{ij})_{n\times n}$是正定矩阵，$\boldsymbol{B}^{-1}$是其逆矩阵，则称$\boldsymbol{X}$服从$n$**维正态分布**，记作$\boldsymbol{X}\sim N(\boldsymbol{\mu}, \boldsymbol{B})$.

特别地，二维正态随机向量$(X_1, X_2)\sim N(\mu_1, \mu_2, \sigma_1^2, \sigma_2^2; \rho)$，$\boldsymbol{x}=(x_1, x_2)$，$\boldsymbol{\mu}=(\mu_1, \mu_2)$，$\boldsymbol{B}=\begin{pmatrix}\sigma_1^2 & \rho\sigma_1\sigma_2\\ \rho\sigma_1\sigma_2 & \sigma_2^2\end{pmatrix}$，则二维正态随机向量的联合概率密度函数为

$$f(x_1, x_2)=\frac{1}{2\pi\sigma_1\sigma_2\sqrt{1-\rho^2}}\mathrm{e}^{-\frac{1}{2(1-\rho^2)}\left[\frac{(x_1-\mu_1)^2}{\sigma_1^2}-2\rho\frac{(x_1-\mu_1)(x_2-\mu_2)}{\sigma_1\sigma_2}+\frac{(x_2-\mu_2)^2}{\sigma_2^2}\right]}. \quad (1.138)$$

为方便应用，我们给出几个常用的结论.

定理 1.5.1 若n维随机向量$\boldsymbol{X}\sim N(\boldsymbol{\mu}, \boldsymbol{B})$，则$\boldsymbol{X}$的特征函数为

$$\varphi(\boldsymbol{t})=\varphi(t_1, t_2, \cdots, t_n)=\exp\{\mathrm{i}\boldsymbol{\mu}\boldsymbol{t}'-\frac{1}{2}\boldsymbol{t}\boldsymbol{B}'\boldsymbol{t}\}. \quad (1.139)$$

证明: n维随机向量$\boldsymbol{X}\sim N(\boldsymbol{\mu}, \boldsymbol{B})$，则存在正交矩阵$\boldsymbol{A}$，使得

$$\boldsymbol{Y}=(\boldsymbol{X}-\boldsymbol{\mu})\boldsymbol{A}\sim N(\boldsymbol{0}, \boldsymbol{\Sigma}), \quad \boldsymbol{A}'\boldsymbol{B}\boldsymbol{A}=\boldsymbol{\Sigma}=\mathrm{diag}(\lambda_1, \lambda_2, \cdots, \lambda_n). \quad (1.140)$$

则由特征函数的性质可得

$$\begin{aligned}\varphi_Y(\boldsymbol{t})&=\prod_{k=1}^{n}f_{Y_k}(t_k)=\prod_{k=1}^{n}\exp\{-\frac{\lambda_k t_k^2}{2}\}\\&=\exp\{-\sum_{k=1}^{n}\frac{\lambda_k t_k^2}{2}\}=\exp\{-\frac{1}{2}\boldsymbol{t}\boldsymbol{\Sigma}\boldsymbol{t}'\}\\&=\exp\{-\frac{1}{2}\boldsymbol{t}(\boldsymbol{A}'\boldsymbol{B}\boldsymbol{A})\boldsymbol{t}'\}=\exp\{-\frac{1}{2}(\boldsymbol{t}\boldsymbol{A}')\boldsymbol{B}(\boldsymbol{t}\boldsymbol{A})'\}. \quad (1.141)\end{aligned}$$

又$\boldsymbol{X}=\boldsymbol{\mu}+\boldsymbol{Y}\boldsymbol{A}'$，则由多元特征函数的性质可得

$$\begin{aligned}\varphi_X(\boldsymbol{t})&=\exp\{\mathrm{i}\boldsymbol{\mu}\boldsymbol{t}'\}\varphi_Y(\boldsymbol{t}\boldsymbol{A})=\exp\{\mathrm{i}\boldsymbol{\mu}\boldsymbol{t}'\}\exp\{-\frac{1}{2}(\boldsymbol{t}\boldsymbol{A}\boldsymbol{A}')\boldsymbol{B}(\boldsymbol{t}\boldsymbol{A}\boldsymbol{A}')'\}\\&=\exp\{\mathrm{i}\boldsymbol{\mu}\boldsymbol{t}'-\frac{1}{2}\boldsymbol{t}\boldsymbol{B}\boldsymbol{t}'\}. \quad (1.142)\end{aligned}$$

□

性质 1 若n维随机向量$\boldsymbol{X}\sim N(\boldsymbol{\mu}, \boldsymbol{B})$，则$E[X_k]=\mu_k$，$B_{X_kX_l}=b_{kl}$，$k, l=1,$

2, …, n.

性质 2　若 n 维随机向量 $\boldsymbol{X} \sim N(\boldsymbol{\mu}, \boldsymbol{B})$，$\boldsymbol{Y} = \boldsymbol{XA}$，其中 $\boldsymbol{A}$ 为 $n \times m$ 维矩阵．若 $\boldsymbol{ABA}'$ 正定，则 $\boldsymbol{Y} \sim N(\boldsymbol{\mu A}, \boldsymbol{A}'\boldsymbol{BA})$，即正态随机变量的线性变换仍然是正态随机变量．

证明： 对任意的 m 维向量 $\boldsymbol{t} = (t_1, t_2, \cdots, t_m)$，有

$$\begin{aligned}\varphi_{\boldsymbol{Y}}(\boldsymbol{t}) &= E[\exp\{\mathrm{i}\boldsymbol{tY}'\}] = E[\exp\{\mathrm{i}\boldsymbol{t}(\boldsymbol{XA})'\}] = E[\exp\{\mathrm{i}(\boldsymbol{tA}')\boldsymbol{X}'\}] \\ &= \exp\{\mathrm{i}\boldsymbol{\mu}(\boldsymbol{tA}')' - \frac{1}{2}(\boldsymbol{tA}')\boldsymbol{B}(\boldsymbol{tA}')'\} = \exp\{\mathrm{i}(\boldsymbol{\mu A})\boldsymbol{t}' - \frac{1}{2}\boldsymbol{t}(\boldsymbol{A}'\boldsymbol{BA})\boldsymbol{t}'\}.\end{aligned} \tag{1.143}$$

即

$$\boldsymbol{Y} \sim N(\boldsymbol{\mu A}, \boldsymbol{A}'\boldsymbol{BA}). \tag{1.144}$$

□

性质 3　若 $\boldsymbol{X} = (X_1, X_2, \cdots, X_n) \sim N(\boldsymbol{\mu}, \boldsymbol{B})$，则随机变量 $X_1, X_2, \cdots, X_n$ 相互独立的充要条件是 $X_1, X_2, \cdots, X_n$ 两两不相关，即协方差矩阵 $\boldsymbol{B}$ 是对角阵．

性质 4　n 维随机向量 $\boldsymbol{X} = (X_1, X_2, \cdots, X_n)$ 服从 n 维正态分布 $N(\boldsymbol{\mu}, \boldsymbol{B})$ 的充要条件是 $X_1, X_2, \cdots, X_n$ 的任意线性组合 $Y = \sum_{k=1}^{n} a_k X_k$ 服从一维正态分布 $N(\boldsymbol{\mu a}', \boldsymbol{aBa}')$，其中 $\boldsymbol{a} = (a_1, a_2, \cdots, a_n)$ 为非零向量．

证明： 首先证明充分性．

对任意的 $\boldsymbol{t} = (t_1, t_2, \cdots, t_n) \in \mathbb{R}^n$，则可知 $\boldsymbol{tX}' \sim N(\boldsymbol{\mu t}', \boldsymbol{tBt}')$，则其特征函数为

$$\varphi_{\boldsymbol{tX}'}(u) = E[\exp\{\mathrm{i}u(\boldsymbol{tX}')\}] = \exp\{\mathrm{i}u\boldsymbol{\mu t}' - \frac{1}{2}u^2\boldsymbol{tBt}'\}. \tag{1.145}$$

令 $u = 1$，则有 $E[\exp\{\mathrm{i}(\boldsymbol{tX}')\}] = \exp\{\mathrm{i}\boldsymbol{\mu t}' - \frac{1}{2}\boldsymbol{tBt}'\}$，即 $\boldsymbol{X} \sim N(\boldsymbol{\mu}, \boldsymbol{B})$．

其次证明必要性．

由于 $\boldsymbol{X} \sim N(\boldsymbol{\mu}, \boldsymbol{B})$，则其特征函数为

$$\varphi_{\boldsymbol{X}}(\boldsymbol{s}) = E[\exp\{\mathrm{i}\boldsymbol{sX}'\}] = \exp\{\mathrm{i}\boldsymbol{\mu s}' - \frac{1}{2}\boldsymbol{sBs}'\}. \tag{1.146}$$

令 $\boldsymbol{s} = t\boldsymbol{a}$，则有

$$\varphi_Y(t) = E[\exp\{\mathrm{i}tY\}] = E[\exp\{\mathrm{i}(t\boldsymbol{a})\boldsymbol{X}'\}] = \exp\left\{\mathrm{i}t\boldsymbol{\mu a}' - \frac{1}{2}t^2\boldsymbol{aBa}'\right\}, \tag{1.147}$$

即 $Y \sim N(\boldsymbol{\mu a}', \boldsymbol{aBa}')$. □

性质5 若 $\boldsymbol{X} = (X_1, X_2, X_3, X_4)$ 是四维正态随机向量，$E[X_k] = 0$, $k = 1, 2, 3, 4$，则有 $E[X_1X_2X_3X_4] = E[X_1X_2]E[X_3X_4] + E[X_1X_3]E[X_2X_4] + E[X_1X_4]E[X_2X_3]$.

证明： 设 $\varphi_X(t_1, t_2, t_3, t_4)$ 为 $\boldsymbol{X} = (X_1, X_2, X_3, X_4)$ 的特征函数，则

$$\varphi_X(t_1, t_2, t_3, t_4) = \exp\left\{-\frac{1}{2}\sum_{k=1}^{4}\sum_{l=1}^{4}t_kt_lE[X_kX_l]\right\}. \tag{1.148}$$

令

$$L_k = \sum_{l=1}^{4}t_lE[X_kX_l], \quad k = 1, 2, 3, 4. \tag{1.149}$$

则有

$$\frac{\partial}{\partial t_1}\varphi_X(t_1, t_2, t_3, t_4) = -L_1\varphi_X(t_1, t_2, t_3, t_4), \tag{1.150}$$

$$\frac{\partial^2}{\partial t_1\partial t_2}\varphi_X(t_1, t_2, t_3, t_4) = (L_1L_2 - E[X_1X_2])\varphi_X(t_1, t_2, t_3, t_4), \tag{1.151}$$

$$\begin{aligned}\frac{\partial^3}{\partial t_1\partial t_2\partial t_3}\varphi_X(t_1, t_2, t_3, t_4) = &(-L_1L_2L_3 + L_1E[X_2X_3] + L_2E[X_1X_3] \\ &+ L_3E[X_1X_2])\cdot\varphi_X(t_1, t_2, t_3, t_4),\end{aligned} \tag{1.152}$$

$$\begin{aligned}\frac{\partial^4}{\partial t_1\partial t_2\partial t_3\partial t_4}\varphi_X(t_1, t_2, t_3, t_4) = &(L_1L_2L_3L_4 - L_1L_2E[X_3X_4] - L_2L_3E[X_1X_4] \\ &- L_1L_4E[X_2X_3] - L_2L_4E[X_1X_3] - L_3L_4E[X_1X_2] \\ &- L_1L_3E[X_2X_4]\ E[X_1X_2]E[X_3X_4] + E[X_1X_3]E[X_2X_4] \\ &+ E[X_1X_4]E[X_2X_3])\cdot\varphi_X(t_1, t_2, t_3, t_4).\end{aligned} \tag{1.153}$$

由于

$$E[X_1X_2X_3X_4] = \mathrm{i}^{-4}\frac{\partial^4}{\partial t_1\partial t_2\partial t_3\partial t_4}\varphi_X(t_1, t_2, t_3, t_4)\Big|_{t_1=t_2=t_3=t_4=0}, \tag{1.154}$$

因此可得

$$E[X_1X_2X_3X_4] = E[X_1X_2]E[X_3X_4] + E[X_1X_3]E[X_2X_4] + E[X_1X_4]E[X_2X_3]. \tag{1.155}$$

□

例 1.5.1　设四维随机向量 $\boldsymbol{X}=(X_1, X_2, X_3, X_4) \sim N(\mu_X, \boldsymbol{B}_X)$，其中

$$\mu_X=(2, 1, 1, 0), \boldsymbol{B}_X=\begin{pmatrix} 6 & 3 & 2 & 1 \\ 3 & 4 & 3 & 2 \\ 2 & 3 & 4 & 3 \\ 1 & 2 & 3 & 3 \end{pmatrix}. \tag{1.156}$$

（1）求随机向量 (X_1, X_2) 的分布；

（2）求随机向量 $\boldsymbol{Y}=(2X_1, X_1+2X_2, X_3+X_4)$ 的分布.

解：（1）由题可知随机向量 (X_1, X_2) 服从二维正态分布，其均值向量为 $(2, 1)$，协方差矩阵为 $\begin{pmatrix} 6 & 3 \\ 3 & 4 \end{pmatrix}$.

（2）由于

$$\boldsymbol{Y}=(2X_1, X_1+2X_2, X_3+X_4)=(X_1, X_2, X_3, X_4)\begin{pmatrix} 2 & 1 & 0 \\ 0 & 2 & 0 \\ 0 & 0 & 1 \\ 0 & 0 & 1 \end{pmatrix} \triangleq \boldsymbol{XA}, \tag{1.157}$$

则可知随机向量 $\boldsymbol{Y} \sim N(\mu_Y, \boldsymbol{B}_Y)$，其中

$$\mu_Y=\mu_X\boldsymbol{A}=(2, 1, 1, 0)\begin{pmatrix} 2 & 1 & 0 \\ 0 & 2 & 0 \\ 0 & 0 & 1 \\ 0 & 0 & 1 \end{pmatrix}=(4, 4, 1), \tag{1.158}$$

$$\boldsymbol{B}_Y=\boldsymbol{A}'\boldsymbol{B}_X\boldsymbol{A}=\begin{pmatrix} 2 & 0 & 0 & 0 \\ 1 & 2 & 0 & 0 \\ 0 & 0 & 1 & 1 \end{pmatrix}\begin{pmatrix} 6 & 3 & 2 & 1 \\ 3 & 4 & 3 & 2 \\ 2 & 3 & 4 & 3 \\ 1 & 2 & 3 & 3 \end{pmatrix}\begin{pmatrix} 2 & 1 & 0 \\ 0 & 2 & 0 \\ 0 & 0 & 1 \\ 0 & 0 & 1 \end{pmatrix}=\begin{pmatrix} 24 & 24 & 6 \\ 24 & 34 & 13 \\ 6 & 13 & 13 \end{pmatrix}. \tag{1.159}$$

1.6 条件数学期望

1.6.1 离散型情况

若 X，Y 是离散型随机变量，对于给定的 y，若 $P(Y=y)>0$，则称

$$P(X=x\mid Y=y)=\frac{P(X=x,\ Y=y)}{P(Y=y)} \tag{1.160}$$

为给定 $Y=y$ 的条件下，随机变量 X 的**条件概率**.

给定 $Y=y$ 的条件下，随机变量 X 的**条件分布函数**为

$$F_{X\mid Y}(x\mid y)=P(X\leqslant x\mid Y=y),\ x\in\mathbb{R}. \tag{1.161}$$

给定 $Y=y$ 的条件下，若 $\sum_{x}|x|P(X=x\mid Y=y)<+\infty$，则称

$$E[X\mid Y=y]=\sum_{x}xP(X=x\mid Y=y) \tag{1.162}$$

为离散型随机变量 X 的**条件期望**.

类似地，可以定义给定 $X=x$ 的条件下，随机变量 Y 的条件概率、条件分布函数和条件期望.

1.6.2 连续型情况

若 X，Y 是连续型随机变量，$f_{XY}(x,\ y)$ 为其联合概率密度函数，则对一切使得 $f_Y(y)>0$ 的 y，称

$$f_{X\mid Y}(x\mid y)=\frac{f_{XY}(x,\ y)}{f_Y(y)} \tag{1.163}$$

为给定 $Y=y$ 的条件下，随机变量 X 的**条件概率密度函数**.

给定 $Y=y$ 的条件下，随机变量 X 的**条件分布函数**为

$$F_{X\mid Y}(x\mid y)=P(X\leqslant x\mid Y=y)=\int_{-\infty}^{x}f_{X\mid Y}(t\mid y)\,\mathrm{d}t. \tag{1.164}$$

给定 $Y=y$ 的条件下，若 $\int_{-\infty}^{\infty}|x|f_{X\mid Y}(x\mid y)<+\infty$，则称

$$E[X\mid Y=y]=\int_{-\infty}^{\infty}xf_{X\mid Y}(x\mid y)\,\mathrm{d}x \tag{1.165}$$

为连续型随机变量 X 的**条件期望**.

类似地，可以定义给定 $X=x$ 的条件下，随机变量 Y 的条件概率密度函数、条件分布函数和条件期望.

例 1.6.1　设二维随机向量 (X, Y) 的联合概率密度函数为

$$f(x, y)=\begin{cases}\dfrac{1}{y}\mathrm{e}^{-\left(\frac{x}{y}+y\right)}, & x>0,\ y>0,\\ 0, & \text{其他},\end{cases} \tag{1.166}$$

求 $E[X \mid Y=y]$.

解：由二维随机向量 (X, Y) 的联合密度函数 $f(x, y)$ 可得

$$f_Y(y)=\int_{-\infty}^{\infty} f(x, y)\,\mathrm{d}x=\begin{cases}\mathrm{e}^{-y}, & y>0,\\ 0, & y \leqslant 0,\end{cases} \tag{1.167}$$

则对任意的 $y>0$，有

$$f_{X \mid Y}(x \mid y)=\frac{f(x, y)}{f_Y(y)}=\begin{cases}\dfrac{1}{y}\mathrm{e}^{-\frac{x}{y}}, & x>0,\\ 0, & x \leqslant 0,\end{cases} \tag{1.168}$$

即对任意的 $y>0$，在 $Y=y$ 的条件下，随机变量 X 的条件数学期望为

$$E[X \mid Y=y]=\int_{-\infty}^{\infty} x f_{X \mid Y}(x \mid y)\,\mathrm{d}x=\int_0^{\infty} \frac{x}{y}\mathrm{e}^{-\frac{x}{y}}\,\mathrm{d}x=y. \tag{1.169}$$

条件数学期望具有一般数学期望的所有性质，且计算随机变量函数的条件期望也类似于没有条件的情况：

$$E[g(X) \mid Y=y]=\begin{cases}\displaystyle\sum_x g(x) P(X=x \mid Y=y), & (X, Y)\text{ 是离散型随机向量},\\ \displaystyle\int_{-\infty}^{\infty} g(x) f_{X \mid Y}(x \mid y)\,\mathrm{d}x, & (X, Y)\text{ 是连续型随机向量}.\end{cases} \tag{1.170}$$

条件数学期望 $E[X \mid Y=y]$ 是关于 y 的函数，y 是随机变量 Y 的一个可能取值，因此 $E[X \mid Y]$ 是随机变量 Y 的函数，即 $E[X \mid Y]$ 也是一个随机变量，称其为随机变量 X 在 Y 下的**条件期望**. 我们考虑随机变量 $E[X \mid Y]$ 的数学期望，则有如下结论.

定理 1.6.1 若随机变量 X 和 Y 的数学期望存在，则有

$$E[X]=E[E[X\mid Y]].\tag{1.171}$$

特别地，如果 Y 是离散型随机变量，则有离散型的全期望公式

$$E[X]=\sum_{y}E[X\mid Y=y]P(Y=y).\tag{1.172}$$

如果 Y 是连续型随机变量，则有连续型的全期望公式

$$E[X]=\int_{-\infty}^{\infty}E[X\mid Y=y]f_Y(y)\,\mathrm{d}y.\tag{1.173}$$

证明： 若 X 和 Y 为离散型随机变量，则可得

$$\begin{aligned}&\sum_{y}E[X\mid Y=y]P(Y=y)\\&=\sum_{y}\sum_{x}xP(X=x\mid Y=y)P(Y=y)\\&=\sum_{x}\sum_{y}xP(X=x,\ Y=y)=\sum_{x}x\sum_{y}P(X=x,\ Y=y)\\&=\sum_{x}xP(X=x)=E[X].\end{aligned}\tag{1.174}$$

若 X 和 Y 为连续型随机变量，则可得

$$\begin{aligned}E[E[X\mid Y]]&=\int_{-\infty}^{\infty}E[X\mid Y=y]f_Y(y)\,\mathrm{d}y=\int_{-\infty}^{\infty}\left[\int_{-\infty}^{\infty}xf_{X\mid Y}(x\mid y)\,\mathrm{d}x\right]f_Y(y)\,\mathrm{d}y\\&=\int_{-\infty}^{\infty}\int_{-\infty}^{\infty}xf(x,\ y)\,\mathrm{d}x\mathrm{d}y=\int_{-\infty}^{\infty}x\left[\int_{-\infty}^{\infty}f(x,\ y)\,\mathrm{d}y\right]\mathrm{d}x\\&=\int_{-\infty}^{\infty}xf_X(x)\,\mathrm{d}x=E[X].\end{aligned}\tag{1.175}$$

若随机变量 X 和 Y 一个是连续型，一个是离散型，类似可得结论. □

由全期望公式可知，数学期望 $E[X]$ 是给定条件 $Y=y$ 时，随机变量 X 的条件期望的加权平均值，$P(Y=y)$ 是 $E[X\mid Y=y]$ 对应的权重. 全期望公式在计算随机变量函数的期望时，作用类似于事件的全概率公式.

例 1.6.2 设一天内进入商店的人数是一个随机变量，其数学期望等于 150；每个顾客的消费金额是相互独立的随机变量，其数学期望为 70 元，同时每个顾客的消费与进入商店的顾客数独立. 求在给定的一天内，该店的总收入的数学期望.

解： 设随机变量 N 为进入商店的顾客人数，X_i 表示第 i 个顾客的消费，Y 表示 N

个顾客的总消费，则 $Y=\sum_{i=1}^{N}X_i$. 由全期望公式可得

$$
\begin{aligned}
E[Y] &= E\Big[\sum_{i=1}^{N}X_i\Big]=E\Big[E\Big[\sum_{i=1}^{N}X_i\,\Big|\,N\Big]\Big]=\sum_{n=1}^{\infty}E\Big[\sum_{i=1}^{N}X_i\,\Big|\,N=n\Big]P(N=n)\\
&=\sum_{n=1}^{\infty}E\Big[\sum_{i=1}^{n}X_i\Big]P(N=n)=\sum_{n=1}^{\infty}P(N=n)\,nE[X_1]\\
&=E[N]\,E[X_1]=150\times 70=10\,500,
\end{aligned}
\tag{1.176}
$$

即该店的总收入的期望值为 10 500.

对于二元随机向量函数条件期望的求解和性质，类似可得：

$$
E[g(X,\ Y)\mid X=x]=\begin{cases}\sum\limits_{y}g(x,\ y)\,P(Y=y\mid X=x), & (X,\ Y)\ \text{是离散型随机向量},\\ \int_{-\infty}^{\infty}g(x,\ y)\,f_{Y\mid X}(y\mid x)\,\mathrm{d}y, & (X,\ Y)\ \text{是连续型随机向量}.\end{cases}
\tag{1.177}
$$

$$
E[g(X,\ Y)\mid Y=y]=\begin{cases}\sum\limits_{x}g(x,\ y)\,P(X=x\mid Y=y), & (X,\ Y)\ \text{是离散型随机向量},\\ \int_{-\infty}^{\infty}g(x,\ y)\,f_{X\mid Y}(x\mid y)\,\mathrm{d}x, & (X,\ Y)\ \text{是连续型随机向量}.\end{cases}
\tag{1.178}
$$

$$
E[g(X,\ Y)]=E[E[g(X,\ Y)\mid X]].
\tag{1.179}
$$

习题一

1. 设连续型随机变量 X 有如下分布函数：

$$
F(x)=\begin{cases}0, & x<0,\\ 0.5+A\sin\left(\dfrac{\pi}{2}(x-1)\right), & 0\leqslant x<2,\\ 1, & x\geqslant 2.\end{cases}
$$

求：（1）常数 A；（2）$P(0.5<X<1)$.

2. 设连续型随机变量 X 的概率密度函数为 $f(x)=\begin{cases}1, & 0\leqslant x\leqslant 1,\\ 0, & \text{其他},\end{cases}$ 求随机变量 $Y=6X+4$ 的概率密度函数.

3. 设随机变量 X 的数学期望和方差分别是 m 和 σ^2，求随机变量 $Y=-3X-2$ 的数学期望、方差，以及 X 和 Y 的相关矩.

4. 设随机变量 X 和 Y 分别是 $[0,\ a]$ 和 $\left[0,\ \frac{\pi}{2}\right]$ 上的均匀分布，且相互独立.

证明：对于 $b<a$，有 $P(b\cos Y>x)=\frac{2b}{\pi a}$.

5. 随机变量 X 和 Y 的联合概率密度函数为

$$f_{X,Y}(x,\ y)=A\sin(x+y)\ ,\ 0\leqslant x,\ y\leqslant\frac{\pi}{2}.$$

求：(1) 常数 A；(2) 随机变量 X 和 Y 的数学期望、方差、相关函数、相关系数.

6. 随机变量 X 的概率密度函数为

$$f(x)=\begin{cases}2\mathrm{e}^{-ax}, & x\geqslant 0,\\ 0, & x<0.\end{cases}$$

求随机变量 X 的特征函数.

7. 随机变量 X 服从柯西分布，即其概率密度函数为

$$f(x)=\frac{1}{\pi}\frac{\alpha}{\alpha^2+x^2}.$$

求随机变量 X 的特征函数.

8. 一种随机向量的概率密度函数为

$$f(x,\ y)=\begin{cases}\frac{1}{4}[1+xy(x^2-y^2)]\ , & -1<x,\ y<1,\\ 0, & \text{其他}.\end{cases}$$

求其特征函数.

9. 设 X_1，X_2 和 X_3 相互独立，且均服从 $N(0,\ \sigma^2)$. 试求：

(1) 随机向量 $(X_1,\ X_2,\ X_3)$ 的特征函数；

(2) 设 $S_1=X_1$，$S_2=X_1+X_2$，$S_3=X_1+X_2+X_3$，求随机向量 $(S_1,\ S_2,\ S_3)$ 的特征函数；

(3) $Y_1=X_2-X_1$ 和 $Y_2=X_3-X_2$ 组成的随机向量 $(Y_1,\ Y_2)$ 的特征函数.

10. 证明函数 $\varphi(t)=\dfrac{1}{1+t^2}$ 为一特征函数，并求其对应的随机变量的分布.

11. 随机变量 X 的概率密度函数为 $f(x)=\dfrac{1}{2}\mathrm{e}^{-|x|}$，求随机变量 X 的特征函数.

12. 设随机变量 $X\sim N(0,1)$，求随机变量 $Y=aX^2$，$a>0$ 的概率密度函数.

13. 随机变量 X 服从区间 $[0,1]$ 上的均匀分布，随机变量 Y 的概率密度函数为

$$f_Y(y)=\begin{cases} y, & 0\leqslant y<1, \\ 2-y, & 1\leqslant y\leqslant 2, \\ 0, & \text{其他}, \end{cases}$$

且随机变量 X 和 Y 相互独立. 求随机变量 $Z=X-Y$ 的概率密度函数.

14. 随机变量 X 服从几何分布，即 $P(X=k)=pq^k$，$k=0,1,2,\cdots$，$p+q=1$. 求随机变量 X 的特征函数、数学期望和方差.

15. 随机变量 X 服从参数为 (p,b) 的 Γ 分布，即其概率密度函数为

$$f_X(x)=\begin{cases} \dfrac{b^p}{\Gamma(p)}x^{p-1}\mathrm{e}^{-bx}, & x>0, \\ 0, & x\leqslant 0, \end{cases} \quad b>0,\ p>0.$$

求：(1) 随机变量 X 的特征函数、数学期望和方差；(2) 证明对具有相同参数 b 的 Γ 分布，关于参数 p 具有可加性.

16. 设 $F(x)$ 是随机变量 X 的分布函数，且严格单调，求下列随机变量的特征函数：

(1) $Y=aF(x)+b$，$a\neq 0$，b 为常数；

(2) $Y=\ln F(X)$，且求 $E[Y^k]$，k 为自然数.

17. 设随机变量 $X_1,X_2,\cdots,X_n$ 相互独立，且均服从均值为 m，方差为 σ^2 的正态分布. 求：

(1) n 维随机向量 $(X_1,X_2,\cdots,X_n)$ 的分布，均值向量和协方差矩阵；

(2) 随机变量 $Y=\dfrac{1}{n}\sum\limits_{i=1}^{n}X_i$ 的概率密度函数.

18. 设随机变量 X, Y 相互独立，分别在下列条件下求随机变量 $Z = X + Y$ 的分布：

(1) $X \sim B(m, p)$, $Y \sim B(n, p)$；

(2) $X \sim \Gamma(p_1, b)$, $Y \sim \Gamma(p_2, b)$.

19. 设随机变量 X, Y 相互独立且同服从参数为 1 的指数分布，讨论 $U = X + Y$ 和 $V = \dfrac{X}{X+Y}$ 的独立性.

20. 设随机变量 X, Y 相互独立且同服从 $N(0, 1)$，讨论 $U = X^2 + Y^2$ 和 $V = \dfrac{X}{Y}$ 的独立性.

21. 设二维随机向量 (X, Y) 的概率密度函数分别如下，求 $E[X \mid Y = y]$.

(1) $f(x, y) = \begin{cases} \dfrac{1}{y} e^{-y-\frac{x}{y}}, & x > 0, y > 0, \\ 0, & \text{其他}; \end{cases}$

(2) $f(x, y) = \begin{cases} \lambda^2 e^{-\lambda x}, & 0 < y < x, \\ 0, & \text{其他}. \end{cases}$

第 2 章　随机过程的基本概念

2.1　引言

随机过程论是数学（概率论）的一个分支，它的任务是研究随机过程中的数量关系．

气体分子运动时，由于与其他分子碰撞等而迅速改变自己的位置与速度，运动的过程是偶然的．人们希望知道：运动的轨迹有什么性质（是否连续可微等）？分子从一点出发，能达到某区域的概率有多大？如果有两类分子同时运动，由于扩散而相互渗透，那么扩散是如何进行的，要多久混合物才能变得均匀？类似的偶然过程问题也发生在其他自然科学、工程技术及一些社会科学中．在一定时间内：放射性物质中有多少原子会分裂或转化？电话交换台将遇到多少呼叫？机器会出现多少次故障？物价如何波动？这些具体问题的数学抽象为随机过程论提供研究的课题．

一些特殊的随机过程早已引起注意，例如 1907 年前后，马尔可夫（Markov）研究过一列相依的随机变量，后人将其称为马尔可夫链；又如 1923 年，维纳（Wiener）给出了布朗（Brown）运动的数学意义，后人也称数学上的布朗运动为维纳过程，这种过程至今仍是重要的研究对象．虽然如此，但随机过程理论的研究一般被认为开始于 20 世纪 30 年代．1931 年，科尔莫戈罗夫（Kolmogorov）发表了《概率论的分析方法》；三年后，辛钦（Khintchine）发表了《平稳过程的相关理论》．这两篇重要论文为马尔可夫过程与平稳过程奠定了理论基础．稍后，莱维（Levy）出版了关于布朗运动与可加过程的两本书，其中蕴含着丰富的概率思想．1953 年，杜布（Doob）的名著《随机过程论》问世．这部书系统、严谨地叙述了随机过程的基本理论，尤其是对一种所谓“鞅”（Martingale）过程，讨论得更加深入．这种过程的理论近年来得到了很大的发展．1951 年，伊藤清建立了关于布朗运动的随机微分方程的理论，为马尔可夫过程的研究开辟了新的道路．近年来由于鞅论的发展，人们讨论了关于局部鞅的随机微分方程，而流形上的随机微分方程理论目前正方兴未艾．20 世纪 60 年代，法国学派基于马尔可夫过程与位势理论中的一般理论，发展了包括截口定理与过程的投影理论等．中国学者在平稳过程、马尔可夫过程、鞅论、极限定理等方面也做出了一定的贡献．

研究随机过程的方法是多样的，主要分为两大类：一类是概率方法，其中用到轨道性质、随机微分方程、鞅论等；另一类是分析方法，工具是微分方程、半群理论、函数论、希尔伯特空间等．但许多重要结果往往是两者并用而取得的．

目前研究的主要课题有随机场、多参量随机过程、流形上的随机过程与随机微分方程，以及它们与微分几何的关系、无穷质点马尔可夫过程、概率与位势、随机过程的一般理论、各种特殊过程的专题讨论等．

随机过程的强大生命力来源于理论本身内部矛盾的推动，来源于其他数学分支（如数论、位势论、微分方程、复变函数）与随机过程论的相互渗透和彼此促进，而更重要的是来源于生产活动，即科学研究和工程技术中的大量实际问题对理论提出的要求．目前随机过程论已经得到了广泛的应用，特别是对统计物理、放射性问题、原子反应、天体物理、化学反应、生物的群体生长、遗传、传染病问题、排队论、信息论、可靠性、经济数学，以及自动控制、通信、无线电技术等的作用更为显著．

2.2 随机过程的定义

在概率论中，所研究的对象是随机现象，从数量上讲，都可以用一个有限维随机向量去描述．而在实际中，经常遇到的随机现象并不是都能用随机向量来描述和表达的．例如通信过程中的噪声电压就是随时间而变化的随机变量．这种随机变量就称为随机过程．也就是说，随机过程的试验结果与时间有关．

为了阐明随机过程的概念，先给出几个实例．

例 2.2.1 用 $X(t)$ 表示在每天的 $t(0 \leqslant t \leqslant 24)$ 时刻的气温．对于固定的 t，$X(t)$ 表示一个随机变量，当 $t \in T = [0, 24]$ 取遍 T 中每个值时，得到一族随机变

量 $\{X(t), t \in T\}$.

例 2.2.2　在数字通信中，若传输过程是用 0 和 1 两个码元值通过编码来传递消息的，由于接收者事先并不知道传递什么信息，加上传输过程受干扰影响，因此在某一时刻 t，它传输的码元值是 0 还是 1，不能预测，因而是一个随机变量．若进行长时间观察，每隔单位时间观察一次，则这个随机变量 ξ_n 依赖于时间 $n = 0$，1，2，$\cdots$.

例 2.2.3　考虑某一海域在固定时间 t 时某一指定点的海水温度，由于其受诸多随机因素影响，故它是一个随机变量．于是，这一海域内随时间变化的海水温度是一个依赖于四个参数的随机变量 $\xi(x, y, z, t)$，其中 (x, y, z) 为空间坐标，t 为时间．

定义 2.2.1　设 $(\Omega, \mathcal{F}, P)$ 是一个概率空间，T 是一个实的参数集，定义在 Ω 和 T 上的二元函数 $X(\omega, t)$．如果对于任意固定的 $t \in T$，$X(\omega, t)$ 是 $(\Omega, \mathcal{F}, P)$ 上的随机变量，则称 $\{X(\omega, t), \omega \in \Omega, t \in T\}$ 为该概率空间上的**随机过程**，简称为 $\{X(t), t \in T\}$.

由随机过程的定义可知，随机过程是概率空间 Ω 中的元 ω 和参数集 T 中的数 t 的二元函数，对每一个确定的 $t_0 \in T$，$\{X(\omega, t_0)\}$ 是定义在 $(\Omega, \mathcal{F}, P)$ 上的随机变量，对每一个确定的 $\omega_0 \in \Omega$（对每次完成的试验），$\{X(\omega_0, t)\}$ 是定义在 T 上的普通的确定性（不具有随机性）函数（实值或复值函数），此函数记为 $X(\omega_0, t) = x(\omega_0, t)$，称 $x(\omega_0, t)$ 为随机过程 $X(\omega, t)$ 对应于 ω_0 的一个样本函数，有时也称 $x(\omega_0, t)$ 为随机过程对应于 ω_0 的轨道或现实．为此我们有如下定义：

定义 2.2.2　设 $\{X(t), t \in T\}$ 是随机过程，则当 t 固定时，$X(t)$ 是一个随机变量，称为 $\{X(t), t \in T\}$ 在 t 时刻的状态．随机变量 $X(t)$（t 固定，$t \in T$）所有可能的取值构成的集合，称为随机过程的**状态空间**，记为 S.

定义 2.2.3　设 $\{X(t), t \in T\}$ 是随机过程，则当 $\omega \in \Omega$ 固定时，$X(t)$ 是定义在 T 上不具有随机性的普通函数，记为 $x(t)$，称为随机过程的一个**样本函数**．其图像称为随机过程的一条样本曲线（轨道或实现）.

例 2.2.4　抛掷一枚硬币的试验，样本空间 $S = \{H, T\}$，现定义

$$X(t)=\begin{cases}\cos(\pi t), & \text{当出现 } H,\\ t, & \text{当出现 } T,\end{cases}\quad t\in(-\infty,\ +\infty), \tag{2.1}$$

其中 $P(H)=P(T)=\frac{1}{2}$. 对任意固定的 t，$X(t)$ 是定义在 S 上的随机变量；对不同的 t，$X(t)$ 是不同的随机变量 . $\{X(t),\ t\in(-\infty,\ +\infty)\}$ 是一族随机变量，是随机过程 .

状态空间为$(-\infty,\ +\infty)$，样本函数的集合为 $\{\cos(\pi t),\ t\}$，这两条样本函数图线如图 2.1 所示 .

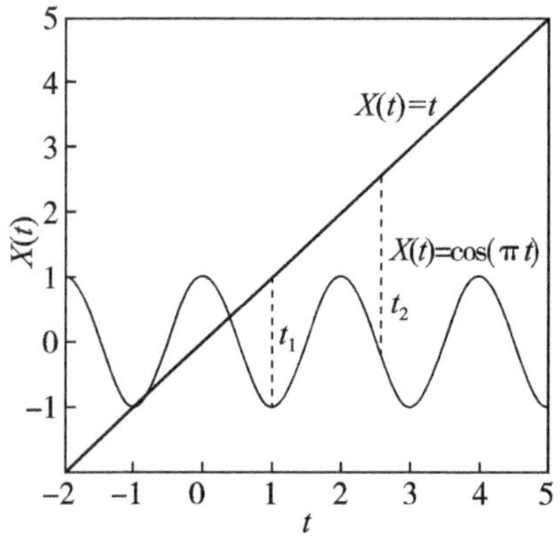

图 2.1　例 2.2.4 题图

例 2.2.5　考虑 $X(t)=a\cos(\omega t+\Theta)$，$t\in(-\infty,\ +\infty)$，其中 a 和 ω 是正常数，Θ 是在 $(0,\ 2\pi)$ 上服从均匀分布的随机变量 . 它的图形如图 2.2 所示 .

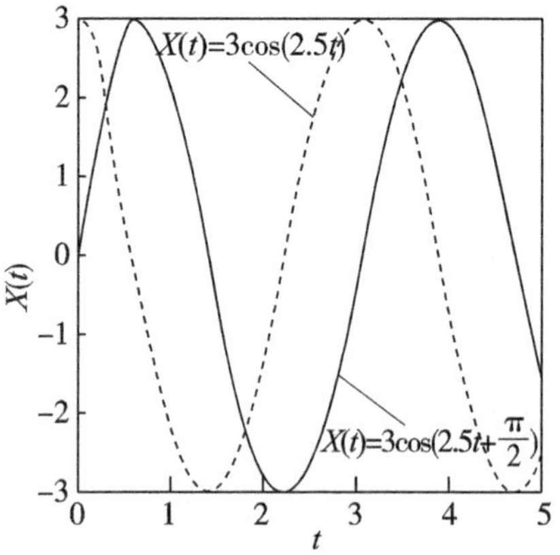

图 2.2　例 2.2.5 题图

对固定的时刻 $t=t_1$，$X(t_1)=a\cos(\omega t_1+\Theta)$ 是一个随机变量．

$$X(t)=a\cos(\omega t+\Theta),\ t\in(-\infty,\ +\infty) \tag{2.2}$$

是一个随机过程，叫作随机相位正弦波．状态空间为 $[-a,\ a]$，样本函数为 $x_i(t)=a\cos(\omega t+\theta_i)$，$\theta_i\in(0,\ 2\pi)$．给出任意两条样本函数图线．

2.3　随机过程的分类及举例

随机过程根据参数集 T 和状态空间 S 是离散集还是连续集分为四大类．

2.3.1　离散参数、离散状态的随机过程

这类随机过程的特点：参数集是离散的，同时对于固定的 $t\in T$，$X(t)$ 是离散型随机变量，即取值也是离散的．

例 2.3.1　设有一质点在 x 轴上做随机游动，在 $t=0$ 时质点处于 x 轴的原点 O，在 $t=1,\ 2,\ \cdots$ 时质点可以在 x 轴上正向或反向移动一个单位，正向移动一个单位的概率为 p，反向移动一个单位的概率为 $q=1-p$. 在 $t=n$ 时，质点所处的位置为 X_n，则 X_n，$n=0,\ 1,\ 2,\ \cdots$ 为一随机过程．其参数集 $T=\{0,\ 1,\ 2,\ \cdots\}$，状态空间 $S=\{\cdots,\ -2,\ -1,\ 0,\ 1,\ 2,\ \cdots\}$.

例 2.3.2［伯努利（Bernoulli）过程］　考虑抛掷一颗骰子的试验．设 X_n 是第 $n(n\geqslant 1)$ 次抛掷的点数，对于 $n=1,\ 2,\ \cdots$ 的不同值，X_n 是不同的随机变量，因而 $\{X_n,\ n\geqslant 1\}$ 构成一随机过程，称为伯努利过程．其参数集 $T=\{1,\ 2,\ \cdots\}$，状态空间 $S=\{1,\ 2,\ 3,\ 4,\ 5,\ 6\}$.

2.3.2　离散参数、连续状态的随机过程

这类过程的特点：参数集是离散的，对于固定的 $t\in T$，$X(t)$ 是连续型随机变量.

例 2.3.3　设 X_n，$n=\cdots,\ -2,\ -1,\ 0,\ 1,\ 2,\ \cdots$ 是相互独立且同服从标准正态分布的随机变量，则 $\{X_n,\ n=\cdots,\ -2,\ -1,\ 0,\ 1,\ 2,\ \cdots\}$ 为一随机过程．其参数集 $T=\{\cdots,\ -2,\ -1,\ 0,\ 1,\ 2,\ \cdots\}$，状态空间 $S=(-\infty,\ +\infty)$．

2.3.3　连续参数、离散状态的随机过程

这类过程的特点：参数集是连续的，对于固定的 $t\in T$，$X(t)$ 是离散型随机

变量.

例 2.3.4 设 $X(t)$ 表示在期间 $[0, t]$ 内到达服务点的顾客数，对于 $t \in [0, +\infty)$ 的不同值, $X(t)$ 是不同的随机变量，因而 $\{X(t), t \geqslant 0\}$ 构成一随机过程. 其参数集 $T = [0, +\infty)$，状态空间 $S = \{0, 1, 2, \cdots\}$.

2.3.4 连续参数、连续状态的随机过程

这类过程的特点：参数集是连续的，对于固定的 $t \in T$，$X(t)$ 是连续型随机变量.

例 2.3.5 设 $X(t) = A\cos(\omega t + \Phi)$，$-\infty < t < +\infty$，其中 $A > 0$，ω 是常实数，Φ 服从区间 $[-\pi, \pi]$ 上的均匀分布，则 $\{X(t), -\infty < t < +\infty\}$ 是一随机过程. 其参数集 $T = (-\infty, +\infty)$，状态空间 $S = [-A, A]$.

2.4 随机过程的有限维分布函数族

由概率论知，随机变量的概率特性可用分布函数刻画. 这样就会提出，随机过程的统计特性应该用什么方法表达?

定义 2.4.1 设 $X = \{X(t), t \in T\}$ 为随机过程，对任意固定的 t，称 $F(x, t) = P(X(t) \leqslant x)$，$x \in \mathbb{R}$，$t \in T$ 为随机过程 X 的一维分布函数，称 $\{F(x, t), t \in T\}$ 为随机过程 X 的**一维分布函数族**.

显然一维分布函数不能完全描述随机过程.

定义 2.4.2 设 $X = \{X(t), t \in T\}$ 为随机过程，对任意固定的 t_1，t_2，称 $F(x_1, x_2; t_1, t_2) = P(X(t_1) \leqslant x_1, X(t_2) \leqslant x_2)$，$x_1, x_2 \in \mathbb{R}$，$t_1, t_2 \in T$ 为随机过程 X 的二维分布函数；称 $\{F(x_1, x_2; t_1, t_2), t_1, t_2 \in T\}$ 为随机过程 X 的**二维分布函数族**.

定义 2.4.3 一般地，对任意固定的 $t_1, t_2, \cdots, t_n \in T$，称

$$F(x_1, x_2, \cdots, x_n; t_1, t_2, \cdots, t_n) = P(X(t_1) \leqslant x_1, X(t_2) \leqslant x_2, \cdots, X(t_n) \leqslant x_n),$$
$$x_i \in \mathbb{R}, t_i \in T, i = 1, 2, \cdots, n \tag{2.3}$$

为随机过程 X 的 n 维分布函数；称 $\{F(x_1, x_2, \cdots, x_n; t_1, t_2, \cdots, t_n), t_1, t_2, \cdots, t_n \in T, n \geqslant 1\}$ 为随机过程 X 的**有限维分布函数族**.

不难看出，随机过程的有限维分布函数族具有如下两个性质：

(1)（对称性）：设 i_1，i_2，…，i_n 是 1，2，…，n 的任一排列，则

$$F(x_{i_1}, x_{i_2}, \cdots, x_{i_n}; t_{i_1}, t_{i_2}, \cdots, t_{i_n}) = F(x_1, x_2, \cdots, x_n; t_1, t_2, \cdots, t_n). \quad (2.4)$$

事实上，

$$\begin{aligned} & F(x_{i_1}, x_{i_2}, \cdots, x_{i_n}; t_{i_1}, t_{i_2}, \cdots, t_{i_n}) \\ = & P(X(t_{i_1}) \leqslant x_{i_1}, X(t_{i_2}) \leqslant x_{i_2}, \cdots, X(t_{i_n}) \leqslant x_{i_n}) \\ = & P(X(t_1) \leqslant x_1, X(t_2) \leqslant x_2, \cdots, X(t_n) \leqslant x_n) \\ = & F(x_1, x_2, \cdots, x_n; t_1, t_2, \cdots, t_n). \end{aligned} \quad (2.5)$$

(2)（相容性）：设 $m < n$，则

$$\begin{aligned} & F(x_1, x_2, \cdots, x_m; t_1, t_2, \cdots, t_m) \\ = & F(x_1, x_2, \cdots, x_m, +\infty, \cdots, +\infty; t_1, t_2, \cdots, t_m, t_{m+1}, \cdots, t_n). \end{aligned} \quad (2.6)$$

事实上，

$$\begin{aligned} & F(x_1, x_2, \cdots, x_m; t_1, t_2, \cdots, t_m) \\ = & P(X(t_1) \leqslant x_1, X(t_2) \leqslant x_2, \cdots, X(t_m) \leqslant x_m) \\ = & P(X(t_1) \leqslant x_1, \cdots, X(t_m) \leqslant x_m, X(t_{m+1}) < +\infty, \cdots, X(t_n) < +\infty) \\ = & F(x_1, x_2, \cdots, x_m, +\infty, \cdots, +\infty; t_1, t_2, \cdots, t_m, t_{m+1}, \cdots, t_n). \end{aligned} \quad (2.7)$$

综上所述，如果已知一个随机过程，那么就知道了该过程的有限维分布函数族，即完全知道了该过程中的任意有限个随机变量的联合分布，从而也就完全确定了它们之间的关系.

例 2.4.1　利用重复抛掷硬币的试验定义一个随机过程：

$$X(t) = \begin{cases} \cos(\pi t), & \text{当出现 } H, \\ 2t, & \text{当出现 } T, \end{cases} \quad t \geqslant 0. \quad (2.8)$$

设"出现正面"和"出现反面"的概率均为$\frac{1}{2}$，试求：

(1) $\{X(t), t \geqslant 0\}$ 的一维分布函数 $F\left(x; \frac{1}{2}\right)$，$F(x; 1)$；

(2) $\{X(t), t \geqslant 0\}$ 的二维分布函数 $F\left(x_1, x_2; \frac{1}{2}, 1\right)$.

解：(1) 先求 $F\left(x;\ \frac{1}{2}\right)$.

因为

$$X\left(\frac{1}{2}\right)=\begin{cases}0, & \text{当出现 } H,\\ 1, & \text{当出现 } T.\end{cases} \tag{2.9}$$

所以 $X\left(\frac{1}{2}\right)$ 的分布律为

$$\begin{pmatrix}0 & 1\\ \frac{1}{2} & \frac{1}{2}\end{pmatrix}, \tag{2.10}$$

从而 $X\left(\frac{1}{2}\right)$ 的分布函数，即 $F\left(x;\ \frac{1}{2}\right)$ 为

$$F\left(x;\ \frac{1}{2}\right)=\begin{cases}0, & x<0,\\ \frac{1}{2}, & 0\leqslant x<1,\\ 1, & x\geqslant 1.\end{cases} \tag{2.11}$$

再求 $F(x;\ 1)$.

因为

$$X(1)=\begin{cases}-1, & \text{当出现 } H,\\ 2, & \text{当出现 } T.\end{cases} \tag{2.12}$$

所以 $X(1)$ 的分布律为

$$\begin{pmatrix}-1 & 2\\ \frac{1}{2} & \frac{1}{2}\end{pmatrix}, \tag{2.13}$$

从而 $X(1)$ 的分布函数，即 $F(x;\ 1)$ 为

$$F(x;\ 1)=\begin{cases}0, & x<-1,\\ \frac{1}{2}, & -1\leqslant x<2,\\ 1, & x\geqslant 2.\end{cases} \tag{2.14}$$

(2) 由 (1) 知 $\left(X\left(\frac{1}{2}\right), X(1)\right)$ 可能取值为 (0, -1), (0, 2), (1, -1), (1, 2), 又 $t=\frac{1}{2}$ 时硬币出现正面还是反面与其在 $t=1$ 时硬币出现正面还是反面互不影响, 故 $X\left(\frac{1}{2}\right)$ 与 $X(1)$ 相互独立, 从而 $\left(X\left(\frac{1}{2}\right), X(1)\right)$ 的联合分布函数, 即 $F\left(x_1, x_2; \frac{1}{2}, 1\right)$ 为

$$F\left(x_1, x_2; \frac{1}{2}, 1\right) = F\left(x_1; \frac{1}{2}\right) F(x_2; 1)$$

$$= \begin{cases} 0, & x_1 < 0 \text{ 或 } x_2 < -1, \\ \frac{1}{4}, & 0 \leqslant x_1 < 1, \ -1 \leqslant x_2 < 2, \\ \frac{1}{2}, & 0 \leqslant x_1 < 1, \ x_2 \geqslant 2 \text{ 或 } x_1 \leqslant 1, \ -1 \leqslant x_2 < 2, \\ 1, & x_1 \geqslant 1, \ x_2 \geqslant 2. \end{cases} \tag{2.15}$$

例 2.4.2　设 $X(t)=A+Bt$, $t \geqslant 0$, 其中 A 和 B 是相互独立的随机变量, 分别服从正态分布 $N(0, 1)$. 试求随机过程 $\{X(t), t \geqslant 0\}$ 的一维和二维分布.

解: 先求一维分布. $\forall t \geqslant 0$, $X(t)$ 是正态随机变量, 因为

$$E[X(t)] = E[A] + tE[B] = 0, \tag{2.16}$$

$$D(X(t)) = D(A) + t^2 D(B) = 1 + t^2, \tag{2.17}$$

所以 $X(t) \sim N(0, 1+t^2)$, 从而 $\{X(t), t \geqslant 0\}$ 的一维分布为

$$X(t) \sim N(0, 1+t^2), \ t \geqslant 0. \tag{2.18}$$

再求二维分布. $\forall t_1, t_2 \geqslant 0$, $X(t_1) = A + Bt_1$, $X(t_2) = A + Bt_2$, 从而

$$(X(t_1), X(t_2)) = (A, B)\begin{pmatrix} 1 & 1 \\ t_1 & t_2 \end{pmatrix}. \tag{2.19}$$

又因 A, B 相互独立且同服从正态分布, 故 (A, B) 服从二维分布, 从而 $(X(t_1), X(t_2))$ 也服从二维正态分布.

$$E[X(t_1)]=0,\ E[X(t_2)]=0, \tag{2.20}$$

$$D(X(t_1))=1+t_1^2,\ D(X(t_2))=1+t_2^2, \tag{2.21}$$

$$\begin{aligned}\mathrm{Cov}(X(t_1),X(t_2))&=E[X(t_1)X(t_2)]-E[X(t_1)]E[X(t_2)]\\&=E[(A+Bt_1)(A+Bt_2)]\\&=1+t_1t_2,\end{aligned} \tag{2.22}$$

故 $(X(t_1),X(t_2))$ 的均值向量为 $\mathbf{0}=(0,0)$，协方差矩阵为

$$\boldsymbol{B}=\begin{pmatrix}1+t_1^2 & 1+t_1t_2\\ 1+t_1t_2 & 1+t_2^2\end{pmatrix}, \tag{2.23}$$

所以随机过程 $\{X(t),t\geqslant 0\}$ 的二维分布为

$$(X(t_1),X(t_2))\sim N(\mathbf{0},\boldsymbol{B}),\ t_1,t_2\geqslant 0. \tag{2.24}$$

例 2.4.3 设随机过程 $X(t)$ 只有两条样本曲线 $X(\omega_1,t)=a\cos t$，$X(\omega_2,t)=a\cos(t+\pi)=-a\cos t$，$-\infty<t<\infty$，其中常数 $a>0$，$P(\omega_1)=\frac{2}{3}$，$P(\omega_2)=\frac{1}{3}$，试求 $X(t)$ 的一维分布函数 $F(x;0)$，$F\left(x;\frac{\pi}{4}\right)$ 以及二维分布函数 $F\left(x_1,x_2;0,\frac{\pi}{4}\right)$.

解：先求一维分布函数 $F(x;0)$，$F\left(x;\frac{\pi}{4}\right)$.

$X(0)$ 的可能取值为

$$X(\omega_1,0)=a\cos 0=a,\ X(\omega_2,0)=-a\cos 0=-a. \tag{2.25}$$

对应的概率为

$$P(X(0)=a)=P(\omega_1)=\frac{2}{3},\ P(X(0)=-a)=P(\omega_2)=\frac{1}{3}, \tag{2.26}$$

所以分布函数为

$$F(x;0)=\begin{cases}0, & x<-a,\\ \frac{1}{3}, & -a\leqslant x<a,\\ 1, & x\geqslant a.\end{cases} \tag{2.27}$$

同样地，$X\left(\frac{\pi}{4}\right)$ 的可能取值为 $-\frac{\sqrt{2}}{2}a$，$\frac{\sqrt{2}}{2}a$，其概率分别为 $\frac{1}{3}$ 和 $\frac{2}{3}$.

因此，分布函数为

$$F\left(x;\ \frac{\pi}{4}\right)=\begin{cases}0, & x<-\frac{\sqrt{2}}{2}a,\\ \frac{1}{3}, & -\frac{\sqrt{2}}{2}a\leqslant x<\frac{\sqrt{2}}{2}a,\\ 1, & x\geqslant\frac{\sqrt{2}}{2}a.\end{cases}\tag{2.28}$$

再求二维分布 $F\left(x_1,\ x_2;\ 0,\ \frac{\pi}{4}\right)$.

随机向量 $\left(X(0),\ X\left(\frac{\pi}{4}\right)\right)$ 的可能取值为

$$\left(X(\omega_1,\ 0),\ X\left(\omega_1,\ \frac{\pi}{4}\right)\right)=\left(a,\ \frac{\sqrt{2}}{2}a\right),\tag{2.29}$$

$$\left(X(\omega_2,\ 0),\ X\left(\omega_2,\ \frac{\pi}{4}\right)\right)=\left(-a,\ -\frac{\sqrt{2}}{2}a\right),\tag{2.30}$$

对应的概率为

$$P\left(X(0)=a,\ X\left(\frac{\pi}{4}\right)=\frac{\sqrt{2}}{2}a\right)=P(\omega_1)=\frac{2}{3},\tag{2.31}$$

$$P\left(X(0)=-a,\ X\left(\frac{\pi}{4}\right)=-\frac{\sqrt{2}}{2}a\right)=P(\omega_2)=\frac{1}{3}.\tag{2.32}$$

因此，分布函数为

$$F\left(x_1,\ x_2;\ 0,\ \frac{\pi}{4}\right)=\begin{cases}0, & x_1<-a\text{ 且 }x_2<-\frac{\sqrt{2}}{2}a,\\ \frac{1}{3}, & x_1>-a\text{ 且 }-\frac{\sqrt{2}}{2}a\leqslant x_2<\frac{\sqrt{2}}{2}a\\ & x_2\geqslant\frac{\sqrt{2}}{2}a\text{ 且 }-a\leqslant x_1<a,\\ 1, & x_1\geqslant a\text{ 且 }x_2\geqslant\frac{\sqrt{2}}{2}a.\end{cases}\tag{2.33}$$

2.5 随机过程的数字特征

随机过程的有限维分布函数族虽然是对随机过程的概率特征的完整描述，但在实际中却很难求得；同时，对某些随机过程，为了表征它的概率特征，不一定需要求出它的有限维分布函数族，只需要求出随机过程的几个表征值就够了．为此，我们也像研究随机变量那样，给出随机过程的数字特征．在概率论中，随机变量的主要数字特征是数学期望、方差、协方差等．随机过程的数字特征是利用随机变量的数字特征来定义的．

2.5.1 随机过程的均值函数

设 $\{X(t), t \in T\}$ 是一随机过程，$\forall t \in T$，$X(t)$ 是一个随机变量，如果 $E[X(t)]$ 存在，记为 $m_X(t)$，则称 $\{m_X(t), t \in T\}$ 为 $\{X(t), t \in T\}$ 的**均值函数**．

如果 $\{X(t), t \in T\}$ 的一维分布函数为 $F(x; t)$，那么

$$m_X(t) = E[X(t)] = \int_{-\infty}^{+\infty} x \mathrm{d}F(x; t), \quad t \in T. \tag{2.34}$$

对于连续概率分布情形，有

$$m_X(t) = \int_{-\infty}^{\infty} x f(x, t) \, \mathrm{d}x, \quad t \in T, \tag{2.35}$$

其中 $f(x, t)$ 是一维分布密度．

随机过程的均值函数 $m_X(t)$ 表示 $X(t)$ 的所有样本函数在 t 时刻的理论平均值，如图 2.3 所示．需要指出，$m_X(t)$ 是一条固定的曲线，而样本曲线绕 $m_X(t)$ 曲线上下波动．

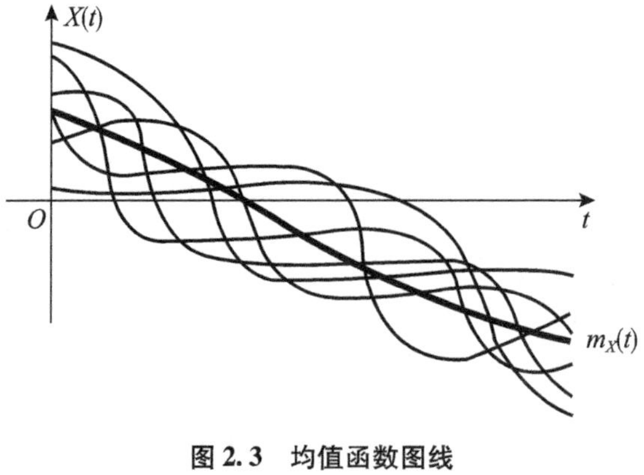

图 2.3 均值函数图线

2.5.2 随机过程的方差函数

若对 $\forall t \in T$,

$$D_X(t) = D(X(t)) = E[[X(t) - m_X(t)]^2] \tag{2.36}$$

存在，则称 $D_X(t)$ 为 X 的**方差函数**.

$D_X(t)$ 的算术根称为随机过程的标准差，用 $\sigma_X(t)$ 表示，即

$$\sigma_X(t) = \sqrt{D_X(t)} = \sqrt{D(X(t))}. \tag{2.37}$$

随机过程的方差和标准差描绘它的样本曲线在各个 t 时刻对 $m_X(t)$ 的分散程度.

$\Psi_X(t) = E[X^2(t)]$ 称为随机过程的**均方值**.

2.5.3 随机过程的相关函数和协方差函数

随机过程的数学期望和方差只考虑随机过程在任一时刻状态的数字特征，并没有反映两个不同时刻的状态之间的联系．对任意两个固定的时刻 t_1，$t_2 \in T$，$X(t_1)$，$X(t_2)$ 是两个随机变量，它们之间线性联系的密切程度可用相关系数描绘.

$$\rho(t_1, t_2) = \frac{\mathrm{Cov}(X(t_1), X(t_2))}{\sqrt{D(X(t_1))}\sqrt{D(X(t_2))}}, \quad t_1, t_2 \in T. \tag{2.38}$$

若对 $\forall s, t \in T$,

$$C_X(s, t) = \mathrm{Cov}(X(s), X(t)) = E[[X(s) - m_X(s)][X(t) - m_X(t)]] \tag{2.39}$$

存在，则称 $C_X(s, t)$ 为随机过程 $X(t)$ 的**（自）协方差函数**.

若对 $\forall s, t \in T$,

$$R_X(s, t) = E[X(s)X(t)] \tag{2.40}$$

存在，则称 $R_X(s, t)$ 为 $\{X(t), t \in T\}$ 的**相关函数**.

协方差函数与相关函数、均值函数之间有下列关系：

$$C_X(s, t) = R_X(s, t) - m_X(s)m_X(t), \quad s, t \in T. \tag{2.41}$$

均值函数 $m_X(t)$ 是随机过程 $\{X(t), t \in T\}$ 的样本函数在时刻 t 的平均值，方差函数 $D_X(t)$ 反映随机过程 $\{X(t), t \in T\}$ 的样本函数在时刻 t 对于均值函数 $m_X(t)$ 的偏离程度，而协方差函数 $C_X(s, t)$ 和相关函数 $R_X(s, t)$ 表示随机变量 $X(s)$ 和 $X(t)$ 的线性相关关系.

例 2.5.1 随机相位正弦波

$$X(t) = a\cos(\omega_0 t + \Phi)\ ,\quad -\infty < t < \infty, \tag{2.42}$$

其中 a，ω_0 是正常数，而随机变量 Φ 服从在 $[0,\ 2\pi]$ 区间上的均匀分布．求 $X(t)$ 的数学期望、方差和相关函数．

解： Φ 的分布密度为

$$f(\varphi) = \begin{cases} \dfrac{1}{2\pi}, & 0 < \varphi < 2\pi, \\ 0, & \text{其他}. \end{cases} \tag{2.43}$$

数学期望为

$$\begin{aligned} m_X(t) &= E[X(t)] = E[a\cos(\omega_0 t + \Phi)] \\ &= a\int_0^{2\pi} \cos(\omega_0 t + \varphi)\frac{1}{2\pi}\mathrm{d}\varphi = 0,\quad -\infty < t < \infty. \end{aligned} \tag{2.44}$$

相关函数为

$$\begin{aligned} R_X(s,\ t) &= E[X(s)\,X(t)] = E[a\cos(\omega_0 s + \Phi)\,a\cos(\omega_0 t + \Phi)] \\ &= a^2\int_0^{2\pi} \cos(\omega_0 s + \varphi)\cos(\omega_0 t + \varphi)\frac{1}{2\pi}\mathrm{d}\varphi \\ &= \frac{a^2}{2}\int_0^{2\pi} \{\cos[\omega_0(s - t)] + \cos[\omega_0(s + t) + 2\varphi]\}\frac{1}{2\pi}\mathrm{d}\varphi \\ &= \frac{a^2}{2}\cos[\omega(t - s)],\quad -\infty < s,\ t < \infty. \end{aligned} \tag{2.45}$$

方差为 $D_X(t) = R_X(t,\ t) - m_X^2(t) = \dfrac{a^2}{2},\quad -\infty < t < \infty.$

例 2.5.2 随机过程 $X(t)$ 总共有两条样本曲线

$$X(t,\ \omega_1) = a\cos t,\ X(t,\ \omega_2) = -a\cos t, \tag{2.46}$$

其中常数 $a > 0$，$P(\omega_1) = \dfrac{2}{3}$，$P(\omega_2) = \dfrac{1}{3}$，试求 $X(t)$ 的数学期望 $m_X(t)$ 和相关函数 $R_X(s,\ t)$．

解： 数学期望为

$$m_X(t) = E[X(t)] = \frac{2}{3}a\cos t + \frac{1}{3}(-a\cos t) = \frac{a}{3}\cos t. \tag{2.47}$$

相关函数为

$$R_X(s, t)=E[X(s)X(t)]$$

$$=(a\cos s\cdot a\cos t)\cdot\frac{2}{3}+(-a\cos s)\cdot(-a\cos t)\cdot\frac{1}{3}=a^2\cos s\cos t. \quad (2.48)$$

在实际问题中，有时需要同时考虑几个随机过程．例如，在通信中，除了考虑信号外，还要考虑干扰，这时，描述它们之间线性相关程度的数字特征是互协方差函数和互相关函数．

定义 2.5.1　设 $X=\{X(t), t\in T_1\}$ 和 $Y=\{Y(t), t\in T_2\}$ 是两个随机过程，若对于任意 $s\in T_1$，$t\in T_2$，

$$E[X^2(s)]<\infty, E[Y^2(t)]<\infty, \quad (2.49)$$

则

$$C_{XY}(s, t)=\mathrm{Cov}(X(s), Y(t))$$

$$=E[(X(s)-m_X(s))(Y(t)-m_Y(t))], s\in T_1, t\in T_2 \quad (2.50)$$

存在，称为 X 和 Y 的互协方差函数．而

$$R_{XY}(s, t)=E[X(s)Y(t)], s\in T_1, t\in T_2 \quad (2.51)$$

存在，称为 X 与 Y 的互相关函数．显然，

$$C_{XY}(s, t)=R_{XY}(s, t)-m_X(s)m_Y(t), s\in T_1, t\in T_2. \quad (2.52)$$

若对任意的 s，$t\in T$ 都有 $R_{XY}(s, t)=0$，称 $X(t)$ 和 $Y(t)$ 是正交过程，此时

$$C_{XY}(s, t)=-m_X(s)m_Y(t). \quad (2.53)$$

若对任意 s，$t\in T$ 都有 $C_{XY}(s, t)=0$，称 $X(t)$ 和 $Y(t)$ 是互不相关过程，并有

$$R_{XY}(s, t)=m_X(s)m_Y(t). \quad (2.54)$$

需要说明的是，如果随机过程 $X(t)$ 和 $Y(t)$ 相互独立，则它们一定是互不相关的，反之则不然，即由两个随机过程互不相关一般不能推断它们是相互独立的．

互相关函数有如下性质：

性质 1　$C_{XY}(s, t)=C_{YX}(t, s)$．

性质 2　$X(t)$ 与 $Y(t)$ 为随机过程，$g_1(t)$ 与 $g_2(t)$ 是普通函数，若 $X_1(t)=X(t)+g_1(t)$，$Y_1(t)=Y(t)+g_2(t)$，则

$$C_{X_1Y_1}(s,\ t)=C_{XY}(s,\ t).\tag{2.55}$$

性质 3 $X(t)$ 与 $Y(t)$ 为随机过程，$g_1(t)$ 与 $g_2(t)$ 是普通函数，若 $X_1(t)=X(t)g_1(t)$，$Y_1(t)=Y(t)g_2(t)$，则

$$C_{X_1Y_1}(s,\ t)=g_1(s)g_2(t)C_{XY}(s,\ t).\tag{2.56}$$

性质 4 $|C_{XY}(s,\ t)|\leqslant\sqrt{D_X(s)D_Y(t)}$，$\rho(s,\ t)\leqslant 1$.

性质 5 $X(t)$ 和 $Y(t)$ 为互不相关过程，$Z(t)=X(t)+Y(t)$，则

$$C_Z(s,\ t)=C_X(s,\ t)+C_Y(s,\ t).\tag{2.57}$$

2.6 随机过程的特征函数

随机变量的概率密度和特征函数是一对傅里叶变换，且随机变量的各阶矩唯一地由特征函数所确定，所以我们可以利用特征函数，来简化随机变量的概率密度和数字特征的运算.

随机过程的多维特征函数与多维概率分布一样，也能完整地描述随机过程的统计特性. 同样，在求解随机过程的概率密度和矩函数时，利用特征函数也可明显地简化运算.

2.6.1 一维特征函数

随机过程 $X(t)$ 在任一特定时刻 t 的取值 $X(t)$ 是一个一维随机变量，$X(t)$ 的特征函数为

$$\Psi_X(\omega;\ t)=E[e^{i\omega X(t)}]=\int_{-\infty}^{\infty}e^{i\omega x}f_X(x;\ t)\,dx,\tag{2.58}$$

式中，$x=x(t)$ 为 $X(t)$ 可能的取值. 称上式为随机过程 $X(t)$ 的一维特征函数，显然，它是 ω 和 t 的函数. 随机过程 $X(t)$ 的一维概率密度 $f_X(x;\ t)$ 与 $\Psi_X(\omega;\ t)$ 是一对傅里叶变换，即

$$f_X(x;\ t)=\frac{1}{2\pi}\int_{-\infty}^{\infty}\Psi_X(\omega;\ t)\,e^{-i\omega x}d\omega.\tag{2.59}$$

随机过程 $X(t)$ 的特征函数也可以由其 n 阶原点矩唯一决定，即

$$\frac{\partial^n\Psi_X(\omega;\ t)}{\partial\omega^n}=i^n\int_{-\infty}^{\infty}x^n e^{-i\omega x f_X(x;\ t)\ dx}.\tag{2.60}$$

同理，随机过程 $X(t)$ 的 n 阶原点矩可以唯一地由其特征函数决定，即

$$E[X^n(t)]=\int_{-\infty}^{\infty}x^n f_X(x;\ t)\,\mathrm{d}x=(-\mathrm{i})^n\frac{\partial^n\Psi_X(\omega;\ t)}{\partial\omega^n}\bigg|_{\omega=0}. \tag{2.61}$$

2.6.2 二维特征函数

随机过程 $X(t)$ 在任意两个时刻 t_1，t_2 的状态 $X(t_1)$，$X(t_2)$ 构成二维随机向量 $(X(t_1),\ X(t_2))$，则 $X(t)$ 的特征函数为

$$\Psi_X(\omega_1,\ \omega_2;\ t_1,\ t_2)=E[\mathrm{e}^{\mathrm{i}\omega_1X(t_1)+\mathrm{i}\omega_2X(t_2)}]=\int_{-\infty}^{\infty}\mathrm{e}^{\mathrm{i}(\omega_1x_1+\omega_2x_2)}f_X(x_1,\ x_2;\ t_1,\ t_2)\,\mathrm{d}x_1\mathrm{d}x_2. \tag{2.62}$$

显然，它是 x_1，x_2 和 t_1，t_2 的函数，且 $x_1=x(t_1)$，$x_2=x(t_2)$ 分别为随机变量 $X(t_1)$，$X(t_2)$ 可能的取值；随机过程 $X(t)$ 的二维概率密度 $f_X(x_1,\ x_2;\ t_1,\ t_2)$ 与二维特征函数 $\Psi_X(\omega_1,\ \omega_2;\ t_1,\ t_2)$ 构成二重傅里叶变换对，即有

$$f_X(x_1,\ x_2;\ t_1,\ t_2)=\frac{1}{(2\pi)^2}\int_{-\infty}^{\infty}\int_{-\infty}^{\infty}\Psi_X(\omega_1,\ \omega_2;\ t_1,\ t_2)\,\mathrm{e}^{-\mathrm{i}(\omega_1x_1+\omega_2x_2)}\,\mathrm{d}\omega_1\mathrm{d}\omega_2. \tag{2.63}$$

对上式两边变量 ω_1，ω_2 各求一次偏导数，得

$$\frac{\partial\Psi_X(\omega_1,\ \omega_2;\ t_1,\ t_2)}{\partial\omega_1\partial\omega_2}=\mathrm{i}^2\int_{-\infty}^{\infty}\int_{-\infty}^{\infty}x_1x_2\mathrm{e}^{\mathrm{i}(\omega_1x_1+\omega_2x_2)}f_X(x_1,\ x_2;\ t_1,\ t_2)\,\mathrm{d}x_1\mathrm{d}x_2. \tag{2.64}$$

故有

$$\begin{aligned}R_X(t_1,\ t_2)&=\int_{-\infty}^{\infty}\int_{-\infty}^{\infty}x_1x_2f_X(x_1,\ x_2;\ t_1,\ t_2)\,\mathrm{d}x_1\mathrm{d}x_2\\&=-\frac{\partial\Psi_X(\omega_1,\ \omega_2;\ t_1,\ t_2)}{\partial\omega_1\partial\omega_2}\bigg|_{\omega_1=\omega_2=0}.\end{aligned} \tag{2.65}$$

2.6.3 n 维特征函数

随机过程 $X(t)$ 的 n 维特征函数定义为

$$\begin{aligned}&\Psi_X(\omega_1,\ \omega_2,\ \cdots,\ \omega_n;\ t_1,\ t_2,\ \cdots,\ t_n)\\&=E[\mathrm{e}^{\mathrm{i}\omega_1X(t_1)+\mathrm{i}w_2X(t_2)+\cdots+\mathrm{i}\omega_nX(t_n)}]\\&=\int_{-\infty}^{\infty}\cdots\int_{-\infty}^{\infty}\mathrm{e}^{\mathrm{i}(\omega_1x_1+\omega_2x_2+\cdots+\omega_nx_n)}f_X(x_1,\ x_2,\ \cdots,\ x_n;\ t_1,\ t_2,\ \cdots,\ t_n)\,\mathrm{d}x_1\,\mathrm{d}x_2\cdots\mathrm{d}x_n.\end{aligned} \tag{2.66}$$

根据逆转公式，由随机过程 $X(t)$ 的 n 维特征函数可以求得 n 维概率密度，得

$$f_X(x_1, x_2, \cdots, x_n; t_1, t_2, \cdots, t_n)$$

$$= \frac{1}{(2\pi)^n}\int_{-\infty}^{\infty}\cdots\int_{-\infty}^{\infty}\Psi_X(\omega_1, \omega_2, \cdots, \omega_n; t_1, t_2, \cdots, t_n)\, e^{-i(\omega_1 x_1 + w_2 x_2 + \cdots + \omega_n x_n)}\, d\omega_1 d\omega_2 \cdots d\omega_n. \tag{2.67}$$

2.7 复随机过程

在工程上经常用到解析信号与复信号，与确定信号中的复信号表示法相对应，需引入复随机过程的概念.

定义 2.7.1 设 $\{X(t), t \in T\}$ 与 $\{Y(t), t \in T\}$ 是定义在同一概率空间上的两个实随机过程，令 $Z(t) = X(t) + iY(t), t \in T$，则称 $\{Z(t), t \in T\}$ 为**复随机过程**.

复随机过程的任意有限维分布函数可由二维随机过程 $\{(X(t), Y(t)), t \in T\}$ 的所有 $m + n$ 维分布函数给出．下面给出复随机过程 $\{Z(t), t \in T\}$ 的数字特征．

定义 2.7.2 设 $\{Z(t), t \in T\}$ 为复随机过程．称 $m_Z(t) = E[Z(t)], t \in T$，为 $\{Z(t), t \in T\}$ 的**均值函数**．称 $D_Z(t) = D[Z(t)] = E[|Z(t) - m_Z(t)|^2], t \in T$，为 $\{Z(t), t \in T\}$ 的**方差函数**．称 $R_Z(s, t) = E[\overline{Z(s)}\,Z(t)], s, t \in T$ 为 $\{Z(t), t \in T\}$ 的**相关函数**．称 $\Phi_Z(t) = E[|Z(t)|^2], t \in T$，为 $\{Z(t), t \in T\}$ 的**均方值函数**．称 $C_Z(s, t) = \mathrm{Cov}(Z(s), Z(t)) = E[\overline{[Z(s) - m_Z(s)]}\,[Z(t) - m_Z(t)]], s, t \in T$，为 $\{Z(t), t \in T\}$ 的**协方差函数**.

显然，复随机过程的数字特征之间有下列关系和结论：

$$m_Z(t) = m_X(t) + i m_Y(t), \quad t \in T, \tag{2.68}$$

$$D_Z(t) = D_X(t) + D_Y(t), \quad t \in T, \tag{2.69}$$

$$D_Z(t) = C_Z(t, t), \quad t \in T, \tag{2.70}$$

$$C_Z(s, t) = R_Z(s, t) - \overline{m_Z(s)}\, m_Z(t), \quad s, t \in T, \tag{2.71}$$

$$\Phi_Z(t) = R_Z(t, t), \quad t \in T. \tag{2.72}$$

定义 2.7.3　设 $\{Z_1(t), t \in T\}$ 和 $\{Z_2(t), t \in T\}$ 是两个复随机过程，称

$$C_{Z_1, Z_2}(s, t) = \mathrm{Cov}(Z_1(s), Z_2(t)) = E[\overline{[Z_1(s) - m_Z(s)]}[Z_2(t) - m_Z(t)]], \quad s, t \in T \tag{2.73}$$

为 $\{Z_1(t), t \in T\}$ 和 $\{Z_2(t), t \in T\}$ 的**互协方差函数**，称

$$R_{Z_1 Z_2}(s, t) = E[\overline{Z_1(s)} Z_2(t)], \quad s, t \in T \tag{2.74}$$

为 $\{Z_1(t), t \in T\}$ 和 $\{Z_2(t), t \in T\}$ 的**互相关函数**.

例 2.7.1　设 $Z(t) = \sum_{k=1}^{n} X_k e^{i(\omega_0 t + \Phi_k)}$，$-\infty < t < \infty$，其中 ω_0 是正常数，n 为固定的正整数，$X_1, X_2, \cdots, X_n, \Phi_1, \Phi_2, \cdots, \Phi_n$ 是相互独立的实随机变量，且 $E[X_k] = 0$，$D(X_k) = \sigma_k^2$，$\Phi_k \sim U[0, 2\pi]$，$k = 1, 2, \cdots, n$. 求 $\{Z(t), -\infty<t<\infty\}$ 的均值函数和相关函数.

解：由均值函数和相关函数的定义可知

$$\begin{aligned} m_Z(t) &= E\left[\sum_{k=1}^{n} X_k e^{i(\omega_0 t + \Phi_k)}\right] \\ &= \sum_{k=1}^{n} E[X_k]\{E[\cos(\omega_0 t + \Phi_k)] + iE[\sin(\omega_0 t + \Phi_k)]\} \\ &= \sum_{k=1}^{n} E[X_k]\left[\int_0^{2\pi} \cos(\omega_0 t + \varphi_k)\frac{1}{2\pi}d\varphi_k + i\int_0^{2\pi} \sin(\omega_0 t + \varphi_k)\frac{1}{2\pi}d\varphi_k\right] \\ &= 0, \quad -\infty < t < \infty. \end{aligned} \tag{2.75}$$

$$R_Z(s, t) = E\left[\overline{\sum_{k=1}^{n} X_k e^{i(\omega_0 t + \Phi_k)}} \sum_{l=1}^{n} X_l e^{i(\omega_0 t + \Phi_l)}\right] = E\left[\sum_{k=1}^{n}\sum_{l=1}^{n} X_k X_l e^{i(\Phi_l - \Phi_k)} e^{i\omega_0(t-s)}\right]. \tag{2.76}$$

$$\begin{aligned} E[e^{i(\Phi_l - \Phi_k)}] &= E[\cos(\Phi_l - \Phi_k)] + iE[\sin(\Phi_l - \Phi_k)] \\ &= \int_0^{2\pi}\int_0^{2\pi} \cos(\varphi_l - \varphi_k)\left(\frac{1}{2\pi}\right)^2 d\varphi_l d\varphi_k \\ &\quad + \int_0^{2\pi}\int_0^{2\pi} \sin(\varphi_l - \varphi_k)\left(\frac{1}{2\pi}\right)^2 d\varphi_l d\varphi_k \\ &= \begin{cases} 0, & l \neq k, \\ 1, & l = k. \end{cases} \end{aligned} \tag{2.77}$$

于是

$$R_Z(s,\ t) = \mathrm{e}^{\mathrm{i}\omega_0(t-s)} \sum_{k=1}^{n} \sigma_k^2. \tag{2.78}$$

例 2.7.2 设 $Z(t) = cX\mathrm{e}^{\mathrm{i}(\lambda t+\theta)}$，$-\infty < t < \infty$，其中 c，θ 是实常数，$\lambda > 0$ 是常数，X 是实随机变量，且 $E[X] = 0$，$D(X) = \sigma^2$，试求 $\{Z(t),\ -\infty < t < \infty\}$ 的数字特征.

解：由 $Z(t) = cX\mathrm{e}^{\mathrm{i}(\lambda t+\theta)}$，$-\infty < t < \infty$ 可知：

$$m_Z(t) = E[Z(t)] = E[cX\mathrm{e}^{\mathrm{i}(\lambda+\theta)}] = c\mathrm{e}^{\mathrm{i}(\lambda+\theta)} E[X] = 0,\quad -\infty < t < +\infty. \tag{2.79}$$

$$\begin{aligned} R_Z(s,\ t) &= E[\overline{Z(s)}\, Z(t)] = E[cX\mathrm{e}^{-\mathrm{i}(\lambda t+\theta)}] = (E[X^2])\, c^2\mathrm{e}^{\mathrm{i}\lambda(t-s)} \\ &= \sigma^2 c^2 \mathrm{e}^{\mathrm{i}\lambda(t-s)},\quad -\infty < s,\ t < \infty. \end{aligned} \tag{2.80}$$

$$C_Z(s,\ t) = R_Z(s,\ t) - m_Z(s)\, m_Z(t) = \sigma^2 c^2 \mathrm{e}^{\mathrm{i}\lambda(t-s)},\quad -\infty < s,\ t < \infty. \tag{2.81}$$

$$D_Z(t) = C_Z(t,\ t) = \sigma^2 c^2,\quad -\infty < t < \infty. \tag{2.82}$$

$$\Phi_Z(t) = R_Z(t,\ t) = \sigma^2 c^2,\quad -\infty < t < \infty. \tag{2.83}$$

2.8 几类重要的随机过程

前面定义的随机过程是一般意义上的，要直接研究它是很困难的，因此，我们要引入一些特别的随机过程．本节给出三类随机过程：二阶矩过程，正交增量过程，独立增量过程．它们是从二阶矩的存在性及增量的性质方面来定义的．下面两节讨论的随机过程则是从有限维分布函数是正态分布、泊松（Poisson）分布的方面来定义的．

2.8.1 二阶矩过程

这是一类非常重要的过程，在实际工程问题中常用到的正态过程、宽平稳过程等都是二阶矩过程．

定义 2.8.1 设 $X = \{X(t),\ t \in T\}$ 是一随机过程，若对任意的 $t \in T$，均有 $E[|X(t)|^2] < +\infty$，则称 X 为**二阶矩过程**．

下面讨论二阶矩过程的相关函数的一些性质．

定理 2.8.1 二阶矩过程的均值函数和相关函数一定存在．

证明：由施瓦茨不等式得

$$E[|X(t)|] \leqslant E\left[\sqrt{X^2(t)+Y^2(t)}\right] \leqslant (E[|Z(t)|^2])^{\frac{1}{2}}, \tag{2.84}$$

$$E[|Y(t)|] \leqslant E\left[\sqrt{X^2(t)+Y^2(t)}\right] \leqslant (E[|Z(t)|^2])^{\frac{1}{2}}, \tag{2.85}$$

故 $E[X(t)]$ 和 $E[Y(t)]$ 均存在，从而 $E[Z(t)]$ 存在 .

仍用施瓦茨不等式得

$$E[\overline{Z(s)}\,Z(t)] \leqslant E[|Z(s)|^2]\,E[|Z(t)|^2], \tag{2.86}$$

因此 $R_Z(s,t)$ 也存在 . □

定理 2.8.2　二阶矩过程的相关函数具有下列性质：

(1)（厄米（Hermite）性）$\overline{R_Z(s,t)}=R_Z(s,t)$，$s,t\in T$；

(2)（非负定性）对任意的正整数 n，任意的 $t_1, t_2, \cdots, t_n\in T$ 和任意的 n 个复数 $a_1, a_2, \cdots, a_n$，有

$$\sum_{i=1}^{n}\sum_{k=1}^{n} R_Z(t_i, t_k)\,\overline{a_i}a_k \geqslant 0. \tag{2.87}$$

证明：(1) 由相关函数的性质可得

$$\begin{aligned}\overline{R_Z(s,t)} &= \overline{E[\overline{Z(s)}\,Z(t)]} = E[\overline{\overline{Z(s)}\,Z(t)}]\\ &= E[\overline{Z(t)}\,Z(s)] = R_Z(t,s).\end{aligned} \tag{2.88}$$

(2) 对任意的正整数 n，任意的 $t_1, t_2, \cdots, t_n\in T$ 和任意的 n 个复数 $a_1, a_2, \cdots, a_n$，有

$$\begin{aligned}\sum_{i=1}^{n}\sum_{k=1}^{n} R_Z(t_i, t_k)\,\overline{a_i}a_k &= \sum_{i=1}^{n}\sum_{k=1}^{n} E[\overline{Z(t_i)}\,Z(t_k)]\,\overline{a_i}a_k\\ &= E\left[\sum_{i=1}^{n}\sum_{k=1}^{n}\overline{Z(t_i)}\,Z(t_k)\,\overline{a_i}a_k\right]\\ &= E\left[\overline{\sum_{i=1}^{n}Z(t_i)\,a_i}\cdot\sum_{k=1}^{n}Z(t_k)\,a_k\right]\\ &= E\left[\left|\sum_{i=1}^{n}Z(t_i)\,a_i\right|^2\right] \geqslant 0.\end{aligned} \tag{2.89}$$

可以证明，如果函数具有非负定性，则它必具有厄米性，因此相关函数最本质的特征就是非负定性 . 事实上，我们有如下定理 . □

定理 2.8.3（二阶矩过程的存在性定理）　设 $T\subset R^1$ 是一参数集，$R(s,t)$ 是

定义在 $T\times T$ 上的二元函数，则必存在一个二阶矩过程 $\{X(t), t\in T\}$，以给定的 $R(s, t)$ 为相关函数，且当 $R(s, t)$ 是实值二元函数时，$\{X(t), t\in T\}$ 是一实二阶矩过程．

2.8.2 正交增量过程

定义 2.8.2 设 $X=\{X(t), t\in T\}$ 是一个二阶矩过程，如果对于任意的 $t_1<t_2\leqslant t_3<t_4\in T$，有

$$E[\overline{[X(t_2)-X(t_1)]}[X(t_4)-X(t_3)]]=0, \tag{2.90}$$

则称 $\{X(t), t\in T\}$ 为**正交增量过程**．

对于正交增量过程，若 T 取为有限区间 $[a, b]$，则对于任意的 $a\leqslant s<t\leqslant b$，有

$$E[\overline{[X(s)-X(a)]}[X(t)-X(s)]]=0. \tag{2.91}$$

特别地，当 $X(a)=0$ 时，有

$$E[\overline{X(s)}[X(t)-X(s)]]=0. \tag{2.92}$$

若 $a=-\infty$ 且 $X(-\infty)\triangleq\lim\limits_{t\to-\infty}X(t)=0$，则对任意的 $s<t$，上式仍成立．

定理 2.8.4 设 $\{X(t), t\in[a, b]\}$ 是正交增量过程，且 $X(a)=0$，则

（1）相关函数和协方差函数有如下等式成立：

$$R_X(s, t)=\Phi_X(\min(s, t)), \quad s, t\in[a, b], \tag{2.93}$$

$$C_X(s, t)=D_X[\min(s, t)]+|m_X(\min(s, t))|^2-\overline{m_X(s)}m_X(t), \quad s, t\in[a, b]. \tag{2.94}$$

（2）$\Phi_X(t)$ 是单调不减函数．

证明：（1）设 $s\leqslant t$，由相关函数的定义可得

$$\begin{aligned}R_X(s, t)&=E[\overline{X(s)}X(t)]\\&=E[\overline{X(s)}[X(t)-X(s)+X(s)]]\\&=E[\overline{X(s)}[X(t)-X(s)]]+E[|X(s)|^2]\\&=\Phi_X(s)=\Phi_X(\min(s, t)), \quad s, t\in[a, b].\end{aligned} \tag{2.95}$$

由协方差的定义可得

$$
\begin{aligned}
C_X(s,t) &= R_X(s,t) - \overline{m_X(s)}\,m_X(t) \\
&= E[\,|X(s)|^2] - \overline{m_X(s)}\,m_X(t) \\
&= D_X(s) + |m_X(s)|^2 - \overline{m_X(s)}\,m_X(t) \\
&= D_X(\min(s,t)) + |m_X(\min(s,t))|^2 - \overline{m_X(s)}\,m_X(t),\quad s,\ t \in [a,b].
\end{aligned} \tag{2.96}
$$

（2）设 $a \leqslant s < t \leqslant b$，因为

$$
\begin{aligned}
0 &\leqslant E[\,|X(t)-X(s)|^2] \\
&= E[\overline{[X(t)-X(s)]}[X(t)-X(s)]] \\
&= E[\,|X(t)|^2] - R_X(s,t) - R_X(t,s) + E[\,|X(s)|^2] \\
&= \Phi_X(t) - \Phi_X(\min(t,s)) - \Phi_X(\min(s,t)) + \Phi_X(s) \\
&= \Phi_X(t) - \Phi_X(s) - \Phi_X(s) + \Phi_X(s) \\
&= \Phi_X(t) - \Phi_X(s),
\end{aligned} \tag{2.97}
$$

所以 $\Phi_X(s) \leqslant \Phi_X(t)$，即 $\Phi_X(t)$ 是单调不减函数.

对于（1）和（2），当 $s \geqslant t$ 时可同样证明. □

2.8.3 独立增量过程

定义 2.8.3 设 $\{X(t),\ t \in T\}$ 是一随机过程，如果对任意的 $n \geqslant 3$ 和任意的 $t_1 < t_2 < \cdots < t_n \in T$，$X(t_2)$ $X(t_1)$，$X(t_3) - X(t_2)$，…，$X(t_n) - X(t_{n-1})$ 是相互独立的随机变量，则称 $\{X(t),\ t \in T\}$ 是**独立增量过程**. 如果对于任意 $s < t \in T$，$X(t) - X(s)$ 分布仅依赖于 $t-s$，而与 s，t 本身取值无关，则称 $\{X(t),\ t \in T\}$ 为**平稳增量过程**. 如果 $\{X(t),\ t \in T\}$ 既是平稳增量过程，又是独立增量过程，则称 $\{X(t),\ t \in T\}$ 为**平稳的独立增量过程**.

例 2.8.1 设 $X(t)$ 表示某网站在 $[0,\ t]$ 时间段进入的用户数，则 $\{X(t),\ t \geqslant 0\}$ 是一随机过程. 对于任意 $0 \leqslant t_1 < t_2 < \cdots < t_n$，随机变量 $X(t_2) - X(t_1)$，$X(t_3) - X(t_2)$，…，$X(t_n) - X(t_{n-1})$ 分别表示在时间段 $[t_1,\ t_2]$，$[t_2,\ t_3]$，…，$[t_{n-1},\ t_n]$ 中进入的用户数，自然可以认为它们是相互独立的，所以，$\{X(t),\ t \geqslant 0\}$ 是一独立增量过程. 进而，对于任意 $s \leqslant t$，随机变量 $X(t) - X(s)$ 的分布可以认为仅与 $t-s$ 有关，故 $\{X(t),$

$t \geqslant 0\}$ 是平稳的独立增量过程.

例 2.8.2 在独立重复试验中，设一次试验随机事件 A 出现的概率为 $p(0 < p < 1)$，$X(n)$ 表示试验进行到 $n(n = 1, 2, \cdots)$ 次为止随机事件 A 出现的次数，即 $n \geqslant 1$，$X(n)$ 表示 n 重伯努利试验中随机事件 A 出现的次数，且 $P(A) = p(0 < p < 1)$，证明 $\{X(n), n = 1, 2, \cdots\}$ 是平稳的独立增量过程.

证明： 对任意 $m \geqslant 1$ 和任意 $1 \leqslant n_1 < n_2 < \cdots < n_m$，由于 $X(n_2) - X(n_1)$，$X(n_3) - X(n_2)$，$\cdots$，$X(n_m) - X(n_{m-1})$ 分别表示第 n_1 次到第 n_2 次，第 n_2 次到第 n_3 次，$\cdots$，第 n_{m-1} 次到第 n_m 次试验中随机事件 A 出现的次数，因此相互独立，从而 $\{X(n), n = 1, 2, \cdots\}$ 是独立增量过程.

对任意 $m \geqslant 1$，$X(n + m) - X(n)$ 为 m 重伯努利试验中随机事件 A 出现的次数，故 $X(n + m) - X(n)$ 服从二项分布，即 $X(n + m) - X(n) \sim B(m, p)$，$n = 1, 2, \cdots$，所以 $\{X(n), n = 1, 2, \cdots\}$ 是平稳增量过程，从而 $\{X(n), n = 1, 2\cdots\}$ 是平稳的独立增量过程.

独立增量过程 $\{X(t), t \in T\}$ 有如下性质：

性质 1 独立增量过程的概率密度等于各增量的概率密度乘积：

$$f_X(x(t_N) - x(t_{N-1}), x(t_{N-1}) - x(t_{N-2}), \cdots, x(t_2) - x(t_1), x(t_1) - x(t_0))$$
$$= \prod_{n=1}^{N} f_X[x(t_n) - x(t_{n-1})]. \tag{2.98}$$

性质 2 独立增量过程必为不相关或正交增量过程，即

$$\mathrm{Cov}(X(t_n) - X(t_{n-1}), X(t_m) - X(t_{m-1})) = 0, \tag{2.99}$$

或

$$E[[X(t_n) - X(t_{n-1})][X(t_m) - X(t_{m-1})]]$$
$$= E[X(t_n) - X(t_{n-1})]E[X(t_m) - X(t_{m-1})]. \tag{2.100}$$

性质 3 独立增量过程的有限维分布函数族由一维分布和增量的分布确定.

证明： 由于随机变量的分布函数和特征函数一一对应，故只需证明独立增量过程的有限维特征函数由其一维特征函数和增量的特征函数确定.

取 $t_1 < t_2 < \cdots < t_n \in T$，随机向量 $\boldsymbol{X} = \{X(t_1), X(t_2), \cdots, X(t_n)\}$ 的特征函数

$$\begin{aligned}\Psi_X(\omega_1, \omega_2, \cdots, \omega_n) &= E\left[\exp\left\{\mathrm{i}\sum_{k=1}^{n}\omega_k X(t_k)\right\}\right]\\&= E\left[\exp\left\{\mathrm{i}\sum_{k=1}^{n}\omega_k\left\{X(t_1) + \sum_{l=2}^{k}[X(t_l) - X(t_{l-1})]\right\}\right\}\right]\\&= E\left[\exp\left\{\mathrm{i}\left(\sum_{k=1}^{n}\omega_k\right)X(t_1) + \sum_{k=1}^{n}\omega_k\sum_{l=2}^{k}[(X(t_l) - X(t_{l-1})]\right\}\right]\\&= E\left[\exp\left\{\mathrm{i}\left(\sum_{k=1}^{n}\omega_k\right)X(t_1) + \sum_{l=2}^{n}\left(\sum_{k=l}^{n}\omega_k\right)[X(t_l) - X(t_{l-1})]\right\}\right]\\&=\Psi_{X(t_1)}\left(\sum_{k=1}^{n}\omega_k\right)\prod_{l=2}^{k}\Psi_{X(t_l)-X(t_{l-1})}\left(\sum_{k=l}^{n}\omega_k\right),\end{aligned}\tag{2.101}$$

式中，$\Psi_{X(t_1)}(\cdot)$ 是 $X(t)$ 的特征函数，$\Psi_{X(t_l)-X(t_{l-1})}(\cdot)$ 是 $X(t_l) - X(t_{l-1})$ 的特征函数 .

对于独立增量过程 $\{X(t), t\in T\}$，令 $t_1 > t_2 \in T$，则其协方差函数为

$$\begin{aligned}C_X(t_1, t_2) &= \mathrm{Cov}(X(t_1, t_2)) = \mathrm{Cov}(X(t_1) - X(t_2) + X(t_2), X(t_2))\\&= \mathrm{Cov}(X(t_1) - X(t_2), X(t_2)) + \mathrm{Cov}(X(t_2), X(t_2))\\&=R_X(t_2, t_1).\end{aligned}\tag{2.102}$$

对于 $t_1 < t_2 \in T$，同样有

$$C_X(t_1, t_2) =R_X(t_1, t_2).\tag{2.103}$$

综上可得

$$\begin{aligned}C_X(t_1, t_2) &= \begin{cases}R_X(t_2, t_2) =R_X(t_2), & t_1 \geqslant t_2\\R_X(t_1, t_1) =R_X(t_1), & t_1 \leqslant t_2\end{cases}\\&= \mathrm{Cov}(X(\min(t_1, t_2)), X(\min(t_1, t_2))).\end{aligned}\tag{2.104}$$

可见，独立增量过程的增量方差是两个时间的过程方差的差 .

对于独立增量过程 $\{X(t), t\in T\}$，其增量 $\Delta X = X(t_1) - X(t_2)$ 的方差函数为

$$\begin{aligned}D(\Delta X) =D_{\Delta X}(t) &= \mathrm{Cov}(\Delta X, \Delta X) = \mathrm{Cov}(X(t_1) - X(t_2), X(t_1) - X(t_2))\\&= \mathrm{Cov}(X(t_1) - X(t_2), X(t_1)) - \mathrm{Cov}(X(t_1) - X(t_2), X(t_2))\\&= \mathrm{Cov}(X(t_1), X(t_1)) - \mathrm{Cov}(X(t_2), X(t_1))\\&=D_X(t_1) -D_X(t_2).\end{aligned}\tag{2.105}$$

如果独立增量的增量方差只是时间差的函数，即 $D(\Delta X) = D(t_1 -t_2)$，则

$$D(t_1 -t_2) =D_X(t_1) -D_X(t_2).\tag{2.106}$$

令 $t_0 < t_2 < t_1$，利用

$$D(t_1 + t_2) = D_X(t_1 + t_2 + t_0) - D_X(t_0), \tag{2.107}$$

$$D(t_1) = D_X(t_1 + t_0) - D_X(t_0), \tag{2.108}$$

将上述两式相减，得

$$D(t_1 + t_2) = D_X(t_1) + D_X(t_2), \tag{2.109}$$

上式的解为时间的线性函数，即

$$D(t) = \sigma^2 t, \tag{2.110}$$

式中，σ^2 为正实数，这里称为方差参数．可见，当独立增量过程的增量方差只是时间差的函数时，其增量方差是时间的线性函数． □

2.9 正态过程与维纳过程

2.9.1 正态过程

概率论中的中心极限定理已经证明，大量独立的、均匀微小的随机变量之和都近似地服从正态分布．在电子系统中，常见的电阻热噪声、电子管（或晶体管）的散弹噪声、大气和宇宙噪声，以及云雨杂波和地物杂波都是或近似是正态随机过程．正态随机过程常用于噪声理论建模，它是随机过程理论中的一个重要研究对象．下面仅对实正态随机过程进行讨论，其结果可以很方便地推广到复正态随机过程．

定义 2.9.1 设随机过程 $X = \{X(t), t \in T\}$ 的任一有限维分布函数均是正态分布的，即对于任意的 $n \geqslant 1$ 和任意 $t_1, t_2, \cdots, t_n \in T$，$(X(t_1), X(t_2), \cdots, X(t_n))$ 是 n 维正态随机变量，则称 X 为**正态过程**或**高斯过程**．

因为正态过程的一阶矩、二阶矩存在，所以正态过程是二阶矩过程．又由于正态向量的概率分布由其均值向量和协方差矩阵确定，故正态过程的有限维分布由其均值函数和协方差函数确定．这就是说，对于正态过程，如果知道了均值函数和相关函数，则 $\{X(t), t \in T\}$ 的概率特性就完全确定了．

正态过程在随机过程中的重要性，类似于正态随机变量在概率论中的地位．这是由于在实际问题中，许多随机过程都可以看作或近似看作正态过程，而且正态过程具有很好的概率特性．

例 2.9.1　设 $X(t)=A\cos(\omega t)+B\sin(\omega t)$，$-\infty<t+\infty$，其中 A，B 相互独立，且都是服从正态分布 $N(0,\sigma^2)$ 的随机变量，ω 是实常数．试证明 $\{X(t),-\infty<t<+\infty\}$ 是正态过程，并求它的有限维分布．

证明：由于 A，B 相互独立，且都服从正态分布 $N(0,\sigma^2)$，因此 $(A,B)\sim N(\mathbf{0},\sigma^2\boldsymbol{E})$，（$\boldsymbol{E}$ 是二阶单位矩阵），对于任意 $n\geqslant 1$ 和任意的 $t_1, t_2, \cdots, t_n\in T$，由于

$$\begin{cases}X(t_1)=A\cos(\omega t_1)+B\sin(\omega t_1),\\ X(t_2)=A\cos(\omega t_2)+B\sin(\omega t_2),\\ \quad\vdots\\ X(t_n)=A\cos(\omega t_n)+B\sin(\omega t_n),\end{cases}\tag{2.111}$$

即

$$(X(t_1),X(t_2),\cdots,X(t_n))=(A,B)\begin{pmatrix}\cos(\omega t_1) & \cos(\omega t_2) & \cdots & \cos(\omega t_n)\\ \sin(\omega t_1) & \sin(\omega t_2) & \cdots & \sin(\omega t_n)\end{pmatrix}$$

$$\triangleq(A,B)\,\boldsymbol{C}.\tag{2.112}$$

因而 $(X(t_1),X(t_2),\cdots,X(t_n))$ 是二维正态随机变量 (A,B) 的线性变换，$(X(t_1),X(t_2),\cdots,X(t_n))$ 是 n 维正态随机变量．故 $\{X(t),t\in T\}$ 是正态过程．

由于 $\{X(t),t\in T\}$ 是正态过程，且 $E[X(t)]=0$，因而 $(X(t_1),X(t_2),\cdots,X(t_n))\sim N(0,\boldsymbol{B})$，$t_1, t_2, \cdots, t_n\in T$. 其中

$$\boldsymbol{B}=\boldsymbol{C}^T\sigma^2\boldsymbol{E}\boldsymbol{C}=\sigma^2\begin{pmatrix}\cos(\omega t_1) & \sin(\omega t_1)\\ \cos(\omega t_2) & \sin(\omega t_2)\\ \vdots & \vdots\\ \cos(\omega t_n) & \sin(\omega t_n)\end{pmatrix}\begin{pmatrix}\cos(\omega t_1) & \cos(\omega t_2) & \cdots & \cos(\omega t_n)\\ \sin(\omega t_1) & \sin(\omega t_2) & \cdots & \sin(\omega t_n)\end{pmatrix}$$

$$=\sigma^2\begin{pmatrix}1 & \cos[\omega(t_1-t_2)] & \cdots & \cos[\omega(t_1-t_n)]\\ \cos[\omega(t_2-t_1)] & 1 & \cdots & \cos[\omega(t_2-t_n)]\\ \vdots & \vdots & & \vdots\\ \cos[\omega(t_n-t_1)] & \cos[\omega(t_n-t_2)] & \cdots & 1\end{pmatrix}.\tag{2.113}$$

2.9.2 维纳过程

在随机过程理论及其应用中，维纳过程起着重要的作用．例如：在理论上，它是建立随机微分方程的基石；在应用上，它是布朗运动和电路中“热噪声”的随机模型．因此，有时维纳过程也称为布朗运动．随机控制系统所受扰动很多都是由维纳过程生成的．

布朗运动是由英国植物学家罗伯特·布朗于1827年首先发现的现象：浸入均匀液体中的微小粒子的扩散运动是极不规则的．1905年物理学家爱因斯坦提出，布朗运动是由微小粒子与液体分子之间的碰撞引起的．1923年维纳给出了布朗运动的数学分析．

定义 2.9.2 称实随机过程 $\{W(t), t \geqslant 0\}$ 是参数为 $\sigma^2(\sigma > 0)$ 的**维纳过程**，如果：

(1) $W(0) = 0$;

(2) $\{W(t), t \geqslant 0\}$ 是平稳的独立增量过程；

(3) 对任意 $0 \leqslant s < t$，增量 $W(t) - W(s)$ 服从 $N(0, \sigma^2 t)$．

当 $\sigma^2 = 1$ 时，则称为**标准维纳过程**；若 $\sigma^2 \neq 1$，则可将其通过 $\{\dfrac{W(t)}{\sigma}, t \geqslant 0\}$ 标准化．标准化布朗运动 $\{W(t), t \geqslant 0\}$ 具有下述性质：

(1)（正态增量）$W(t_2) - W(t_1) \sim N(0, t_2 - t_1)$，即 $W(t_2) - W(t_1)$ 服从均值为0，方差为 $t_2 - t_1$ 的正态分布；

(2)（独立增量）$W(t_2) - W(t_1) \sim N(0, t_2 - t_1)$，独立于过去的状态 $W(t_0)$，$0 \leqslant t_0 \leqslant t_1$；

(3)（轨道连续）$\forall s \in S$ 是 t 的连续函数．

定理 2.9.1 设 $\{W(t), t \geqslant 0\}$ 是参数为 σ^2 的维纳过程，则

(1) $\forall t > 0$，$W(t) \sim N(0, \sigma^2 t)$；

(2) $m_W(t) = 0, t \geqslant 0$；$D_W(t) = \sigma^2 t, t \geqslant 0$；

(3) $R_W(s, t) = C_W(s, t) = \sigma^2 \min(s, t), s, t \geqslant 0$.

证明：(1) 由定义 2.9.2 显然．

（2）由（1）知，$m_W(t)=0$，$D_W(t)=\sigma^2 t$，$t\geqslant 0$ 显然．

（3）不妨设 $s\leqslant t$，则

$$
\begin{aligned}
R_W(s,t)&=E[W(s)W(t)]\\
&=E[[W(s)-W(0)][W(t)-W(s)+W(s)]]\\
&=E[[W(s)-W(0)][W(t)-W(s)]]+E[[W(s)]^2]\\
&=D[W(s)]+(E[W(s)])^2=\sigma^2 s\\
&=\sigma^2\min(s,t),\ s,t\geqslant 0,
\end{aligned}
\tag{2.114}
$$

根据协方差的定义：

$$
C_W(s,t)=R_W(s,t)-m_W(s)m_W(t)=\sigma^2\min(s,t),\ s,t\geqslant 0. \tag{2.115}
$$

□

定理 2.9.2　维纳过程是正态过程．

证明：设 $\{W(t),t\geqslant 0\}$ 是参数为 σ^2 的维纳过程，则对于任意 $n\geqslant 1$ 和任意的 $0\leqslant t_1<t_2<\cdots<t_n$，$W(t_1)$，$W(t_2)-W(t_1)$，$\cdots$，$W(t_n)-W(t_{n-1})$ 相互独立，且 $W(t_k)-W(t_{k-1})\sim N(0,\sigma^2(t_k-t_{k-1}))$，$k=1,2,\cdots,n$，$W(t_0)\triangleq W(0)=0$，所以 $(W(t_1),W(t_2)-W(t_1),\cdots,W(t_n)-W(t_{n-1}))$ 是 n 维正态随机变量，又因为

$$
\begin{aligned}
&(W(t_1),W(t_2),\cdots,W(t_n))\\
&=(W(t_1),W(t_2)-W(t_1),\cdots,W(t_n)-W(t_{n-1}))\begin{pmatrix}1&1&\cdots&1\\0&1&\cdots&1\\0&0&\cdots&1\\\vdots&\vdots&&\vdots\\0&0&\cdots&1\end{pmatrix},
\end{aligned}
\tag{2.116}
$$

故 $(W(t_1),W(t_2)-W(t_1),\cdots,W(t_n)-W(t_{n-1}))$ 是 n 维正态随机变量，所以 $\{W(t),t\geqslant 0\}$ 是正态过程．

□

2.10　泊松过程

在日常生活及工程技术领域中，常常需要考虑这样一类问题，即研究在一定时间间隔 $[0,t]$ 上某随机事件出现次数的统计规律．例如：在公用事业中，在某个

固定的时间间隔 $[0, t]$ 上，到某商店去的顾客数，通过某交叉路口的电车、汽车数、某电话总机接到的呼唤次数；在电子技术中心的散粒噪声和脉冲噪声，数字通信中已编码信号的误码个数．这些问题，我们通常都可用泊松过程来模拟．

泊松过程是一类直观意义很强，而且极为重要的过程，其应用范围很广，遍及各个领域，在公用事业、生物学、物理学、电子通信工程等很多方面的问题都可用泊松过程物理模拟．

2.10.1 泊松过程的定义

定义 2.10.1 如果 $N(t)$ 代表到时刻 t 随机事件发生的次数，则称实随机过程 $\{N(t), t \geqslant 0\}$ 为**计数过程**．

从上述定义出发，计数过程 $\{N(t), t \geqslant 0\}$ 应该满足下列条件：

(1) $N(t) \geqslant 0$;

(2) $N(t)$ 是非负整数；

(3) $\forall 0 \leqslant s < t$, $N(t) \geqslant N(s)$；

(4) $\forall 0 \leqslant s < t$, $N(t) - N(s)$ 代表时间间隔 $t - s$ 内随机事件发生的次数．

定义 2.10.2 称计数过程 $\{N(t), t \geqslant 0\}$ 是参数（强度、比率）为 $\lambda(\lambda > 0)$ 的**泊松过程**，如果：

(1) $N(0) = 0$;

(2) $\{N(t), t \geqslant 0\}$ 是平稳的独立增量过程；

(3) $\forall 0 \leqslant s < t$, $N(t) - N(s)$ 服从参数为 $\lambda(t - s)$ 的泊松分布，即

$$P(N(t) - N(s) = k) = \frac{[\lambda(t-s)]^k}{k!} e^{-\lambda(t-s)}, \quad k = 0, 1, 2, \cdots. \tag{2.117}$$

注：

(1) 条件 (1) 只是说将时刻 0 设为起点，否则我们考虑 $N(t) - N(0)$ 就可以了．

(2) 条件 (2) 中的“独立增量”在本节开头所列举的例子中一般是成立的，“平稳”在自然现象中成立，在人造系统（如网站点击数）中可能不成立．

(3) 由条件 (3) 知泊松过程是平稳增量过程，且 $E[X(t)] = \lambda t$. 由于，$\lambda = \frac{E[X(t)]}{t}$ 表示单位时间内事件 A 发生的平均个数，故称 λ 为此过程的**速率**或**强度**．

定义 2.10.3　称计数过程 $\{N(t), t \geqslant 0\}$ 是参数 λ 的**泊松过程**，如果：

(1) $N(t) \geqslant 0$;

(2) $\{N(t), t \geqslant 0\}$ 是平稳的独立增量过程；

(3) 当 Δt 充分小时，在 $(t, t+\Delta t)$ 内事件出现一次的概率为 $\lambda\Delta t + o(\Delta t)$，即

$$P(N(t+\Delta t) - N(t) = 1) = \lambda\Delta t + o(\Delta t). \tag{2.118}$$

(4) 当 Δt 充分小时，在 $(t, t+\Delta t)$ 内事件出现两次或两次以上的概率为 $o(\Delta t)$，即

$$P(N(t+\Delta t) - N(t) \geqslant 2) = o(\Delta t). \tag{2.119}$$

例 2.10.1　考虑某电话交换台在某段时间接到的呼唤．令 $X(t)$ 表示电话交换台在 $[0, t]$ 上收到的呼唤次数，则 $\{X(t), t \geqslant 0\}$ 满足定义 2.10.2 的条件，故 $\{X(t), t \geqslant 0\}$ 是一个泊松过程．

例 2.10.2　考虑来到某汽车站售票窗口购买车票的旅客．若记 $X(t)$ 为在时间 $[0, t]$ 上到达售票窗口的旅客数，则 $\{X(t), t \geqslant 0\}$ 是一个泊松过程．

例 2.10.3　考虑机器在 $[0, t]$ 上发生故障这一事件．若机器发生故障，立即修理后继续工作，则在 $[0, t]$ 上机器发生故障而停止工作的故障数 $\{X(t), t \geqslant 0\}$ 构成一个随机点过程，它可以用泊松过程进行描述．

下面我们来证明泊松过程的两种定义是等价的．

定理 2.10.1　定义 2.10.2 与定义 2.10.3 等价．

证明：（必要性）设定义 2.10.2 成立．只需要证明定义 2.10.3 中的条件 (3)、(4) 成立．由定义 2.10.2 (3)，有

$$P(N(t+\Delta t) - N(t) = 1) = \lambda\Delta t e^{-\lambda\Delta t} = \lambda\Delta t + o(\Delta t). \tag{2.120}$$

$$\begin{aligned} P(N(t+\Delta t) - N(t) \geqslant 2) &= P(N(t+\Delta t) - N(t) = 2) \\ &\quad + P(N(t+\Delta t) - N(t) = 3) + \cdots \\ &= \frac{(\lambda\Delta t)^2}{2!}e^{-\lambda\Delta t} + \frac{(\lambda\Delta t)^3}{3!}e^{-\lambda\Delta t} + \cdots = o(\Delta t). \end{aligned} \tag{2.121}$$

故定义 2.10.3 成立．

（充分性）设定义 2.10.3 成立，只需证明任意 $t>0$，有

$$P(N(t)=k)=\frac{(\lambda t)^k}{k!}\mathrm{e}^{-\lambda t},\ k=0,\ 1,\ 2,\ \cdots. \tag{2.122}$$

设 $p_k(t)=P(N(t)=k)=P(N(t)-N(0)=k)$，$k=0, 1, 2, \cdots$，$[0, t+\Delta t]$ 可以分成两个不相重叠的时间间隔 $[0, t)$，$[t, t+\Delta t)$，则在 $[0, t+\Delta t)$ 内事件出现 0 次等价于在 $[0, t)$，$[t, t+\Delta t)$ 内事件都出现 0 次，则

$$\begin{aligned}p_0(t+\Delta t)&=P(N(t+\Delta t)=0)\\&=P(N(t)=0,\ N(t+\Delta t)-N(t)=0)\\&=P(N(t)=0)\,P(N(t+\Delta t)-N(t)=0)\\&=p_0(t)\,p_0(\Delta t)\\&=p_0(t)\,(1-\lambda\Delta t+o(\Delta t)),\end{aligned} \tag{2.123}$$

$$\frac{p_0(t+\Delta t)-p_0(t)}{\Delta t}=-\lambda p_0(t)+\frac{o(\Delta t)}{\Delta t}. \tag{2.124}$$

令 $\Delta t\to 0$，则

$$\frac{\mathrm{d}p_0(t)}{\mathrm{d}t}=-\lambda p_0(t), \tag{2.125}$$

解此微分方程，可得

$$p_0(t)=B_0\mathrm{e}^{-\lambda t}. \tag{2.126}$$

根据假设

$$p_0(t)=P(N(t)=0)=P(N(t)-N(0)=0), \tag{2.127}$$

则 $p_0(0)=P(N(0)=0)=1$，于是 $B_0=1$，故 $p_0(t)=\mathrm{e}^{-\lambda t}$.

同理，在 $[0, t+\Delta t)$ 内事件出现 k 次等价于下列几个不相容事件之和：

（1）在 $[0, t)$ 内事件出现 k 次，在 $[t, t+\Delta t)$ 内事件出现 0 次；

（2）在 $[0, t)$ 内事件出现 $(k-1)$ 次，在 $[t, t+\Delta t)$ 内事件出现 1 次；

（3）在 $[0, t)$ 内事件出现 $(k-2)$ 次或 $(k-2)$ 次以下，在 $[t, t+\Delta t)$ 内事件出现 2 次及以上.

因此

$$p_k(t+\Delta t)=P(N(t+\Delta t)=k)$$

$$
\begin{aligned}
&= P(N(t)=k,\ N(t+\Delta t)-N(t)=0) \\
&\quad + P(N(t)=k-1,\ N(t+\Delta t)-N(t)=1) \\
&\quad + \sum_{i=2}^{k} P(N(t)=k-i,\ N(t+\Delta t)-N(t)=i) \\
&= p_k(t)\,p_0(\Delta t)+p_{k-1}(t)\,p_1(\Delta t)+o(\Delta t), \qquad (2.128)
\end{aligned}
$$

$$\frac{p_k(t+\Delta t)-p_k(t)}{\Delta t}=-\lambda p_k(t)+\lambda p_{k-1}(t)+\frac{o(\Delta t)}{\Delta t}. \tag{2.129}$$

令 $\Delta t\to 0$，则

$$\frac{\mathrm{d}p_k(t)}{\mathrm{d}t}+\lambda p_k(t)=\lambda p_{k-1}(t),\quad k=1,\ 2,\ \cdots, \tag{2.130}$$

即

$$\frac{\mathrm{d}}{\mathrm{d}t}(\mathrm{e}^{\lambda t}p_k(t))=\lambda\mathrm{e}^{\lambda t}p_{k-1}(t). \tag{2.131}$$

当 $k=1$ 时，利用 $p_0=\mathrm{e}^{-\lambda t}$，得

$$p_1(t)=(\lambda t+B_1)\,\mathrm{e}^{-\lambda t}. \tag{2.132}$$

因为 $p_1(0)=P(N(0)=1)=0$，所以 $B_1=0$，从而

$$p_1(t)=\lambda t\mathrm{e}^{-\lambda t}. \tag{2.133}$$

假设对于 $k-1$ 成立，即

$$p_{k-1}(t)=\frac{(\lambda t)^{k-1}}{(k-1)!}\mathrm{e}^{-\lambda t}. \tag{2.134}$$

对于 k 的情形：由于

$$\frac{\mathrm{d}}{\mathrm{d}t}(\mathrm{e}^{\lambda t}p_k(t))=\lambda\mathrm{e}^{\lambda t}p_{k-1}(t)=\frac{\lambda^k t^{k-1}}{(k-1)!}, \tag{2.135}$$

两边积分得

$$\mathrm{e}^{\lambda t}P_k(t)=\frac{(\lambda t)^k}{k!}+B_k. \tag{2.136}$$

又因为 $p_k(0)=P(N(0)=k)=0$，所以 $B_k=0$. 从而

$$p_k(t)=\frac{(\lambda t)^k}{k!}\mathrm{e}^{-\lambda t}, \tag{2.137}$$

即

$$P(N(t)=k)=\frac{(\lambda t)^k}{k!}\mathrm{e}^{-\lambda t},\ k=0,\ 1,\ 2,\ \cdots. \tag{2.138}$$

故定义 2.10.2 成立. □

2.10.2 泊松过程的数字特征

1. 数学期望

令 $t_2-t_1=t$, $t_1=0$, 因此, 均值函数

$$E[X(t)]=E[X(t)-X(0)]=\sum_{k=0}^{\infty}kP_k(0,\ t)$$

$$=\sum_{k=0}^{\infty}k\frac{(\lambda t)^k}{k!}\mathrm{e}^{-\lambda t}=\mathrm{e}^{-\lambda t}\lambda t\sum_{k=0}^{\infty}\frac{(\lambda t)^{k-1}}{(k-1)!}=\lambda t\mathrm{e}^{-\lambda t}\mathrm{e}^{\lambda t}=\lambda t. \tag{2.139}$$

2. 均方值和方差函数

$$E[X^2(t)]=E[[X(t)-X(0)]^2]$$

$$=\sum_{k=0}^{\infty}k^2\frac{(\lambda t)^k}{k!}\mathrm{e}^{-\lambda t}=\sum_{k=0}^{\infty}(k^2-k+k)\frac{(\lambda t)^k}{k!}\mathrm{e}^{-\lambda t}$$

$$=\sum_{k=0}^{\infty}k(k-1)\frac{(\lambda t)^k}{k!}\mathrm{e}^{-\lambda t}+\sum_{k=0}^{\infty}k\frac{(\lambda t)^k}{k!}\mathrm{e}^{-\lambda t}$$

$$=\lambda^2t^2+\lambda t, \tag{2.140}$$

$$D(X(t))=E[X^2(t)]-(E[X(t)])^2. \tag{2.141}$$

3. 相关函数与协方差函数

设 $t_2>t_1$, 把 $[0,\ t_2)$ 区间分成两个不交叠的区间 $[0,\ t_1)$ 和 $[t_1,\ t_2)$, 有

$$R_X(t_1,\ t_2)=E[X(t_1)X(t_2)]$$

$$=E[X(t_1)-X(0)][X(t_2)-X(t_1)+X(t_1)]$$

$$=E[X(t_1)[X(t_2)-X(t_1)]]+E[X^2(t_1)]$$

$$=E[X(t_1)]E[X(t_2)-X(t_1)]+E[X^2(t_1)]. \tag{2.142}$$

根据定义, 我们知道 $X(0)=0$, 区间 $[0,\ t_1)$ 与区间 $[t_1,\ t_2)$ 上事件出现的次数是互相独立的, 所以上式成立. 又由于

$$E[X(t_2)-X(t_1)]=\sum_{k=0}^{\infty}kP_k(t_1,\ t_2)=\sum_{k=0}^{\infty}k\frac{[\lambda(t_2-t_1)]^k}{k!}\mathrm{e}^{-\lambda(t_2-t_1)}=\lambda(t_2-t_1), \tag{2.143}$$

由数学期望和均方值函数，得

$$R_X(t_1,\ t_2)=\lambda^2 t_1(t_2-t_1)+\lambda^2 t_1^2+\lambda t_1=\lambda^2 t_1 t_2+\lambda t_1(t_2>t_1)\ , \tag{2.144}$$

同理，

$$R_X(t_1,\ t_2)=\lambda^2 t_1 t_2+\lambda t_2(t_1>t_2)\ . \tag{2.145}$$

因此，

$$R_X(t_1,\ t_2)=\lambda^2 t_1 t_2+\lambda\min(t_1,\ t_2)\ . \tag{2.146}$$

一般地，泊松过程的协方差函数可表示为

$$C_X(t_1,\ t_2)=\lambda\min(t_1,\ t_2)\ . \tag{2.147}$$

4. 特征函数

$$\Phi_X(\omega)=E[\exp\{\mathrm{i}\omega X(t)\}]=\exp\{\lambda t(\mathrm{e}^{\mathrm{i}\omega-1})\}. \tag{2.148}$$

例 2. 10. 4　通过某十字路口的车流是一泊松过程 . 设 1 min 内没有车辆通过的概率为 0. 2，求 2 min 内有多于一辆车通过的概率 .

解： 以 $N(t)$ 表示在区间 $[0,\ t)$ 内通过的车辆数，设 $\{N(t)\ ,\ t>0\}$ 是泊松过程，则

$$P(N(t)=k)=\frac{(\lambda t)^k}{k!}\mathrm{e}^{-\lambda t},\ k=0,\ 1,\ 2,\ \cdots, \tag{2.149}$$

故

$$P(N(1)=0)=\mathrm{e}^{-\lambda}=0.2\Rightarrow\lambda=-\ln 0.2. \tag{2.150}$$

$$\begin{aligned}P(N(2)>1)&=1-P(N(2)\leqslant 1)=1-P(N(2)=0)-P(N(2)=1)\\&=1-\mathrm{e}^{-2\lambda}-2\lambda\mathrm{e}^{-2\lambda}=1-(0.2)^2+2\ln 0.2\cdot(0.2)^2=0.83.\end{aligned} \tag{2.151}$$

例 2. 10. 5　设 $\{N(t)\ ,\ t\geqslant 0\}$ 是泊松过程，已知在 $[0,\ t]$ 上事件 A 发生 n 次，且 $0<s<t$，对于 $0<k<n$，求 $P(N(s)=k\mid N(t)=n)$.

解： 利用条件概率及泊松分布，得

$$\begin{aligned}P(N(s)=k\mid N(t)=n)&=\frac{P(N(s)=k,\ N(t)=n)}{P(N(t)=n)}\\&=\frac{P(N(s)=k,\ N(t)-N(s)=n-k)}{P(N(t)=n)}\end{aligned}$$

$$=\frac{e^{-\lambda s}\frac{(\lambda s)^k}{k!}e^{-\lambda(t-s)}\frac{[\lambda(t-s)]^{n-k}}{(n-k)!}}{e^{-\lambda t}\frac{(\lambda t)^n}{n!}}$$

$$=C_n^k\left(\frac{s}{t}\right)^k\left(1-\frac{s}{t}\right)^{n-k}, \tag{2.152}$$

这是一个参数为 n 和 $\frac{s}{t}$ 的二项分布.

2.10.3 泊松过程的到达时间与到达时间间隔分布

设 $N(t)$ 表示直到 t 时刻到达的随机点数，则 $\{N(t), t\geqslant 0\}$ 是强度为 λ 的泊松过程，τ_1，τ_2，…，τ_n 分别表示第 1 个，第 2 个，…，第 n 个随机点的到达时间，称 $\{\tau_n, n=1, 2, \cdots\}$ 为泊松过程的**到达时间序列**，它是一个随机变量序列. 令 $T_n=\tau_n-\tau_{n-1}$，$n=1, 2, \cdots$，$\tau_0=0$，称 $\{T_n, n=1, 2, \cdots\}$ 为泊松过程的**到达时间间隔序列**，它也是一个随机变量序列，显然 $\tau_n=T_1+T_2+\cdots+T_n$.

定理 2.10.2 设 $\{N(t), t\geqslant 0\}$ 是参数为 λ 的泊松过程，$\{T_n, n=1, 2, \cdots\}$ 是其到达时间间隔序列，则 T_1，T_2，…，T_n 相互独立且同服从参数为 λ 的指数分布.

证明： 由于泊松过程是平稳的独立增量过程，因此相邻两随机点的到达时间间隔是相互独立的，即 T_1，T_2，…，T_n 相互独立. 再证 T_1，T_2，…，T_n 同服从参数为 λ 的指数分布.

(1) 求 T_1 的分布函数 $F_{T_1}(t)$.

当 $t<0$ 时，$F_{T_1}(t)=0$.

当 $t\geqslant 0$ 时，

$$F_{T_1}(t)=P(T_1\leqslant t)=1-P(T_1>t)=1-P(N(t)=0)=1-e^{-\lambda t}. \tag{2.153}$$

故 T_1 服从参数为 λ 的指数分布.

(2) 求 T_2 的分布函数 $F_{T_2}(t)$.

当 $t<0$ 时，$F_{T_2}(t)=0$.

当 $t\geqslant 0$ 时，由于 T_1，T_2 相互独立，有

$$\begin{aligned} F_{T_2}(t) &= P(T_2 \leqslant t) = 1 - P(T_2 > t) \\ &= 1 - P(T_2 > t \mid T_1 = s_1) \\ &= 1 - P(N(t + s_1) - N(s_1) = 0) \\ &= 1 - P(N(t) = 0) = 1 - \mathrm{e}^{-\lambda t}. \end{aligned} \tag{2.154}$$

故 T_2 服从参数为 λ 的指数分布 .

(3) 求 $T_n(n = 3, 4, \cdots)$ 的分布函数 $F_{T_n}(t)$.

当 $t < 0$ 时, $F_{T_n}(t) = 0$.

当 $t \geqslant 0$ 时，由于 $T_1, T_2, \cdots, T_n$ 相互独立，有

$$\begin{aligned} F_{T_n}(t) &= P(T_n \leqslant t) = 1 - P(T_n > t) \\ &= 1 - P(T_n > t \mid T_1 = s_1, \cdots, T_{n-1} = s_{n-1}) \\ &= 1 - P(N(t + s_1 + \cdots + s_{n-1}) - N(s_1 + s_2 + \cdots + s_{n-1}) = 0) \\ &= 1 - P(N(t) = 0) = 1 - \mathrm{e}^{-\lambda t}. \end{aligned} \tag{2.155}$$

故 T_n 服从参数为 λ 的指数分布 . $T_1, T_2, \cdots, T_n$ 相互独立且服从参数为 λ 的指数分布 . □

例 2.10.6　某个中子计数器对到达计数器的粒子只是每隔一个记录一次，假设粒子是按照平均率为每分钟 4 个的泊松过程到达，令 T 是两个相继被记录粒子之间的时间间隔（以 min 为单位）.

试求：(1) T 的概率密度；(2) $P(T \geqslant 1)$.

解： 设 $T_1, T_2, \cdots, T_n$ 为被记录粒子之间的时间间隔，则它们是相互独立同分布的，只要求出 T_1 的分布，即 T 的分布 . 由于 $\{T_1 > t\}$ 等价于在时间 $[0, t)$ 内至多到达一个粒子，故有

$$\begin{aligned} P(T_1 > t) &= P(X(t) \leqslant 1) = P(X(t) = 0) + P(X(t) = 1) \\ &= \mathrm{e}^{-4\lambda} + 4t\mathrm{e}^{-4\lambda} = (1 + 4t)\,\mathrm{e}^{-4\lambda}, \end{aligned} \tag{2.156}$$

$$F_T(t) = P(T_1 \leqslant t) = \begin{cases} 1 - (1 + 4t)\,\mathrm{e}^{-4t}, & t \geqslant 0, \\ 0, & t < 0. \end{cases} \tag{2.157}$$

所以

$$f_T(t) = F_T'(t) = \begin{cases} 16te^{-4t}, & t \geqslant 0, \\ 0, & t < 0. \end{cases} \tag{2.158}$$

那么

$$P(T \geqslant 1) = 1 - F_T(1) = 1 - 5e^{-4}. \tag{2.159}$$

例 2.10.7 有红、绿、蓝三种颜色的汽车，分别以强度为 λ_R，λ_G，λ_B 的泊松流到达某哨卡，设它们是相互独立的．把汽车合并成单个输出过程（假设汽车没有长度，没有延时）.

（1）求两辆汽车之间的时间间隔的概率密度；

（2）求在 t_0 时刻观察到一辆红色汽车，下一辆汽车将是（a）红的，（b）蓝的，（c）非红的概率；

（3）求在 t_0 时刻观察到一辆红色汽车，下三辆汽车是红的，然后又一辆非红色汽车将到达的概率．

解：（1）独立的泊松过程之和仍是泊松过程，且其强度为 $\lambda_C = \lambda_R + \lambda_G + \lambda_B$. 设 T_C 为两辆汽车到达的时间间隔，则其概率密度为

$$f_{T_C}(t) = \begin{cases} \lambda_C e^{-\lambda_C t}, & t \geqslant 0, \\ 0, & t < 0. \end{cases} \tag{2.160}$$

（2）设 T_R，T_G，T_B 分别为两辆红色、绿色、蓝色汽车到达的时间间隔，T_X 为红色与非红色汽车到达的时间间隔．由（1）知，T_X 的概率密度为

$$\begin{aligned} P(\text{下一辆是红色汽车}) &= P(T_R < T_X) = \int_0^{\infty} \lambda_R e^{-\lambda_R t_R} dt_R \int_{t_R}^{\infty} \lambda_X e^{-\lambda_X t_X} dt_X \\ &= \frac{\lambda_R}{\lambda_R + \lambda_X} = \frac{\lambda_R}{\lambda_R + \lambda_G + \lambda_B}. \end{aligned} \tag{2.161}$$

令 T_Y 是从 t_0 算起的非蓝色汽车的到达时刻，则同理可得

$$P(\text{下一辆是蓝色汽车}) = P(T_B < T_Y) = \frac{\lambda_B}{\lambda_R + \lambda_G + \lambda_B}, \tag{2.162}$$

$$P(\text{下一辆是非红色汽车}) = P(T_B < T_Y) = 1 - \frac{\lambda_R}{\lambda_R + \lambda_G + \lambda_B} = \frac{\lambda_G + \lambda_B}{\lambda_R + \lambda_G + \lambda_B}. \tag{2.163}$$

（3）来到的是三辆红色汽车，然后是一辆非红色汽车同时发生的概率为

$$P=\left(\frac{\lambda_{\mathrm{R}}}{\lambda_{\mathrm{R}}+\lambda_{\mathrm{G}}+\lambda_{\mathrm{B}}}\right)^{3}\frac{\lambda_{\mathrm{G}}+\lambda_{\mathrm{B}}}{\lambda_{\mathrm{R}}+\lambda_{\mathrm{G}}+\lambda_{\mathrm{B}}}. \tag{2.164}$$

定理 2.10.3　设 $\{N(t),\ t\geqslant 0\}$ 是参数为 λ 的泊松过程. $\{\tau_n,\ n=1,2,\cdots\}$ 是其到达时间序列，则 $\tau_n(n=1,2,\cdots)$ 服从 Γ 分布，即 τ_n 的概率密度函数为

$$f_{\tau_n}(t)=\begin{cases}\lambda \mathrm{e}^{-\lambda t}\dfrac{(\lambda t)^{n-1}}{(n-1)!}, & t\geqslant 0,\\ 0, & t<0.\end{cases} \tag{2.165}$$

证明: (方法一) 由定义可知, $\tau_n=T_1+T_2+\cdots+T_n$, $n=1,2,\cdots$, T_1, T_2, $\cdots$, T_n 相互独立且同服从参数为 λ 的指数分布, T_k 的特征函数为

$$\varphi_{T_k}(t)=\int_0^{\infty}\lambda \mathrm{e}^{-\lambda u}\mathrm{e}^{\mathrm{i}tu}\mathrm{d}u=\frac{\lambda}{\lambda-\mathrm{i}t},\quad \varphi_{\tau_n}(t)=[\varphi_{T_k}(t)]^{n}=\frac{\lambda^{n}}{(\lambda-\mathrm{i}t)^{n}}, \tag{2.166}$$

故

$$f_{\tau_n}(t)=\begin{cases}\lambda \mathrm{e}^{-\lambda t}\dfrac{(\lambda t)^{n-1}}{(n-1)!}, & t\geqslant 0,\\ 0, & t<0.\end{cases} \tag{2.167}$$

(方法二) 因为当 $t<0$ 时, $F_{\tau_n}(t)=0$; 当 $t\geqslant 0$ 时,

$$F_{\tau_n}(t)=P(\tau_n\leqslant t)=P(N(t)\geqslant n)=\sum_{k=n}^{\infty}\frac{(\lambda t)^{k}}{k!}\mathrm{e}^{-\lambda t}. \tag{2.168}$$

所以，当 $t<0$ 时, $f_{\tau_n}(t)=F'_{\tau}(t)=0$.

当 $t\geqslant 0$ 时,

$$\begin{aligned}f_{\tau_n}(t)=F'_{\tau}(t)&=-\lambda\sum_{k=n}^{\infty}\frac{(\lambda t)^{k}}{k!}\mathrm{e}^{-\lambda t}+\sum_{k=n}^{\infty}\lambda\frac{(\lambda t)^{k-1}}{(k-1)!}\mathrm{e}^{-\lambda t}\\&=-\lambda\sum_{k=n}^{\infty}\frac{(\lambda t)^{k}}{k!}\mathrm{e}^{-\lambda t}+\lambda\frac{(\lambda t)^{n-1}}{(n-1)!}\mathrm{e}^{-\lambda t}+\sum_{k=n+1}^{\infty}\lambda\frac{(\lambda t)^{k-1}}{(k-1)!}\mathrm{e}^{-\lambda t}\\&=\lambda \mathrm{e}^{-\lambda t}\frac{(\lambda t)^{n-1}}{(n-1)!},\end{aligned} \tag{2.169}$$

即

$$f_{\tau_n}(t)=\begin{cases}\lambda \mathrm{e}^{-\lambda t}\dfrac{(\lambda t)^{n-1}}{(n-1)!}, & t\geqslant 0,\\ 0, & t<0.\end{cases} \tag{2.170}$$

□

例 2.10.8 设 $\{N(t), t\geqslant 0\}$ 是泊松过程，已知在 $[0, t]$ 内事件 A 发生 n 次，求第 $k(k<n)$ 次事件 A 发生的时间 τ_k 的条件概率密度.

解： 先求条件概率 $P(s<\tau\leqslant s+\Delta s \mid N(t)=n)$，再对 s 求导.

当 Δs 充分小时，有

$$\begin{aligned}
&P(s<\tau_k\leqslant s+\Delta s \mid N(t)=n)\\
&=\frac{P(s<\tau_k\leqslant s+\Delta s,\ N(t)=n)}{P(N(t)=n)}\\
&=P(s<\tau_k\leqslant s+\Delta s,\ N(t)-N(s+\Delta s)=n-k)\,\mathrm{e}^{\lambda t}(\lambda t)^{-n}n!\\
&=P(s<\tau_k\leqslant s+\Delta s)\,P(N(t)-N(s+\Delta s)=n-k)\,\mathrm{e}^{\lambda t}(\lambda t)^{-n}n!,
\end{aligned}\tag{2.171}$$

将上式两边除以 Δs，并令 $\Delta s\to 0$ 取极限，得

$$\begin{aligned}
f_{\tau_k\mid N(t)}(s\mid n)&=\lim_{\Delta s\to 0}\frac{P(s<\tau_k\leqslant s+\Delta s\mid N(t)=n)}{\Delta s}\\
&=f_{\tau_k}(s)\,P(N(t)-N(s)=n-k)\,\mathrm{e}^{\lambda t}(\lambda t)^{-n}n!\\
&=\frac{n!}{(k-1)!\,(n-k)!}\frac{s^{k-1}}{t^k}\left(1-\frac{s}{t}\right)^{n-k},
\end{aligned}\tag{2.172}$$

式中，τ_k 的概率密度 $f_{\tau_k}(s)$ 由定理 2.10.3 给出．由上式结果知，条件概率密度 $f_{\tau_k\mid N(t)}(s\mid n)$ 是一个贝塔（Beta）分布.

下面讨论泊松过程与均匀分布的关系.

设 $\{N(t), t\geqslant 0\}$ 是参数为 λ 的泊松过程，如果在 $[0, t)$ 内仅有一个随机点到达，τ 是其到达时间，则 τ 服从 $[0, t)$ 上的均匀分布．事实上，当 $0\leqslant s<t$ 时，有

$$\begin{aligned}
P(\tau\leqslant s\mid N(t)=1)&=\frac{P(\tau\leqslant s,\ N(t)=1)}{P(N(t)=1)}\\
&=\frac{P(N(s)=1,\ N(t)-N(s)=0)}{P(N(t)=1)}\\
&=\frac{P(N(s)=1)\,P(N(t)-N(s)=0)}{P(N(t)=1)}\\
&=\frac{\lambda s\mathrm{e}^{-\lambda s}\mathrm{e}^{-\lambda(t-s)}}{\lambda t\mathrm{e}^{-\lambda t}}=\frac{s}{t},
\end{aligned}\tag{2.173}$$

从而 τ 服从 $[0, t)$ 上的均匀分布.

一般地，有以下定理.

定理2.10.4　设 $\{N(t), t\leqslant 0\}$ 是参数为 λ 的泊松过程，如果在 $[0, t)$ 内有 n 个随机点到达，则 n 个到达时间 $\tau_1<\tau_2<\cdots<t_n$ 和 n 个相互独立且同服从 $[0, t)$ 上均匀分布的随机变量 $U_1, U_2, \cdots, U_n$ 的顺序统计量 $U_{(1)}<U_{(2)}<\cdots<U_{(n)}$ 同分布.

证明: 因为 $U_1, U_2, \cdots, U_n$ 相互独立，同服从 $[0, t)$ 上均匀分布，所以 $(U_1, U_2, \cdots, U_n)$ 的联合概率密度函数为

$$f_n(u_1, u_2, \cdots, u_n)=\begin{cases}\dfrac{1}{t^n}, & 0\leqslant u_1, u_2, \cdots, u_n<t,\\ 0, & 其他.\end{cases} \tag{2.174}$$

从而 $(U_{(1)}, U_{(2)}, \cdots, U_{(n)})$ 的联合概率密度函数为

$$f_n(u_1, u_2, \cdots, u_n)=\begin{cases}\dfrac{n!}{t^n}, & 0\leqslant u_1<u_2<\cdots<u_n<t,\\ 0, & 其他.\end{cases} \tag{2.175}$$

又 $N(t)=n$，取充分小的 $h_1, h_2, \cdots, h_n>0$，使 $u_n<\tau_k\leqslant u_k+h_k$，$k=1, 2, \cdots, n$ 且 $(u_k, u_k+h_k](k=1, 2, \cdots, n)$ 互不相交，则当 $0\leqslant u_1<u_2<\cdots<u_n<t$ 时，有

$$P\Big(\bigcap_{k=1}^{n}(u_k<\tau\leqslant u_k+h_k)\mid N(t)=n\Big)$$

$$=\frac{P\Big(\bigcap_{k=1}^{n}(u_k<\tau\leqslant u_k+h_k), N(t)=n\Big)}{P(N(t)=n)}$$

$$=\frac{P(N(h_1)=1, N(h_2)=1, \cdots, N(h_n)=1, N(t-h_1-\cdots-h_n)=0)}{P(N(t)=n)}$$

$$=\frac{P(N(h_1)=1)\,P(N(h_2)=1)\cdots P(N(h_n)=1)\,P(N(t-h_1-\cdots-h_n)=0)}{P(N(t)=n)}$$

$$=\frac{\lambda h_1 e^{-\lambda h_1}\lambda h_2 e^{-\lambda h_2}\cdots\lambda h_n e^{-\lambda h_n}e^{-\lambda(t-h_1-\cdots-h_n)}}{\dfrac{(\lambda t)^n}{n!}e^{-\lambda t}}$$

$$=\frac{n!}{t^n}h_1h_2\cdots h_n. \tag{2.176}$$

故 $(\tau_1, \tau_2, \cdots, \tau_n)$ 的联合概率密度为

$$p(u_1, u_2, \cdots, u_n)=\begin{cases}\frac{n!}{t^n}, & 0\leqslant u_1<u_2<\cdots<u_n<t,\\ 0, & \text{其他}.\end{cases} \tag{2.177}$$

所以 $(\tau_1, \tau_2, \cdots, \tau_n)$ 与 $U_{(1)}<U_{(2)}<\cdots<U_{(n)}$ 同分布 . □

例 2. 10. 9 假设乘客按照参数为 λ 的泊松过程 $\{N(t), t\geqslant 0\}$ 来到一个火车站乘坐某次列车，若火车在时刻 t 启程，试求在 $[0, t]$ 上到达火车站乘坐该次列车的乘客等待时间总和的数学期望 .

解： 设 τ_k 是第 k 个乘客到达火车站的时刻，则其等待时间为 $t-\tau_k$，在 $[0, t]$ 时间段到达火车站的乘客人数为 $N(t)$，从而在 $[0, t]$ 上到达火车站乘坐该次列车的乘客等待时间总和为 $\sum_{k=1}^{N(t)}(t-\tau_k)$. 由全期望公式得

$$E\Big[\sum_{k=1}^{N(t)}(t-\tau_k)\Big]=E\Big[E\Big[\sum_{k=1}^{N(t)}(t-\tau_k)\mid N(t)\Big]\Big], \tag{2.178}$$

而

$$E\Big[\sum_{k=1}^{N(t)}(t-\tau_k)\Big|N(t)\Big]=nt-E\Big[\sum_{k=1}^{N(t)}\tau_k\Big|N(t)=n\Big]. \tag{2.179}$$

由定理 2. 10. 4 得

$$E\Big[\sum_{k=1}^{N(t)}\tau_k\mid N(t)=n\Big]=E\Big[\sum_{k=1}^{N(t)}U_{(k)}\Big]=E\Big[\sum_{k=1}^{N(t)}U_k\Big]=\sum_{k=1}^{N(t)}E[U_k]=\frac{1}{2}nt, \tag{2.180}$$

所以

$$E\Big[\sum_{k=1}^{N(t)}(t-\tau_k)\mid N(t)=n\Big]=nt-\frac{1}{2}nt=\frac{1}{2}nt, \tag{2.181}$$

$$E\Big[\sum_{k=1}^{N(t)}(t-\tau_k)\mid N(t)\Big]=\frac{t}{2}N(t). \tag{2.182}$$

故

$$E\Big[\sum_{k=1}^{N(t)}(t-\tau_k)\Big]=E\Big[E\Big[\sum_{k=1}^{N(t)}(t-\tau_k)\mid N(t)\Big]\Big]=E\Big[\frac{t}{2}N(t)\Big]=\frac{\lambda t^2}{2}. \tag{2.183}$$

例 2. 10. 10 设某仪器受到震动而引起损伤，若震动是按强度为 λ 的泊松

过程 $\{N(t),\ t \geqslant 0\}$ 发生，第 k 次震动引起的损伤为 D_k，D_1，D_2，…，是独立同分布的随机变量列，且和 $\{N(t),\ t \geqslant 0\}$ 相互独立．又假设仪器受到震动引起的损伤随时间按指数减小，即如果震动的初始损伤为 D，则震动之后经过时间 t 减小为 $De^{-\lambda t}(\alpha > 0)$．假设损伤是可叠加的，即在时刻 t 的损伤可表示为 $D(t) = \sum_{k=1}^{N(t)} D_k e^{-\alpha(t-t_k)}$，其中 τ_k 为仪器受到第 k 次震动的时刻，求 $E[D(t)]$．

解： 由全期望公式得

$$E[D(t)] = E\Big[\sum_{k=1}^{N(t)} D_k e^{-\alpha(t-t_k)}\Big] = E\Big[E\Big[\sum_{k=1}^{N(t)} D_k e^{-\alpha(t-t_k)} \mid N(t)\Big]\Big]. \tag{2.184}$$

而

$$\begin{aligned}E\Big[\sum_{k=1}^{N(t)} D_k e^{-\alpha(t-t_k)} \mid N(t) = n\Big] &= E\Big[\sum_{k=1}^{n} D_k e^{-\alpha(t-t_k)} \mid N(t) = n\Big] \\ &= E[D_1]\, e^{-\alpha t} E\Big[\sum_{k=1}^{n} e^{\alpha\tau_k} \mid N(t) = n\Big].\end{aligned} \tag{2.185}$$

由定理 2.10.4 可得

$$\begin{aligned}E\Big[\sum_{k=1}^{n} e^{\alpha\tau_k} \mid N(t) = n\Big] &= E\Big[\sum_{k=1}^{n} e^{\alpha U_{(k)}}\Big] = nE[e^{\alpha U_{(1)}}] \\ &= n\frac{1}{t}\int_0^t e^{\alpha x} dx = \frac{n}{\alpha t}(e^{\alpha t} - 1).\end{aligned} \tag{2.186}$$

所以

$$E[D(t) \mid N(t)] = \frac{N(t)}{\alpha t}(1 - e^{-\alpha t})\, E[D_1]. \tag{2.187}$$

故

$$E[D(t)] = \frac{\lambda E[D_1]}{\alpha}(1 - e^{-\alpha t}). \tag{2.188}$$

2.10.4　非齐次泊松过程

本节中，我们推广泊松过程，允许时刻 t 的强度（或速率）是 t 的函数．

定义 2.10.4　设计数过程 $\{N(t),\ t \geqslant 0\}$ 满足下列条件：

(1) $N(0) = 0$；

(2) $N(t)$ 是独立增量过程；

(3) $P(N(t+h) - N(t) = 1) = \lambda(t)h + o(h)$；

(4) $P(N(t+h)-N(t)\geqslant 2)=o(h)$.

则称计数过程 $\{N(t), t\geqslant 0\}$ 为具有跳跃强度函数 $\lambda(t)$ 的**非齐次泊松过程**.

注：非齐次泊松过程不再具有平稳增量，也就是说概率 $P(N(t+\Delta t)-N(t)=k)$ 不但依赖于 Δt，也与 t 有关．这反映在不同的 t 有不同的强度 $\lambda(t)$．在 $\lambda(t)$ 有界时，例如 $\lambda(t)\leqslant\lambda$，$t\geqslant 0$ 时，可以将非齐次泊松过程看作强度为 λ 的泊松过程中的一个随机样本．具体地说，设在强度为 λ 的泊松过程中有第 1 类事件，它在时刻 t 的概率 $P(t)=\dfrac{\lambda(t)}{\lambda}$ 到达，而且与其他事件到达相互独立，那么第 1 类事件在 $[0, t]$ 到达的数目 $N_1(t)$ 显然满足定义 2.10.4 中的条件 (1) 至(3)，而且由

$$\begin{aligned}&P(N_1(t+\Delta t)-N_1(t)=1)\\&=P(N(t+\Delta t)-N(t)=1)\cdot P(\text{是第一类的}\mid N(t+\Delta t)-N(t)=1))\\&=\lambda\Delta t\frac{\lambda(t)}{\lambda}+o(\Delta t),\end{aligned}\tag{2.189}$$

知也满足条件 (4)，所以 $N_1(t)$ 作为泊松过程的一个随机样本，是非齐次泊松过程. 显然，非齐次泊松过程的均值函数为

$$m_N(t)=\int_0^t\lambda(s)\,\mathrm{d}s.\tag{2.190}$$

对于非齐次泊松过程，其概率分布由下面的定理给出．

定理 2.10.5 设 $\{N(t), t\geqslant 0\}$ 是具有均值函数 $m_N(t)=\int_0^t\lambda(s)\,\mathrm{d}s$ 的非齐次泊松过程，则有

$$\begin{aligned}&P(N(t+s)-N(t)=n)\\&=\frac{[m_N(t+s)-m_N(t)]^n}{n!}\exp\{-[m_N(t+s)-m_N(t)]\},\ n\geqslant 0,\end{aligned}\tag{2.191}$$

或

$$p(N(t)=n)=\frac{[m_N(t)]^n}{n!}\exp\{-m_N(t)\},\ n\geqslant 0.\tag{2.192}$$

证明：对固定 t 定义

$$P_n(s)=P(N(t+s)-N(t)=n),\tag{2.193}$$

则有

$$\begin{aligned}P_0(s+h) &= P(N(t+s+h)-N(t)=0)\\ &= P(\text{在}(t,\ t+s]\ \text{中没事件},\ \text{在}(t+s,\ t+s+h]\ \text{中没事件})\\ &= P(\text{在}(t,\ t+s]\ \text{中没事件})\,P(\text{在}(t+s,\ t+s+h]\ \text{中没事件})\\ &= P_0(s)\,[1-\lambda(t+s)h+o(h)],\end{aligned} \tag{2.194}$$

其中倒数第二个等式由非齐次泊松过程定义的条件（2）得到，而最后一个等式由条件（3）得到，因此

$$\frac{P_0(s+h)-P_0(s)}{h} = -\lambda(t+s)P_0(s)+\frac{o(h)}{h}. \tag{2.195}$$

令 $h\to 0$，取极限得

$$P'_0(s) = -\lambda(t+s)P_0(s), \tag{2.196}$$

即

$$\ln P_0(s) = -\int_0^s \lambda(t+u)\,\mathrm{d}u, \tag{2.197}$$

或

$$P_0 = \mathrm{e}^{-[m_N(t+s)-m_N(t)]}. \tag{2.198}$$

同理，当 $n\geqslant 1$ 时，

$$\begin{aligned}P_n(s+h) &= P(N(t+s+h)-N(t)=n)\\ &= P((t,\ t+s]\ \text{中有}\ n\ \text{个事件},\ (t+s,\ t+s+h]\ \text{中没事件})\\ &\quad + P((t,\ t+s]\ \text{中有}\ n-1\ \text{个事件},\ (t+s,\ t+s+h]\ \text{中有 1 个事件})+\cdots\\ &\quad + P((t,\ t+s]\ \text{中没事件},\ \text{在}(t+s,\ t+s+h]\ \text{中有}\ n\ \text{个事件})\\ &= P_n(s)\,[1-\lambda(t+s)h+o(h)]+P_{n-1}(s)\,[\lambda(t+s)h+o(h)],\end{aligned} \tag{2.199}$$

因此

$$\frac{P_n(s+h)-P_n(s)}{h} = -\lambda(t+s)P_n(s)+\lambda(t+s)P_{n-1}(s)+\frac{o(h)}{h}. \tag{2.200}$$

令 $h\to 0$，取极限得

$$P'_n(s) = -\lambda(t+s)P_n(s)+\lambda(t+s)P_{n-1}(s). \tag{2.201}$$

当 $n=1$ 时，有

$$\begin{aligned}P'_1(s) &= -\lambda(t+s)P_1(s)+\lambda(t+s)P_0(s)\\ &= -\lambda(t+s)P_1(s)+\lambda(t+s)\,\mathrm{e}^{-[m_N(t+s)-m_N(t)]}.\end{aligned} \tag{2.202}$$

上式是关于 $P_1(s)$ 的一阶线性微分方程，利用初始条件 $P_1(0)=0$，可解得

$$P_1(s)=[m_N(t+s)-m_N(t)]\exp\{-[m_N(t+s)-m_N(t)]\}, \tag{2.203}$$

再利用归纳法即可得证. □

例 2.10.11 设 $\{N(t), t\geqslant 0\}$ 是具有跳跃强度 $\lambda(t)=\frac{1}{2}[t+\cos(\omega t)]$ $(\omega\neq 0)$ 的非齐次泊松过程，求 $E[N(t)]$ 和 $D(N(t))$.

解：由非齐次泊松过程的均值函数可知：

$$E[N(t)]=m_N(t)=\int_0^2\frac{1}{2}[1+\cos(\omega s)]\,\mathrm{d}s=\frac{1}{2}\left[t+\frac{1}{\omega}\sin(\omega t)\right], \tag{2.204}$$

且

$$D(N(t))=m_N(t)=\frac{1}{2}\left[t+\frac{1}{\omega}\sin(\omega t)\right]. \tag{2.205}$$

例 2.10.12 某设备的使用期限为 10 年，在前 5 年内平均 2.5 年需要维修一次，后 5 年平均 2 年需要维修一次，求在使用期内只维修过一次的概率.

解：因为维修次数与使用时间有关，所以该过程是一非齐次泊松过程，其参数为

$$\lambda(t)=\begin{cases}\dfrac{1}{2.5}, & 0\leqslant t\leqslant 5,\\[2mm] \dfrac{1}{2}, & 5<t\leqslant 10.\end{cases} \tag{2.206}$$

则

$$m(10)=\int_0^{10}\lambda(s)\,\mathrm{d}s=\int_0^5\frac{1}{2.5}\mathrm{d}s+\int_5^{10}\frac{1}{2}\mathrm{d}s=4.5. \tag{2.207}$$

故所求的概率为

$$P(N(10)-N(0)=1)=4.5\mathrm{e}^{-4.5}=\frac{9}{2}\mathrm{e}^{-\frac{9}{2}}. \tag{2.208}$$

例 2.10.13 设 $\{N(t), t\geqslant 0\}$ 是具有均值函数 $m(t)=\int_0^t\lambda(s)\,\mathrm{d}s$ 的非齐次泊松

过程，证明在 $\{N(t)=n\}$ 的条件下，n 次事件到达时间 $W_1<W_2<\cdots<W_n$ 的条件概率密度为

$$f(t_1, t_2, \cdots, t_n \mid N(t)=n)=\begin{cases} n! \prod_{i=1}^{n} \dfrac{\lambda(t_i)}{m(t)}, & 0 \leqslant t_1<t_2<\cdots<t_n<t, \\ 0, & \text{其他}. \end{cases} \tag{2.209}$$

证明： 令 $0 \leqslant t_1<t_2<\cdots<t_n<t_{n+1}=t$，取 $h_i>0$ 充分小，使得 $t_i+h<t_{i+1}(i=1, 2, \cdots, n)$，则

$$\begin{aligned} & P(t_1 \leqslant W_1<t_1+h_1, \cdots, t_n \leqslant W_1<t_n+h_n \mid N(t)=n) \\ = & \frac{P([t_i, t_i+h_i] \text{ 中仅有一个事件发生}, i=1, 2, \cdots, n, [0, t] \text{ 的别处无事件发生})}{P(N(t)=n)} \\ = & \frac{[m(t_1+h_1)-m(t_1)] \mathrm{e}^{-[m(t_1+h_1)-m(t_1)]} \cdots [m(t_n+h_n)-m(t_n)] \mathrm{e}^{-[m(t_n+h_n)-m(t_n)]}}{\dfrac{[m(t)]^n}{n!} \mathrm{e}^{-m(t)}} \\ & \cdot \mathrm{e}^{-m(t)-\sum_{i=1}^{n}[m(t_i+h_i)-m(t_i)]}. \end{aligned} \tag{2.210}$$

由于

$$\lim_{h_i \to 0} \frac{m(t_i+h)-m(t_i)}{h_i}=\lambda(t_i), \quad i=1, 2, \cdots, n, \tag{2.211}$$

故

$$\begin{aligned} & f(t_1, t_2, \cdots, t_n \mid N(t)=n) \\ = & \lim_{h_i \to 0} \frac{P(t_1 \leqslant W_1<t_1+h_1, \cdots, t_n \leqslant W_1<t_n+h_n \mid N(t)=n)}{h_1 h_2 \cdots h_n} \\ = & n! \prod_{i=1}^{n} \frac{\lambda(t_i)}{m(t)}. \end{aligned} \tag{2.212}$$

□

注：若设总体 X 的分布函数为

$$F(x)=\begin{cases} \dfrac{m(x)}{m(t)}, & x \leqslant t, \\ 1, & x>t. \end{cases} \tag{2.213}$$

N_1，N_2，…，N_n 为 N 的样本，则在 $\{N(t)=n\}$ 的条件下，n 个事件到达时间的分布与 N_1，N_2，…，N_n 的顺序统计量具有相同的分布．

2.10.5 条件泊松过程

定义 2.10.5 设正值随机变量 Λ 的分布函数为 $F(\lambda)$，如果在 $\Lambda=\lambda$ 的条件下 $\{N(t), t\geqslant 0\}$ 是参数为 λ 的泊松过程，则称 $\{N(t), t\geqslant 0\}$ 为**条件泊松过程**.

定理 2.10.6 设 $\{N(t), t\geqslant 0\}$ 为条件泊松过程，则

（1）$\forall s, t\geqslant 0$，$P(N(t+s)-N(s)=k)=\int_0^{+\infty}\frac{(\lambda t)^k}{k!}e^{-\lambda t}dF(\lambda)$；

（2）若 $E[\Lambda^2]<+\infty$，则 $m_N(t)=tE[\Lambda]$，$D_N(t)=t^2D(\Lambda)+tE(\Lambda)$；

（3）在 $N(t)=n$ 的条件下，Λ 的条件分布函数为

$$P(\Lambda\leqslant x\mid N(t)=n)=\frac{\int_0^{x}\frac{(\lambda t)^n}{n!}e^{-\lambda t}dF(\lambda)}{\int_0^{+\infty}\frac{(\lambda t)^n}{n!}e^{-\lambda t}dF(\lambda)}. \tag{2.214}$$

证明：由题意得：

（1）
$$P(N(t+s)-N(s)=k)=\int_0^{+\infty}P(N(t+s)-N(s)=k\mid \Lambda=\lambda)\,dF(\lambda)$$
$$=\int_0^{+\infty}\frac{(\lambda t)^k}{k!}e^{-\lambda t}dF(\lambda). \tag{2.215}$$

（2）
$$m_N(t)=E[N(t)]=E[E[N(t)\mid\Lambda]]=\int_0^{+\infty}E[N(t)\mid\Lambda=\lambda]\,dF(\lambda)$$
$$=\int_0^{+\infty}\lambda t\,dF(\lambda)=t\int_0^{+\infty}\lambda\,dF(\lambda)=tE[\Lambda]. \tag{2.216}$$

$$E[N(t)]^2=E[E[N(t)^2]\mid\Lambda]=\int_0^{+\infty}E[N(t)^2\mid\Lambda=\lambda]\,dF(\lambda)$$
$$=\int_0^{+\infty}[\lambda t+(\lambda t)^2]\,dF(\lambda)=t\int_0^{+\infty}\lambda\,dF(\lambda)+t^2\int_0^{+\infty}\lambda^2dF(\lambda)$$
$$=tE[\Lambda]+t^2E[\Lambda^2]. \tag{2.217}$$

$$D_N(t)=E[N(t)]^2-(E[N(t)])^2=tE[\Lambda]+t^2E[\Lambda^2]-(tE[\Lambda])^2=t^2D(\Lambda)+tE(\Lambda). \tag{2.218}$$

（3）根据乘法公式可得

$$P(\Lambda \in (\lambda, \lambda + d\lambda) \mid N(t) = n) = \frac{P(N(t) = n \mid \Lambda \in (\lambda, \lambda + d\lambda)) P(\Lambda \in (\lambda, \lambda + d\lambda))}{P(N(t) = n)}$$

$$= \frac{\frac{(\lambda t)^n}{n!} e^{-\lambda t} dF(\lambda)}{\int_0^{+\infty} \frac{(\lambda t)^n}{n!} e^{-\lambda t} dF(\lambda)}, \tag{2.219}$$

所以

$$P(\Lambda \leqslant x \mid N(t) = n) = \frac{\int_0^x \frac{(\lambda t)^n}{n!} e^{-\lambda t} dF(\lambda)}{\int_0^{+\infty} \frac{(\lambda t)^n}{n!} e^{-\lambda t} dF(\lambda)}. \tag{2.220}$$

□

例2.10.14　某地区在某季节地震出现的平均强度是随机变量 Λ，其概率分布为 $P(\Lambda = \lambda_1) = p$，$P(\Lambda = \lambda_2) = 1 - p$，到 t 时为止的地震次数是一条件泊松过程 $\{N(t), t \geqslant 0\}$，试求：

（1）该地区该季节在 $(0, t)$ 时间内出现 n 次地震的条件下地震强度为 λ_1 的概率；

（2）在 $N(t) = n$ 的条件下，从 t 时开始到下一次地震出现的条件分布 .

解：（1）该过程是条件泊松过程，因为 Λ 是离散型随机变量，所以

$$P(\Lambda = \lambda_1 \mid N(t) = n) = \frac{P(\Lambda = \lambda_1) P(N(t) = n \mid \Lambda = \lambda_1)}{P(N(t) = n)}$$

$$= \frac{p \frac{(\lambda_1 t)^n}{n!} e^{-\lambda_1 t}}{p \frac{(\lambda_1 t)^n}{n!} e^{-\lambda_1 t} + (1 - p) \frac{(\lambda_2 t)^n}{n!} e^{-\lambda_2 t}}$$

$$= \frac{p(\lambda_1 t)^n e^{-\lambda_1 t}}{p(\lambda_1 t)^n e^{-\lambda_1 t} + (1 - p)(\lambda_2 t)^n e^{-\lambda_2 t}}. \tag{2.221}$$

（2）P(从 t 时开始到下次地震出现时间 $\leqslant x \mid N(t) = n$)

$$= \frac{p(1 - e^{-\lambda_1 x})(\lambda_1 t)^n e^{-\lambda_1 t} + (1 - p)(1 - e^{-\lambda_2 x})(\lambda_2 t)^n e^{-\lambda_2 t}}{p(\lambda_1 t)^n e^{-\lambda_1 t} + (1 - p)(\lambda_2 t)^n e^{-\lambda_2 t}}. \tag{2.222}$$

2.10.6 过滤泊松过程

定义 2.10.6 设 $\{N(t), t \geqslant 0\}$ 是参数为 λ 的泊松过程，令 $X(t) = \sum_{k=1}^{N(t)} h(t - U_k)$，$t \geqslant 0$，其中 $h(t)$ 为线性时不变系统的冲激响应，U_k 是随机变量，表示第 k 个冲激脉冲出现的时间，则称 $\{X(t), t \geqslant 0\}$ 为过滤泊松过程.

定理 2.10.7 设 $\{X(t), t \geqslant 0\}$ 为过滤泊松过程，则

（1）数学期望 $E[X(t)] = \lambda \int_0^t h(v)\,\mathrm{d}v$；

（2）相关函数 $R_X(t, t-\tau) = \lambda \int_0^t h(v)\,h(v-\tau)\,\mathrm{d}v + \lambda^2 \left[\int_0^t h(v)\,\mathrm{d}v\right]^2$；

（3）协方差函数 $C_X(t, t-\tau) = \lambda \int_0^t h(v)\,h(v-\tau)\,\mathrm{d}v$.

证明：（1）由全期望公式

$$E[X(t)] = E[E[X(t) \mid N(t)]] = \sum_{k=0}^{\infty} P(N(t) = k)\,E[X(t) \mid N(t) = k]. \tag{2.223}$$

$$E[N(t) = k] = \frac{(\lambda t)^k}{k!}\mathrm{e}^{-\lambda t}, \ (k = 0, 1, 2, \cdots), \tag{2.224}$$

$$E[X(t) \mid N(t) = k] = E\Big[\sum_{j=1}^{k} h(t - U_k)\Big]. \tag{2.225}$$

由于 U_j 是相互独立同分布的随机变量，且在 $[0, t]$ 上服从均匀分布，其条件概率密度

$$f_{U_j}(u \mid N(t) = k) = \begin{cases} \dfrac{1}{t}, & 0 \leqslant u < t, \\ 0, & \text{其他}. \end{cases} \quad j = 1, 2, \cdots, k. \tag{2.226}$$

于是

$$E[X(t) \mid N(t) = k] = \sum_{j=1}^{k} E[h(t - U_j)] = \sum_{j=1}^{k} \frac{1}{t}\int_0^t h(t - u_j)\,\mathrm{d}u_j = \frac{k}{t}\int_0^t h(v)\,\mathrm{d}v. \tag{2.227}$$

故

$$E[X(t)] = \sum_{k=0}^{\infty} P(N(t) = k) \cdot \frac{k}{t}\int_0^t h(v)\,\mathrm{d}v$$

$$= \frac{1}{t}\int_0^t h(v)\,\mathrm{d}v \sum_{k=0}^{\infty} k \cdot P(N(t)=k) = \lambda \int_0^t h(v)\,\mathrm{d}v. \qquad (2.228)$$

（2）自相关函数

$$\begin{aligned} R_X(t,\ t-\tau) &= E[X(t)\ ,\ X(t-\tau)] \\ &= E\Big[\sum_{i=1}^{N(t)} h(t-U_i) \cdot \sum_{j=1}^{N(t)} h(t-\tau-U_j)\Big] \\ &= E\Big[\sum_{i=1}^{N(t)} \sum_{j=1}^{N(t)} h(t-U_i)\, h(t-\tau-U_j)\Big]. \end{aligned} \qquad (2.229)$$

由全期望公式

$$\begin{aligned} R_X(t,\ t-\tau) &= E\Big[E\Big[\sum_{i=1}^{N(t)} \sum_{j=1}^{N(t)} h(t-U_i)\, h(t-\tau-U_j)\Big] \mid N(t)\Big] \\ &= \sum_{k=0}^{\infty} P(N(t)=k)\, E\Big[\sum_{i=1}^{k} \sum_{j=1}^{k} h(t-U_i)\, h(t-\tau-U_j)\Big] \\ &= \sum_{k=0}^{\infty} P(N(t)=k) \sum_{i=1}^{k} \sum_{j=1}^{k} E[h(t-U_i)\, h(t-\tau-U_j)]\ , \end{aligned} \qquad (2.230)$$

上式中 $\sum_{i=1}^{k} \sum_{j=1}^{k} E[\cdot]$ 共有 k^2 项，其中 $i=j$ 有 k 项，$i \neq j$ 有 k^2-k 项，U_j 在 $[0,\ t]$ 上均匀分布，令 $v=t-u_j$，当 $i=j$ 时，有

$$\frac{1}{t}\int_0^t h(t-u_i)\, h(t-\tau-u_i)\,\mathrm{d}u_i = \frac{1}{t}\int_0^t h(v)\, h(v-\tau)\,\mathrm{d}v; \qquad (2.231)$$

当 $i \neq j$ 时，有

$$\frac{1}{t}\int_0^t h(t-u_i)\,\mathrm{d}u_i\, \frac{1}{t}\int_0^t h(t-\tau-u_i)\,\mathrm{d}u_i = \frac{1}{t^2}\Big[\int_0^t h(u)\,\mathrm{d}u\Big]^2. \qquad (2.232)$$

从而相关函数

$$\begin{aligned} R_X(t,\ t-\tau) &= \sum_{k=0}^{\infty} P(N(t)=k) \cdot \Big\{\frac{k}{t}\int_0^t h(v)\, h(v-\tau)\,\mathrm{d}v + \frac{k^2-k}{t^2}\Big[\int_0^t h(u)\,\mathrm{d}u\Big]^2\Big\} \\ &= \sum_{k=0}^{\infty} P(N(t)=k)\, k\Big[\frac{1}{t}\int_0^t h(v)\, h(v-\tau)\,\mathrm{d}v\Big] \\ &\quad + \sum_{k=0}^{\infty} P(N(t)=k)\,(k^2-k)\, \frac{1}{t^2}\Big[\int_0^t h(u)\,\mathrm{d}u\Big]^2 \\ &= E[N(t)]\, \frac{1}{t}\int_0^t h(v)\, h(v-\tau)\,\mathrm{d}v + (E[N^2(t)] - E[N(t)])\, \frac{1}{t^2}\Big[\int_0^t h(u)\,\mathrm{d}u\Big]^2 \end{aligned}$$

$$= \lambda \int_0^t h(v)\, h(v-\tau)\, \mathrm{d}v + [\lambda t + \lambda^2 t^2 - \lambda t] \frac{1}{t^2} \left[\int_0^t h(u)\, \mathrm{d}u \right]^2$$

$$= \lambda \int_0^t h(v)\, h(v-\tau)\, \mathrm{d}v + \lambda^2 \left[\int_0^t h(u)\, \mathrm{d}u \right]^2. \tag{2.233}$$

协方差函数

$$C_X(t,\ t-\tau) = \lambda \int_0^t h(v)\, h(v-\tau)\, \mathrm{d}v. \tag{2.234}$$

□

例 2.10.15 温限二极管中散弹效应会引起散弹噪声过程．在温限二极管中，从阴极到阳极的电子流构成的随机过程是一个过滤的泊松过程：

$$I(t) = \sum_{k=1}^{N(t)} i_e(t-U_k). \tag{2.235}$$

$I(t)$ 表示时刻 t 的总电流，$N(t)$ 表示在 $[0,\ t)$ 内发射的电子数．U_k 表示第 k 个电子的无序发射时间，$i_e(t-U_k)$ 表示第 k 个电子在时刻 U_k 所产生的电流脉冲．求温限二极管散弹噪声电流 $I(t)$ 的数学期望、相关函数和协方差函数．

解： 数学期望

$$E[I(t)] = \lambda \int_0^t i_e(v)\, \mathrm{d}v. \tag{2.236}$$

因为温限二极管中，$i_e(t) = \frac{2e}{\tau_a^2} t$，$(0 < t < \tau_a)$，$e$ 为时间 $t=u$ 时的发射电荷，τ_a 是电子渡越时间，

$$E[I(t)] = \lambda \int_0^t i_e(v)\, \mathrm{d}v = \lambda \int_0^{\tau_a} \frac{2e}{\tau_a^2} v \mathrm{d}v = \lambda e. \tag{2.237}$$

$E[I(t)]$ 表示散弹噪声电流的统计平均值．

自相关函数

$$R(t,\ t-\tau) = \lambda \int_0^t i_e(v)\, i_e(u-\tau)\, \mathrm{d}u + (E[I(t)])^2$$

$$= \lambda \int_0^t i_e(v)\, i_e(v-\tau)\, \mathrm{d}v + (\lambda e)^2. \tag{2.238}$$

协方差函数

$$C(t,\ t-\tau) = \lambda \int_0^t i_e(v)\, i_e(v-\tau)\, \mathrm{d}v. \tag{2.239}$$

方差函数

$$D[I(t)] = \lambda\int_0^t i_e^2(v)\,\mathrm{d}v. \tag{2.240}$$

2.10.7　复合泊松过程

定义 2.10.7　设 $\{N(t), t \geqslant 0\}$ 是参数为 λ 的泊松过程，$\{Y_n, n = 1, 2, \cdots\}$ 是相互独立同分布的实随机变量序列，且 $\{N(t), t \geqslant 0\}$ 和 $\{Y_n, n = 1, 2, \cdots\}$ 也相互独立，令 $X(t) = \sum_{n=1}^{N(t)} Y_n$，$t \geqslant 0$，则称 $\{X(t), t \geqslant 0\}$ 为**复合泊松过程**.

例 2.10.16　设某人寿保险公司的保险单持有者在时刻 $\tau_1, \tau_2, \cdots, \tau_n$ 死亡，其中 $0 < \tau_1 < \tau_2 < \cdots < \tau_n$ 且 $\tau_1, \tau_2, \cdots, \tau_n$ 都是随机变量，保险公司对在时刻 τ_k 死亡的保险单持有者家属支付保险赔偿金为 Y_k，设 $\{Y_k, k = 1, 2, \cdots\}$ 是独立同分布的随机变量序列，再设保险单持有者在 $[0, t]$ 时间段死亡的人数，是强度 λ 的泊松过程 $\{N(t), t \geqslant 0\}$，则在 $[0, t]$ 内保险公司支付的保险金为

$$X(t) = \sum_{k=1}^{N(t)} Y_k, \tag{2.241}$$

可见 $\{X(t), t \geqslant 0\}$ 是一复合泊松过程.

例 2.10.17　某计算机相继两次故障的间隔时间为相互独立服从相同指数分布的随机变量. 每出一次故障都需要支付费用来修复它. 设发生在不同时间的故障所花的费用是相互独立的同分布，且修理费和故障时间相互独立，设 Y_n 表示第 n 次修理费，$N(t)$ 表示 $[0, t)$ 内的故障次数.

$$X(t) = \sum_{n=1}^{N(t)} Y_n \tag{2.242}$$

表示 $[0, t)$ 内的总费用. 则 $\{X(t), t \geqslant 0\}$ 是一复合泊松过程.

定理 2.10.8　设 $\{X(t), t \geqslant 0\}$ 为复合泊松过程，则

(1) $\{X(t), t \geqslant 0\}$ 的一维特征函数为 $f_{X(t)}(u) = \varphi(t; u) = \mathrm{e}^{\lambda t[f(u)-1]}$，其中 $f(u)$ 是 $Y_n(n = 1, 2, \cdots)$ 的特征函数；

(2) 若 $E[Y_n^2] < +\infty$，则 $m_X(t) = \lambda t E[Y_n]$，$D_X(t) = \lambda t E[Y_n^2]$.

证明：(1) $\forall t \geqslant 0$，$X(t)$ 的特征函数为

$$f_{X(t)}(u) = E[\mathrm{e}^{juX(t)}] = E[\mathrm{e}^{ju\sum_{n=1}^{N(t)} Y_n}] = E[E[\mathrm{e}^{ju\sum_{n=1}^{N(t)} Y_n} \mid N(t)]]$$

$$= \sum_{k=0}^{\infty} E[e^{ju\sum_{n=1}^{k} Y_n} \mid N(t)=k] \cdot P(N(t)=k)$$

$$= \sum_{k=0}^{\infty} E[e^{ju\sum_{n=1}^{k} Y_n}] \cdot P(N(t)=k)$$

$$= \sum_{k=0}^{\infty} [f(u)]^k \frac{(\lambda t)^k}{k!} e^{-\lambda t}$$

$$= \sum_{k=0}^{\infty} \frac{[\lambda t f(u)]^k}{k!} e^{-\lambda t}$$

$$= e^{\lambda t f(u)} e^{-\lambda t} = e^{\lambda t [f(u)-1]}. \tag{2.243}$$

（2）因为

$$f'_{X(t)}(u) = \lambda t f'(u) e^{\lambda t [f(u)-1]}, \tag{2.244}$$

$$f''_{X(t)}(u) = [\lambda t f''(u) + \lambda^2 t^2 f'^2(u)] e^{\lambda t [f(u)-1]}, \tag{2.245}$$

所以

$$m_X(t) = E[X(t)] = \frac{f'_{X(t)}(0)}{j} = \lambda t \frac{f'(0)}{j} = \lambda t E[Y_n], \tag{2.246}$$

$$E[[X(t)]^2] = \frac{f''_{X(t)}(0)}{j^2} = \lambda t \frac{f''(0)}{j^2} + \lambda^2 t^2 \left[\frac{f'(0)}{j}\right]^2 = \lambda t E[Y_n^2] + \lambda^2 t^2 (E[Y_n])^2, \tag{2.247}$$

$$D_X(t) = E[[X(t)]^2] - E[X(t)]^2 = \lambda t E[Y_n^2] + \lambda^2 t^2 (E[Y_n])^2 - \lambda^2 t^2 (E[Y_n^2])$$
$$= \lambda t E[Y_n^2]. \tag{2.248}$$

□

例 2.10.18 一个出版商用邮寄订阅来销售杂志．她的顾客响应符合一天平均率为 6 的泊松过程．他们分别以 $\frac{1}{2}$，$\frac{1}{3}$，$\frac{1}{6}$ 的概率订阅 1 年，2 年，3 年．其选择是相互独立的，对于每次订阅，在安排了订阅后，订阅一年，她得 1 元手续费．令 $X(t)$ 表示她在 $[0, t)$ 内从销售订阅得到的总手续费．求数学期望 $E[X(t)]$ 和方差 $D(X(t))$．

解： 这是一个平均率为 6 个/天的广义泊松过程．$X(t) = \sum_{k=1}^{N(t)} Y_k$.

Y 的分布律为

$$\begin{pmatrix} 1 & 2 & 3 \\ \frac{1}{2} & \frac{1}{3} & \frac{1}{6} \end{pmatrix}. \tag{2.249}$$

所以

$$E[Y] = 1 \times \frac{1}{2} + 2 \times \frac{1}{3} + 3 \times \frac{1}{6} = \frac{5}{3}, \tag{2.250}$$

$$E[Y^2] = 1^2 \times \frac{1}{2} + 2^2 \times \frac{1}{3} + 3^2 \times \frac{1}{6} = \frac{10}{3}. \tag{2.251}$$

由定理 2.10.8 可知

$$E[X(t)] = \lambda E[Y] = 10t,\ D(X(t)) = \lambda t E[Y^2] = 20t. \tag{2.252}$$

例 2.10.19　考虑一个特定的保险公司的全部赔偿，设在 $[0, t)$ 内投保死亡的人数 $\{N(t), t \geqslant 0\}$ 是平均率为 λ 的泊松过程．Y_n 表示第 n 个投保人的价值，Y_n，$n = 1, 2, \cdots$，相互独立同分布：

$$f_{Y_n}(y) = \begin{cases} a\mathrm{e}^{-ay}, & y > 0, \\ 0, & y \leqslant 0. \end{cases} \tag{2.253}$$

设 $X(t)$ 表示在期间 $[0, t)$ 内保险公司必须付出的全部赔偿．

$$X(t) = \sum_{n=1}^{N(t)} Y_n,\ t \geqslant 0, \tag{2.254}$$

$\{X(t), t \geqslant 0\}$ 是一个复合泊松过程，求数学期望 $E[X(t)]$ 和方差 $D(X(t))$．

解：

$$E[Y_n] = \frac{1}{a},\ D(Y_n) = \frac{1}{a^2},\ E[Y_n^2] = D(Y_n) + (E[Y_n])^2 = \frac{2}{a^2}, \tag{2.255}$$

故

$$E[X(t)] = \lambda E[Y] = \frac{\lambda t}{a},\ D(X(t)) = \lambda E[Y^2] = \frac{2\lambda t}{a^2}. \tag{2.256}$$

习题二

1. 设 $X(t) = \mathrm{e}^{-Xt}$，$t > 0$，其中 X 是随机变量，其概率密度函数为 $f(x)$，求随机

过程 $\{X(t), t > 0\}$ 的一维概率密度函数.

2. 设随机过程 $\{X(t), -\infty < t < +\infty\}$ 在不同时刻所处状态相互独立，在每一时刻 t 所处的状态只取 0 和 1 两个值，且

$$P(X(t) = 0) = 1 - p,\ P(X(t) = 1) = p,$$

其中 $0 < p < 1$，试求随机过程 $\{X(t), -\infty < t < +\infty\}$ 一维、二维分布及其均值函数和相关函数.

3. 设 X_1，X_2，…，X_n 是相互独立的随机变量序列，且 $P(X_k = -1) = P(X_k = 1) = \frac{1}{2}$，$k = 1, 2, \cdots$，令 $Y_n = \sum_{i=1}^{n} X_i$. 试求：

(1) $\{Y_n, n = 0, 1, 2, \cdots\}$ 的任意一个样本函数；

(2) 当 $n = 1, 2, \cdots, k$ 时，Y_n 的概率分布；

(3) $\{Y_n, n = 0, 1, 2, \cdots\}$ 的均值函数和相关函数.

4. 已知随机变量 R，θ 相互独立，R 服从瑞利（Rayleigh）分布，其概率密度函数为

$$f_R(r) = \begin{cases} \dfrac{r}{\sigma^2}\exp\left\{-\dfrac{r^2}{2\sigma^2}\right\}, & r \geqslant 0, \\ 0, & r < 0. \end{cases}$$

θ 服从区间 $(0, 2\pi)$ 内的均匀分布. 对 $-\infty < t < +\infty$，令 $X(t) = R\cos(\omega t + \theta)$，其中 ω 是常数. 求证 $\{X(t), -\infty < t < +\infty\}$ 是一正态过程.

5. 设 $Z(t) = X + Yt$，$-\infty < t < +\infty$，其中 X，Y 相互独立，且都服从 $N(0, \sigma^2)$ 分布，试证明 $\{Z(t), -\infty < t < +\infty\}$ 是正态过程，并求出它的相关函数（协方差函数）.

6. 设 $\{W(t), t \geqslant 0\}$ 是参数为 σ^2 的维纳过程，求下列过程的协方差函数：

(1) $\{W(t) + At, t \geqslant 0\}$，其中 A 为常数；

(2) $\{W(t) + Xt, t \geqslant 0\}$，其中 $X \sim N(0, 1)$，且与 $\{W(t), t \geqslant 0\}$ 相互独立；

(3) $\left\{aW\left(\dfrac{t}{a^2}\right)\right\}$，其中 a 为正常数；

(4) $\left\{tW\left(\frac{1}{t}\right)\right\}$.

7. 设随机过程 $\{X(t), -\infty<t<+\infty\}$ 只有三个样本函数：$x(\omega_1, t)=1, -\infty<t<+\infty$，$x(\omega_2, t)=\sin t, -\infty<t<+\infty$，$x(\omega_3, t)=\cos t, -\infty<t<+\infty$，且 $P(\omega_1)=P(\omega_2)=P(\omega_3)=\frac{1}{3}$. 试求 $\{X(t), -\infty<t<+\infty\}$ 的均值函数和相关函数.

8. 设在时间区间 $[0, t]$ 上来到某商店的顾客数 $N(t)$ 是强度为 λ 的泊松过程，每个来到商店的顾客购买某货物的概率是 p，不买东西就离去的概率是 $1-p$，且每个顾客是否购买货物是独立的，令 $Y(t)$ 为 $[0, t]$ 上购买货物的顾客数．试证：$\{Y(t), t\geqslant 0\}$ 是强度为 λp 的泊松过程．

9. 某商店顾客的到来服从强度为 4 人/h 泊松过程，已知商店 9：00 开门，试求：

(1) 在开门半小时中，无顾客到来的概率；

(2) 若已知开门半小时中无顾客到来，那么在未来半小时中，仍无顾客到来的概率；

(3) 若该商店到 9：30 时仅有一位顾客，且到 11：30 时总计已到达 5 位顾客的概率；

(4) 在已知到 11：30 时已到来 5 位顾客的条件下，在 9：30 时仅有一位顾客到来的概率．

10. 设 $\{X(t), t\geqslant 0\}$ 是具有均值函数 $m(t)=\int_0^t \lambda(s)\,\mathrm{d}s$ 的非齐次泊松过程，$\{W_n, n\geqslant 1\}$ 是其等待时间序列，求 W_n 的概率密度．

11. 某镇有一个小商店，每日上午 8：00 开始营业．从 8：00 到 11：00 平均顾客到达率线性增加，在 8：00 顾客平均到达 5 人/h；11：00 到达率达 20 人/h. 从上午 11：00 到下午 1：00 平均顾客到达率为 20 人/h. 从下午 1：00 到下午 5：00，顾客到达率线性下降，下午 5：00 顾客到达率为 12 人/h. 假设在不相交的时间间隔内到达商店的顾客数是相互独立的．问在上午 8：30 到 9：30 内无顾客到达商店的概率为多少？在这段时间到达商店的顾客的均值为多少？

12. 设意外事故的发生受某种未知因素影响有两种可能 λ_1 和 λ_2，且 $P(\Lambda=\lambda_1)=p$，$P(\Lambda=\lambda_2)=1-p=q$，$0<p<1$，已知在时刻 t 已发生了 n 次事故，求下一次事故在时刻 $t+s$ 之前不会到来的概率及事故发生频率为 λ_1 的概率.

13. 设 Y_1，Y_2，…，Y_n 是相互独立的随机变量序列，且 $P(Y_n=1)=\dfrac{\lambda_1}{\lambda_1+\lambda_2}$，$P(Y_n=-1)=\dfrac{\lambda_2}{\lambda_1+\lambda_2}$，$\lambda_1$，$\lambda_2>0$，$n=1, 2, \cdots$，$\{N(t), t\geqslant 0\}$ 是参数为 $\lambda=\lambda_1+\lambda_2$ 的泊松过程，且 $Y_n(n=1, 2, \cdots)$ 和 $\{N(t), t\geqslant 0\}$ 也相互独立. 令 $X(t)=\sum_{n=1}^{N(t)} Y_n$，$t\geqslant 0$. 试求复合泊松过程 $\{X(t), t\geqslant 0\}$ 的一维特征函数.

14. 设 $\{X(t), t\geqslant 0\}$ 是一复合泊松过程，试证明 $\{X(t), t\geqslant 0\}$ 是平稳的独立增量过程.

15. 设 $\{N_1(t), t\geqslant 0\}$ 和 $\{N_2(t), t\geqslant 0\}$ 是两个参数分别为 λ_1 和 λ_2 的独立的泊松过程.

（1）试证明 $\{N_1(t)+N_2(t), t\geqslant 0\}$ 是参数为 $\lambda_1+\lambda_2$ 的泊松过程.

（2）$\{N_1(t)-N_2(t), t\geqslant 0\}$ 是否为泊松过程?

（3）$\{N_1(t)-N_2(t), t\geqslant 0\}$ 是否为复合泊松过程?

第 3 章　二阶矩过程的均方微积分

二阶矩过程的均方微积分在实际应用中非常重要．本章将介绍二阶矩过程在均方意义下的微积分：极限、连续、导数、积分．均方微积分的概念和性质与本科高等数学中学到的普通函数的微积分概念和性质类似，但需要注意的是，两者的研究对象不同，前者是随机过程，后者是实值函数．

3.1　均方极限

极限理论不仅是随机过程中最基本、最重要的内容，在现实问题中也同样有着重要的地位．我们先介绍随机变量序列的均方极限理论．

3.1.1　随机变量序列的均方极限

1. 均方极限的定义

为方便讨论，我们称概率空间 $(\Omega, \mathcal{F}, P)$ 上具有二阶矩的随机变量的全体 $\mathcal{H}=\{X: E[|X|^2]<+\infty\}$ 为二阶矩变量空间，简称二阶矩空间．

在二阶矩空间 $\mathcal{H}$ 中，我们对以概率 1 相等的两个随机变量不加区别，本书中的两个随机变量相等也是指以概率 1 相等．

引理 3.1.1　设随机变量 X，$Y\in\mathcal{H}$，则对任意的复数 a，b，有 $aX+bY\in\mathcal{H}$．

证明：由于 X，$Y\in\mathcal{H}$，则由施瓦茨不等式有

$$(E[XY])^2 \leqslant E[|X|^2]E[|Y|^2]<+\infty. \tag{3.1}$$

从而有

$$\begin{aligned}E[|aX+bY|^2] &= E[\overline{(aX+bY)}(aX+bY)] \\ &\leqslant |a|^2E[|X|^2]+2|a||b|E[|XY|]+|b|^2E[|Y|^2] \\ &\leqslant |a|^2E[|X|^2]+2|a||b|(E[|X|^2])^{\frac{1}{2}}(E[|Y|^2])^{\frac{1}{2}}+|b|^2E[|Y|^2] \\ &<+\infty,\end{aligned} \tag{3.2}$$

即有 $aX+bY\in\mathcal{H}$. □

上述引理说明二阶矩空间 $\mathcal{H}$ 是一个线性空间.

我们在二阶矩空间上定义范数：若 $X\in\mathcal{H}$，$\|X\|\triangleq(E[|X|^2])^{\frac{1}{2}}$. 可以验证如此定义的 $\|\cdot\|$ 满足：

(1)（正定性）对任意的 $X\in\mathcal{H}$，有 $\|X\|\geqslant 0$；$\|X\|=0$ 当且仅当 $X=0$；

(2)（齐次性）对任意的常数 a，$X\in\mathcal{H}$，有 $\|aX\|=|a|\,\|X\|$；

(3)（三角不等式）对任意的 X，$Y\in\mathcal{H}$，有 $\|X+Y\|\leqslant\|X\|+\|Y\|$.

这说明我们定义的 $\|\cdot\|$ 是空间 $\mathcal{H}$ 上的范数，且该范数具有如下性质.

引理 3.1.2 (1) 对任意的 X，$Y\in\mathcal{H}$，有 $|E[\overline{X}Y]|\leqslant E[|\overline{X}Y|]\leqslant\|X\|\cdot\|Y\|$；

(2) 对任意的 $X\in\mathcal{H}$，有 $|E[X]|\leqslant E[|X|]\leqslant\|X\|$.

证明：(1) 可由施瓦茨不等式得到；在 (1) 中取 $Y=1$ 即可得 (2). □

有了范数的概念，下面我们引入均方收敛.

定义 3.1.1 设 $X_n\in\mathcal{H}$，$n=1,2,\cdots$，$X\in\mathcal{H}$，如果有

$$\lim_{n\to\infty}E[|X_n-X|^2]=0, \tag{3.3}$$

则称随机变量序列 $\{X_n, n=1,2,\cdots\}$ **均方收敛**于随机变量 X，或称 X 为 $\{X_n, n=1,2,\cdots\}$ 的**均方极限**，记为

$$\underset{n\to\infty}{\mathrm{l.i.m}}\,X_n=X, \tag{3.4}$$

其中记号 l. i. m 是 limit in mean square 的缩写.

例 3.1.1 设 $\{X_n, n=1,2,\cdots\}\in\mathcal{H}$，$X\in\mathcal{H}$，且有 $\underset{n\to\infty}{\mathrm{l.i.m}}\,X_n=X$. 证明：随机变量序列 $\{X_n, n=1,2,\cdots\}$ 依概率收敛于随机变量 X.

解：对任意的 $\varepsilon>0$，由马尔可夫不等式得

$$0\leqslant P(|X_n-X|\geqslant\varepsilon)\leqslant\frac{E[|X_n-X|^2]}{\varepsilon^2}. \tag{3.5}$$

又 $\underset{n\to\infty}{\mathrm{l.i.m}}\,X_n=X$，即 $\lim\limits_{n\to\infty}E[|X_n-X|^2]=0$，则有

$$\lim_{n\to\infty}P(|X_n-X|\geqslant\varepsilon)=0, \tag{3.6}$$

也就是随机变量序列 $\{X_n, n=1,2,\cdots\}$ 依概率收敛于随机变量 X.

2. 均方极限的性质

性质 1　设 $\underset{n\to\infty}{\mathrm{l.i.m}}\, X_n = X$，$\underset{n\to\infty}{\mathrm{l.i.m}}\, X_n = Y$，则有 $P(X=Y)=1$，即均方收敛的极限以概率 1 唯一.

证明：由于

$$\begin{aligned}
0 &\leqslant E[|X-Y|^2] = E[|X-X_n+X_n-Y|^2] \\
&\leqslant E[|X-X_n|^2] + 2E[|X-X_n||X_n-Y|] + E[|X_n-Y|^2] \\
&\leqslant E[|X-X_n|^2] + 2(E[|X-X_n|^2])^{\frac{1}{2}}(E[|X_n-Y|^2]^{\frac{1}{2}} + E[|X_n-Y|^2] \\
&\to 0,\ n\to\infty,
\end{aligned} \tag{3.7}$$

则有 $E[|X-Y|^2]=0$，即 $P(X=Y)=1$，即均方收敛的极限以概率 1 唯一.　□

性质 2　设 $\underset{n\to\infty}{\mathrm{l.i.m}}\, X_n = X$，$\underset{n\to\infty}{\mathrm{l.i.m}}\, Y_n = Y$，对任意的复常数 a，b，有

（1）$\underset{n\to\infty}{\mathrm{l.i.m}}\,(aX_n+bY_n) = aX+bY$；

（2）$\underset{\substack{m\to\infty\\ n\to\infty}}{\mathrm{l.i.m}}\, E[\overline{X}_m Y_n] = E[\overline{X}Y]$.

证明：（1）由于

$$\begin{aligned}
0 &\leqslant E[|aX_n+bY_n-(aX+bY)|^2] = E[|a(X_n-X)+b(Y_n-Y)|^2] \\
&\leqslant |a|^2E[|X_n-X|^2] + 2|a||b|E[|X_n-X||Y_n-Y|] + |b|^2E[|Y_n-Y|^2] \\
&\leqslant |a|^2E[|X_n-X|^2] + 2|a||b|(E[|X_n-X|^2])^{\frac{1}{2}}(E[|Y_n-Y|^2])^{\frac{1}{2}} + \\
&\quad |b|^2E[|Y_n-Y|^2].
\end{aligned} \tag{3.8}$$

又 $\underset{n\to\infty}{\mathrm{l.i.m}}\, X_n = X$，$\underset{n\to\infty}{\mathrm{l.i.m}}\, Y_n = Y$，则可得

$$\lim_{n\to\infty} E[|aX_n+bY_n-(aX+bY)|^2] = 0, \tag{3.9}$$

即 $\underset{n\to\infty}{\mathrm{l.i.m}}\,(aX_n+bY_n) = aX+bY$.

（2）由于

$$\begin{aligned}
0 &\leqslant |E[\overline{X}_mY_n] - E[\overline{X}Y]| = |E[(\overline{X}_m-\overline{X})Y_n + \overline{X}(Y_n-Y)]| \\
&= |E[(\overline{X}_m-\overline{X})Y_n - (\overline{X}_m-\overline{X})Y + (\overline{X}_m-\overline{X})Y + \overline{X}(Y_n-Y)]| \\
&= |E[(\overline{X}_m-\overline{X})(Y_n-Y) + (\overline{X}_m-\overline{X})Y + \overline{X}(Y_n-Y)]| \\
&\leqslant E[|\overline{X}_m-\overline{X}||Y_n-Y|] + E[|\overline{X}_m-\overline{X}||Y|] + E[|\overline{X}||Y_n-Y|]
\end{aligned}$$

$$\leqslant (E[|\overline{X}_m - \overline{X}|^2])^{\frac{1}{2}}(E[|Y_n - Y|^2])^{\frac{1}{2}} + (E[|\overline{X}_m - \overline{X}|^2])^{\frac{1}{2}}(E[|Y|^2])^{\frac{1}{2}}$$

$$+ (E[|\overline{X}|^2])^{\frac{1}{2}}(E[|Y_n - Y|^2])^{\frac{1}{2}}. \tag{3.10}$$

又 $\underset{n\to\infty}{\text{l.i.m}}\, X_n = X$，$\underset{n\to\infty}{\text{l.i.m}}\, Y_n = Y$，则可得

$$\lim_{\substack{m\to\infty\\ n\to\infty}} |E[\overline{X}_m Y_n] - E[\overline{X}Y]| = 0, \tag{3.11}$$

即 $\lim\limits_{\substack{m\to\infty\\ n\to\infty}} E[\overline{X}_m Y_n] = E[\overline{X}Y]$. □

性质 3 设 $\underset{n\to\infty}{\text{l.i.m}}\, X_n = X$，则有

（1）$\lim\limits_{n\to\infty} E[X_n] = E[\underset{n\to\infty}{\text{l.i.m}}\, X_n] = E[X]$；

（2）$\lim\limits_{n\to\infty} E[|X_n|^2] = E[\underset{n\to\infty}{\text{l.i.m}}\, |X_n|^2] = E[|X|^2]$；

（3）$\lim\limits_{n\to\infty} D(X_n) = D(\underset{n\to\infty}{\text{l.i.m}}\, X_n) = D(X)$；

（4）对实随机变量序列 X_n 和随机变量 X 有 $\lim\limits_{n\to\infty} E[e^{itX_n}] = E[e^{itX}]$.

证明：（1）由于 $D(Y) = E[Y^2] - (E[Y])^2 \geqslant 0$，则有

$$|E[X_n] - E[X]|^2 = |E[X_n - X]|^2 \leqslant E[|X_n - X|^2]. \tag{3.12}$$

又 $\underset{n\to\infty}{\text{l.i.m}}\, X_n = X$，即 $\lim\limits_{n\to\infty} E[|X_n - X|^2] = 0$，则有

$$\lim_{n\to\infty} E[X_n] = E[\underset{n\to\infty}{\text{l.i.m}}\, X_n] = E[X]. \tag{3.13}$$

（2）性质 2 中取 $Y_n = X_n$，则有 $\lim\limits_{n\to\infty} E[|X_n|^2] = E[\underset{n\to\infty}{\text{l.i.m}}\, |X_n|^2] = E[|X|^2]$.

（3）由于 $D(X_n) = E[X_n^2] - (E[X_n])^2$，$D(X) = E[X^2] - (E[X])^2$，由性质（1）和（2）可得 $\lim\limits_{n\to\infty} D(X_n) = D(\underset{n\to\infty}{\text{l.i.m}}\, X_n) = D(X)$.

（4）由于

$$\begin{aligned}|E[e^{itX_n}] - E[e^{itX}]| &= |E[e^{itX}(1 - e^{it(X_n - X)})]| \\ &\leqslant E[|1 - e^{it(X_n - X)}|] \leqslant E[|it(X_n - X)|] \\ &\leqslant |t| \cdot E[|X_n - X|] \leqslant |t| \cdot (E[|X_n - X|^2])^{\frac{1}{2}}.\end{aligned} \tag{3.14}$$

又 $\underset{n\to\infty}{\text{l.i.m}}\, X_n = X$，则可得 $\lim\limits_{n\to\infty} E[e^{itX_n}] = E[e^{itX}]$. □

此性质说明极限运算与数学期望、方差可以交换次序，但是需要注意的是，前者是序列的普通极限，后者为随机变量序列的均方极限.

3. 均方收敛的判定准则

定理 3.1.1［柯西（Cauchy）准则］ 随机变量序列 $\{X_n,\ n=1,\ 2,\ \cdots\}\in\mathcal{H}$ 均方收敛的充要条件是

$$\lim_{\substack{m\to\infty\\ n\to\infty}} E[|X_m - X_n|^2] = 0, \tag{3.15}$$

称满足上式的随机变量序列为均方收敛柯西列.

证明： 首先证明充分性.

设随机变量序列 $\{X_n,\ n=1,\ 2,\ \cdots\}\in\mathcal{H}$ 是均方收敛序列，则由依概率收敛与均方收敛关系知随机变量序列 $\{X_n,\ n=1,\ 2,\ \cdots\}$ 是依概率收敛的柯西列，即存在随机变量 X 使得 $X_n\xrightarrow{P}X$，因此随机变量序列存在子列 $\{X_{n_k}\}$，使得 $X_{n_k}\xrightarrow{a.s.}X$，由法图（Fatou）引理可得

$$\overline{\lim_{k\to\infty}}\int|X_{n_k}-X|^2\mathrm{d}P\leqslant\int\lim_{k\to\infty}|X_{n_k}-X|^2\mathrm{d}P=0, \tag{3.16}$$

即存在常数 k，使得 $\int|X_{n_k}-X|^2\mathrm{d}P$ 有限，由于 $X_{n_k}\in\mathcal{H}$，则 $X\in\mathcal{H}$，从而有

$$\begin{aligned}E[|X_n-X|^2]&=E[|(X_n-X_{n_k})+(X_{n_k}-X)|^2]\\&\leqslant 2E[|X_n-X_{n_k}|^2]+2E[|X_{n_k}-X|^2]\to 0,\ n\to\infty,\ k\to\infty,\end{aligned} \tag{3.17}$$

也就是 $\underset{n\to\infty}{\mathrm{l.i.m}}\,X_n=X$.

其次证明必要性.

设 $\underset{n\to\infty}{\mathrm{l.i.m}}\,X_n=X$，由于

$$E[|X_m-X_n|^2]\leqslant E[|X_m-X|^2]+E[|X_n-X|^2], \tag{3.18}$$

则可得

$$\lim_{\substack{m\to\infty\\ n\to\infty}} E[|X_m - X_n|^2] = 0. \tag{3.19}$$

□

例 3.1.2 设随机变量序列 $\{X_n,\ n=1,\ 2,\ \cdots\}$ 的分布律为

$$P(X_n=n)=\frac{1}{n^2},\ P(X_n=0)=1-\frac{1}{n^2}. \tag{3.20}$$

讨论随机变量序列 $\{X_n,\ n=1,\ 2,\ \cdots\}$ 的均方收敛性.

解：由于

$$E[|X_m - X_n|^2] = E[X_m^2 - 2X_mX_n + X_n^2]$$

$$= 1 - \frac{2}{mn} + 1 = 2\left(1 - \frac{1}{mn}\right) \to 2,\ m,\ n \to \infty, \tag{3.21}$$

即随机变量序列 $\{X_n,\ n = 1,\ 2,\ \cdots\}$ 不均方收敛．

定理 3.1.2（均方收敛准则） 随机变量序列 $\{X_n,\ n = 1,\ 2,\ \cdots\} \in \mathcal{H}$ 均方收敛的充要条件是

$$\lim_{\substack{m\to\infty \\ n\to\infty}} E[\overline{X}_m X_n] = c, \tag{3.22}$$

其中 c 为常数．

证明：必要性由性质 2 中的（2）可得．

充分性：设 $\lim\limits_{\substack{m\to\infty \\ n\to\infty}} E[\overline{X}_m X_n] = c$，则可得

$$E[|X_m - X_n|^2] = E[\overline{(X_m - X_n)}(X_m - X_n)]$$

$$= E[\overline{X}_m X_m] - E[\overline{X}_m X_n] - E[\overline{X}_n X_m] + E[\overline{X}_n X_n] \to 0,\ m,\ n \to \infty, \tag{3.23}$$

即由柯西准则知随机变量序列 $\{X_n,\ n = 1,\ 2,\ \cdots\}$ 均方收敛． □

例 3.1.3 设随机变量序列 $\{X_n,\ n = 1,\ 2,\ \cdots\} \in \mathcal{H}$，$R_X(m,\ n) = E[\overline{X}_m X_n]$ 为其相关函数，$\{a_n,\ n \geqslant 1\}$ 为复数列，令 $Y_n = \sum\limits_{k=1}^{n} a_k X_k$，$n = 1,\ 2,\ \cdots$. 讨论在什么条件下，随机变量序列 $\{Y_n,\ n = 1,\ 2,\ \cdots\}$ 均方收敛．

解：由于

$$R_Y(m,\ n) = E[\overline{Y}_m Y_n] = E\left[\sum_{k=1}^{m} \sum_{l=1}^{n} \overline{a}_k a_l \overline{X}_k X_l\right]$$

$$= \sum_{k=1}^{m} \sum_{l=1}^{n} \overline{a}_k a_l E[\overline{X}_k X_l]$$

$$= \sum_{k=1}^{m} \sum_{l=1}^{n} \overline{a}_k a_l R_X(k,\ l), \tag{3.24}$$

则由均方收敛准则知，随机变量序列 $\{Y_n,\ n = 1,\ 2,\ \cdots\}$ 均方收敛当且仅当 $\lim\limits_{\substack{m\to\infty \\ n\to\infty}} E[\overline{Y}_m Y_n]$ 存在，即级数 $\sum\limits_{k=1}^{m} \sum\limits_{l=1}^{n} \overline{a}_k a_l R_X(k,\ l)$ 收敛．

定理 3.1.3（均方大数定律） 随机变量序列 $\{X_n,\ n \geqslant 1\} \in \mathcal{H}$ 相互独立同

分布，$E[X_n]=\mu$，$n=1,2,\cdots$，则有

$$\underset{n\to\infty}{\text{l.i.m}}\frac{1}{n}\sum_{k=1}^{n}X_k=\mu. \tag{3.25}$$

证明： 由于随机变量序列 $\{X_n, n\geq 1\}$ 独立同分布，则可得

$$E\left[\left|\frac{1}{n}\sum_{k=1}^{n}X_k-\mu\right|^2\right]=E\left[\left|\frac{1}{n}\sum_{k=1}^{n}(X_k-\mu)\right|^2\right]$$

$$=E\left[\left|\frac{1}{n}\sum_{k=1}^{n}(X_k-E[X_k])\right|^2\right]=\frac{1}{n^2}E\left[\left|\sum_{k=1}^{n}(X_k-E[X_k])\right|^2\right]$$

$$=\frac{1}{n^2}E\left[\sum_{k=1}^{n}(X_k-E[X_k])\overline{\sum_{l=1}^{n}(X_l-E[X_l])}\right]$$

$$=\frac{1}{n^2}E\left[\sum_{k=1}^{n}\overline{(X_k-E[X_k])}\sum_{l=1}^{n}(X_l-E[X_l])\right]$$

$$=\frac{1}{n^2}\sum_{k=1}^{n}\sum_{l=1}^{n}\operatorname{cov}(X_k, X_l)=\frac{1}{n^2}\sum_{k=1}^{n}D(X_k)=\frac{D(X_1)}{n}\to 0,\ n\to\infty, \tag{3.26}$$

即有 $\underset{n\to\infty}{\text{l.i.m}}\frac{1}{n}\sum_{k=1}^{n}X_k=\mu.$ □

此定理说明，二阶矩随机变量序列如果独立同分布，则其算术平均必均方收敛于它的统计平均.

3.1.2　随机过程的均方极限

定义 3.1.2　给定二阶矩过程 $\{X(t), t\in T\}$，随机变量 $X\in\mathcal{H}$，$t_0\in T$，如果

$$\lim_{t\to t_0}E[|X(t)-X|^2]=0, \tag{3.27}$$

则称当 $t\to t_0$ 时，$\{X(t), t\in T\}$ **均方收敛**于随机变量 X，或称当 $t\to t_0$ 时，X 为 $\{X(t), t\in T\}$ 的**均方极限**，记为

$$\underset{t\to t_0}{\text{l.i.m}}X(t)=X. \tag{3.28}$$

上节中二阶矩随机变量序列均方极限的性质可推广到连续参数的二阶矩随机过程的均方极限中.

性质 1　设 $\underset{t\to t_0}{\text{l.i.m}}X(t)=X$，$\underset{t\to t_0}{\text{l.i.m}}Y(t)=Y$，对任意的复常数 a，b，有

（1）$\underset{t \to t_0}{\text{l.i.m}}(aX(t)+bY(t))=aX+bY$;

（2）$\lim\limits_{\substack{s \to t_0 \\ t \to t_0}} E[\overline{X(s)}Y(t)]=E[\overline{X}Y]$.

性质 2 设 $\underset{t \to t_0}{\text{l.i.m}}\, X(t)=X$，则有 $\lim\limits_{t \to t_0} E[X(t)]=E[\underset{t \to t_0}{\text{l.i.m}}\, X(t)]=E[X]$.

定理 3.1.4 二阶矩过程 $\{X(t), t \in T\}$，$t_0 \in T$，则当 $t \to t_0$ 时，$\{X(t), t \in T\}$ 均方收敛的充要条件是

$$\lim_{\substack{s \to t_0 \\ t \to t_0}} E[\overline{X(s)}X(t)]=c, \tag{3.29}$$

其中 c 为常数.

3.2 均方连续

基于均方收敛，可定义随机过程的均方连续性. 本节的均方连续以及后面介绍的均方导数、均方积分等概念，考虑的均是二阶矩过程.

定义 3.2.1 若二阶矩过程 $\{X(t), t \in T\}$ 对某一固定的 $t_0 \in T$ 满足

$$\underset{t \to t_0}{\text{l.i.m}}\, X(t)=X(t_0), \tag{3.30}$$

即

$$\lim_{t \to t_0} E[|X(t)-X(t_0)|^2]=0, \tag{3.31}$$

则称随机过程 $\{X(t), t \in T\}$ 在 $t_0 \in T$ 处**均方连续**. 若 $\{X(t), t \in T\}$ 对 T 中的每一个 t 都均方连续，则称随机过程 $\{X(t), t \in T\}$ 在 T 上均方连续.

由于

$$\begin{aligned} &E[|X(t)-X(t_0)|^2] \\ =&R_X(t, t)-R_X(t_0, t)-R_X(t, t_0)+R_X(t_0, t_0), \end{aligned} \tag{3.32}$$

则二阶矩过程 $\{X(t), t \in T\}$ 的连续性与相关函数 $R_X(s, t)$ 的连续性密切相关，我们有如下结论.

定理 3.2.1（均方连续准则） 二阶矩过程 $\{X(t), t \in T\}$ 在 $t_0 \in T$ 处均方连续的充要条件是其相关函数 $R_X(s, t)$ 在 (t_0, t_0) 处连续.

证明： 首先证明充分性.

设相关函数 $R_X(s, t)$ 在 (t_0, t_0) 处连续，又由于

$$E[|X(t)-X(t_0)|^2]=E[\overline{X(t)}X(t)]-2E[\overline{X(t)}X(t_0)]+E[\overline{X(t_0)}X(t_0)]$$
$$=R_X(t,t)-2R_X(t,t_0)+R_X(t_0,t_0), \tag{3.33}$$

则可知

$$\lim_{t\to t_0}E[|X(t)-X(t_0)|^2]=0, \tag{3.34}$$

即 $\underset{t\to t_0}{\text{l.i.m}}\,X(t)=X(t_0)$.

其次证明必要性.

设 $\{X(t), t\in T\}$ 在 $t_0\in T$ 处均方连续，即 $\underset{t\to t_0}{\text{l.i.m}}\,X(t)=X(t_0)$，则由随机过程的均方极限的性质

$$\lim_{\substack{s\to t_0\\ t\to t_0}}E[\overline{X(s)}X(t)]=E[\overline{X(t_0)}X(t_0)], \tag{3.35}$$

有

$$\lim_{\substack{s\to t_0\\ t\to t_0}}R_X(s,t)=R_X(t_0,t_0), \tag{3.36}$$

因此相关函数 $R_X(s,t)$ 在 (t_0,t_0) 处连续. □

上述定理表明，二阶矩过程的均方连续性等价于其相关函数的普通连续性，即建立起了均方微积分理论和普通微积分理论的联系.

定理 3.2.2　二阶矩过程 $\{X(t), t\in T\}$ 的相关函数 $R_X(t,s)$ 在任意的 (t,t) 处连续，则其在 $T\times T=\{(t,s)\mid s,t\in T\}$ 上连续.

证明： 因 $R_X(t,s)$ 在任意的 (t,t) 处连续，由均方连续准则可知 $\{X(t), t\in T\}$ 在 T 上均方连续，即对任意的 $s_0\in T$，$t_0\in T$ 有

$$\underset{s\to s_0}{\text{l.i.m}}\,X(s)=X(s_0),\ \underset{t\to t_0}{\text{l.i.m}}\,X(t)=X(t_0). \tag{3.37}$$

借助均方极限的性质 1 可得

$$\lim_{\substack{s\to s_0\\ t\to t_0}}R_X(s,t)=\lim_{\substack{s\to s_0\\ t\to t_0}}E[\overline{X(s)}X(t)]=E[\overline{X(s_0)}X(t_0)]=R_X(s_0,t_0), \tag{3.38}$$

再由 $s_0\in T$，$t_0\in T$ 的任意性可知相关函数 $R_X(s,t)$ 在 $T\times T$ 上连续. □

由上述两个定理可知，二阶矩过程 $\{X(t), t\in T\}$ 在 T 上均方连续 ⇔ 相关函数 $R_X(s,t)$ 在 $T\times T$ 上连续 ⇔ 相关函数 $R_X(s,t)$ 在 $T\times T$ 的对角线上连续.

例 3.2.1　设 $\{N(t), t\geqslant 0\}$ 是参数为 λ 的泊松过程，试讨论其均方连续性.

解：泊松过程 $\{N(t), t \geqslant 0\}$ 的参数为 λ，则其自相关函数为 $R_N(s, t) = \lambda \min(s, t) + \lambda^2 st$. 又对任意的 $t \in T$，自相关函数 $R_N(s, t)$ 在 (t, t) 处连续，则泊松过程 $\{N(t), t \geqslant 0\}$ 均方连续.

例 3.2.2 设 $\{W(t), t \geqslant 0\}$ 是参数为 σ^2 的维纳过程，试讨论其均方连续性.

解：维纳过程 $\{W(t), t \geqslant 0\}$ 的参数为 σ^2，则其自相关函数为 $R_W(s, t) = \sigma^2 \min(s, t)$. 又对任意的 $t \in T$，自相关函数 $R_W(s, t)$ 在 (t, t) 处连续，则维纳过程 $\{W(t), t \geqslant 0\}$ 均方连续.

例 3.2.3 设二阶矩过程 $X(t) = a\cos(\omega t + \Theta)$，$-\infty < t < \infty$，$a$，$\omega$ 为常数，$\Theta \sim U[0, 2\pi]$，试讨论其均方连续性.

解：由题意可得

$$m_X(t) = E[a\cos(\omega t + \Theta)] = \int_0^{2\pi} \frac{a\cos(\omega t + \theta)}{2\pi} \mathrm{d}\theta = 0, \tag{3.39}$$

$$\begin{aligned} R_X(s, t) &= E[a\cos(\omega s + \Theta)\, a\cos(\omega t + \Theta)] \\ &= a^2 E\left[\frac{\cos[\omega(s+t) + 2\Theta] + \cos[\omega(s-t)]}{2}\right] \\ &= \frac{a^2}{4\pi}\int_0^{2\pi} \{\cos[\omega(s+t) + 2\theta] + \cos[\omega(s-t)]\}\,\mathrm{d}\theta \\ &= \frac{a^2}{2}\cos[\omega(s-t)], \end{aligned} \tag{3.40}$$

则自相关函数 $R_X(s, t)$ 在 (t, t) 处连续，即随机过程 $\{X(t), -\infty < t < \infty\}$ 均方连续.

定理 3.2.3 若二阶矩过程 $\{X(t), t \in T\}$ 均方连续，则其均值函数与方差函数在 T 上也是连续的，即对任意的 $t \in T$ 有

$$\lim_{s \to t} E[X(s)] = E[X(t)], \quad \lim_{s \to t} D(X(s)) = D(X(t)). \tag{3.41}$$

证明：我们只对均值函数的连续性给出证明. 令 $Y = X(s) - X(t)$，由 $D(Y) = E[Y^2] - (E[Y])^2 \geqslant 0$ 可知 $E[Y^2] \geqslant (E[Y])^2$，即

$$E[(X(s) - X(t))^2] \geqslant (E[X(s) - X(t)])^2. \tag{3.42}$$

又由 $\{X(t), t \in T\}$ 均方连续，可得

$$0 \leqslant (E[X(s) - X(t)])^2 \leqslant E[(X(s) - X(t))^2] \to 0, \ s \to t, \tag{3.43}$$

即

$$\lim_{s \to t} E[X(s)] = E[X(t)]. \tag{3.44}$$

□

3.3 均方导数

3.3.1 均方导数的定义

定义 3.3.1 若二阶矩过程 $\{X(t), t \in T\}$ 在 $t_0 \in T$ 处均方极限

$$\underset{\Delta t \to 0}{\text{l. i. m}} \frac{X(t_0+\Delta t) - X(t_0)}{\Delta t} \tag{3.45}$$

存在，则称 $X(t)$ 在 t_0 处**均方可微**，称其均方极限为 $X(t)$ 在 t_0 处的**均方导数**，记为 $X'(t_0)$，或者 $\left.\frac{\mathrm{d}X(t)}{\mathrm{d}t}\right|_{t=t_0}$，即

$$X'(t_0) = \left.\frac{\mathrm{d}X(t)}{\mathrm{d}t}\right|_{t=t_0} = \underset{\Delta t \to 0}{\text{l. i. m}} \frac{X(t_0+\Delta t) - X(t_0)}{\Delta t}. \tag{3.46}$$

若对任意的 $t \in T$，二阶矩过程 $\{X(t), t \in T\}$ 在 $t \in T$ 处均方可微，则称二阶矩过程 $\{X(t), t \in T\}$ **均方可微**或称**均方可导**，此时，记均方导数为 $X'(t)$ 或者 $\frac{\mathrm{d}X(t)}{\mathrm{d}t}$. 当随机过程 $\{X(t), t \in T\}$ 均方可微时，均方导数 $\{X'(t), t \in T\}$ 是一个新的随机过程，称其为随机过程的 $\{X(t), t \in T\}$ 的**导（数）过程**.

若随机变量 $\{X'(t), t \in T\}$ 存在，且在 t 点均方可微，则称 $\{X'(t), t \in T\}$ 在 t 点均方可微，即随机变量 $\{X(t), t \in T\}$ 在 t 点**二次均方可微**，$X'(t)$ 的均方导数称为 $X(t)$ 在 $t \in T$ 处的**二阶均方导数**，记为 $X''(t)$ 或者 $\frac{\mathrm{d}^2X(t)}{\mathrm{d}t^2}$.

类似地，可定义二阶矩过程 $\{X(t), t \in T\}$ 的 n 阶均方导数，记为 $\{X^{(n)}(t), t \in T\}$，$n \geqslant 1$.

为了引入均方可微的判别准则，我们先给出普通二元函数的广义二阶导数的定义.

定义 3.3.2 称普通的二元函数 $f(x, y)$ 在 (x_0, y_0) 处**广义二阶可微**，如果

极限

$$\lim_{\substack{\Delta x\to 0\\ \Delta y\to 0}}\frac{f(x_0+\Delta x, y_0+\Delta y)-f(x_0+\Delta x, y_0)-f(x_0, y_0+\Delta y)+f(x_0, y_0)}{\Delta x\Delta y} \tag{3.47}$$

存在，称此极限为函数 $f(x, y)$ 在 (x_0, y_0) 处的**广义二阶导数**，记为 $\left.\frac{\partial^2 f(x, y)}{\partial x\partial y}\right|_{\substack{x=x_0\\ y=y_0}}$.

需要注意的是，如果二元函数 $f(x, y)$ 关于 x，y 的二阶混合偏导数存在且连续，则可得 $f(x, y)$ 是广义二阶可微的，且广义二阶导数 $f''_{xy}(x, y)=f''_{yx}(x, y)$. 如果不满足上述连续的条件，即便 $f''_{xy}(x, y)$，$f''_{yx}(x, y)$ 均存在，其广义二阶导数也未必存在.

定理 3.3.1（均方可微准则） 二阶矩过程 $\{X(t), t\in T\}$ 在 $t_0\in T$ 处均方可微的充要条件是其相关函数 $R_X(s, t)$ 在 (t_0, t_0) 处广义二阶可微.

证明： 首先证明充分性.

设二阶矩过程的相关函数 $R_X(s, t)$ 在 (t_0, t_0) 处广义二阶可微，由均方可微的定义知二阶矩过程 $\{X(t), t\in T\}$ 在 $t_0\in T$ 处均方可微，只需证明均方极限

$$\underset{\Delta t\to 0}{\text{l.i.m}}\frac{X(t_0+\Delta t)-X(t_0)}{\Delta t} \tag{3.48}$$

存在. 又由均方收敛的柯西准则可知上述均方极限存在的等价条件为

$$\underset{\substack{\Delta t\to 0\\ \Delta s\to 0}}{\text{l.i.m}}\left[\frac{X(t_0+\Delta t)-X(t_0)}{\Delta t}-\frac{X(t_0+\Delta s)-X(t_0)}{\Delta s}\right]=0, \tag{3.49}$$

也就是二阶矩过程 $\{X(t), t\in T\}$ 在 $t_0\in T$ 处均方可微，只需证明

$$\lim_{\substack{\Delta t\to 0\\ \Delta s\to 0}}E\left[\left|\frac{X(t_0+\Delta t)-X(t_0)}{\Delta t}-\frac{X(t_0+\Delta s)-X(t_0)}{\Delta s}\right|^2\right]=0. \tag{3.50}$$

将上式整理可得

$$\lim_{\substack{\Delta t\to 0\\ \Delta s\to 0}}E\left[\frac{R_X(t_0+\Delta t, t_0+\Delta t)-R_X(t_0+\Delta t, t_0)-R_X(t_0, t_0+\Delta t)+R_X(t_0, t_0)}{(\Delta t)^2}\right.$$

$$-2\times\frac{R_X(t_0+\Delta t,\ t_0+\Delta s)-R_X(t_0+\Delta t,\ t_0)-R_X(t_0,\ t_0+\Delta s)+R_X(t_0,\ t_0)}{\Delta t\Delta s}$$

$$\left.+\frac{R_X(t_0+\Delta s,\ t_0+\Delta s)-R_X(t_0+\Delta s,\ t_0)-R_X(t_0,\ t_0+\Delta s)+R_X(t_0,\ t_0)}{(\Delta s)^2}\right]=0. \tag{3.51}$$

由于二阶矩过程的相关函数 $R_X(s,\ t)$ 在 $(t_0,\ t_0)$ 处广义二阶可微，则可知等式 (3.51) 成立，即 $\{X(t),\ t\in T\}$ 在 $t_0\in T$ 处均方可微.

其次证明必要性.

设二阶矩过程 $\{X(t),\ t\in T\}$ 在 $t_0\in T$ 处均方可微，则由均方可微的定义及定理 3.1.4 可知极限

$$\lim_{\substack{\Delta t\to 0\\ \Delta s\to 0}} E\left[\overline{\frac{X(t_0+\Delta t)-X(t_0)}{\Delta t}}\cdot\frac{X(t_0+\Delta s)-X(t_0)}{\Delta s}\right] \tag{3.52}$$

存在，即

$$\lim_{\substack{\Delta t\to 0\\ \Delta s\to 0}}\frac{R_X(t_0+\Delta t,\ t_0+\Delta s)-R_X(t_0+\Delta t,\ t_0)-R_X(t_0,\ t_0+\Delta s)+R_X(t_0,\ t_0)}{\Delta t\Delta s} \tag{3.53}$$

存在，也就是相关函数 $R_X(s,\ t)$ 在 $(t_0,\ t_0)$ 处广义二阶可微. □

由上述定理可得如下结论.

定理 3.3.2 二阶矩过程 $\{X(t),\ t\in T\}$ 在 T 上均方可微的充要条件是其相关函数 $R_X(s,\ t)$ 对任意的 $t_0\in T$ 在 $(t_0,\ t_0)$ 处广义二阶可微.

例 3.3.1 设 A 为二阶矩随机变量，且 $E[A]=0$，$D(A)=\sigma^2$，令 $X(t)=At$，$t\in T$，试讨论随机过程 $\{X(t),\ t\in T\}$ 的均方可微性.

解： 由 $X(t)=At$，$t\in T$，可知随机过程 $X(t)=At$ 是二阶矩过程，且

$$R_X(s,\ t)=E[X(s)X(t)]=E[As\cdot At]=\sigma^2 st, \tag{3.54}$$

则相关函数 $R_X(s,\ t)$ 的广义二阶矩导数为

$$\lim_{\substack{\Delta s\to 0\\ \Delta t\to 0}}\frac{R_X(s+\Delta s,\ t+\Delta t)-R_X(s+\Delta s,\ t)-R_X(s,\ t+\Delta t)+R_X(s,\ t)}{\Delta s\Delta t}$$

$$=\lim_{\substack{\Delta s\to 0\\ \Delta t\to 0}}\frac{\sigma^2[(s+\Delta s)(t+\Delta t)-(s+\Delta s)t-s(t+\Delta t)+st]}{\Delta s\Delta t}=\sigma^2<\infty, \tag{3.55}$$

即 $\{X(t), t\in T\}$ 均方可微.

例 3.3.2 设随机变量序列 $\{Y_n, n\geqslant 1\}$ 相互独立同分布，且 $E[Y_n]=0$，$D(Y_n)=1$，$n\geqslant 1$. 对于任意的 $t\in[0, 1]$，令 $X(0)=0$，$X(t)=Y_k$，$2^{-k}<t\leqslant 2^{1-k}$，$k=1, 2, \cdots$. 试讨论随机过程 $\{X(t), t\in[0, 1]\}$ 的均方可微性.

解： 由题可知随机过程 $\{X(t), t\in[0, 1]\}$ 的相关函数为

$$R_X(s, t)=E[\overline{X(s)}X(t)]=\begin{cases}E[\overline{Y}_kY_k]=1, & 2^{-k}<s, t\leqslant 2^{1-k}, k=1, 2, \cdots,\\ 0, & \text{其他}.\end{cases} \tag{3.56}$$

则当 $\Delta s=\Delta t$ 时可得

$$\lim_{\Delta s=\Delta t\to 0}\frac{R_X(0+\Delta s, 0+\Delta t)-R_X(0+\Delta s, 0)-R_X(0, 0+\Delta t)+R_X(0, 0)}{\Delta s\Delta t}$$

$$=\lim_{\Delta s\to 0}\frac{R_X(\Delta s, \Delta s)-R_X(\Delta s, 0)-R_X(0, \Delta s)+R_X(0, 0)}{(\Delta s)^2}$$

$$=\lim_{\Delta s\to 0}\frac{1}{(\Delta s)^2}=+\infty, \tag{3.57}$$

即相关函数 $R_X(s, t)$ 在 $(0, 0)$ 处不是广义二阶可微，则随机过程 $X(t)$ 在 $(0, 0)$ 处均方不可微.

定理 3.3.3（均方可微充分/必要条件） 设 $\{X(t), t\in T\}$ 是二阶矩过程，$t_0\in T$，则有

(1) $\{X(t), t\in T\}$ 在 t_0 处均方可微的充分条件是自相关函数 $R_X(s, t)$ 关于 s 和 t 的一阶偏导数在 (t_0, t_0) 处存在，二阶混合偏导数在 (t_0, t_0) 处存在且连续；

(2) $\{X(t), t\in T\}$ 均方可微的充分条件是对任意的 $t\in T$，自相关函数 $R_X(s, t)$ 关于 s 和 t 的一阶偏导数在 (t, t) 处存在，二阶混合偏导数在 (t, t) 处存在且连续；

(3) $\{X(t), t\in T\}$ 在 t_0 处均方可微的必要条件是自相关函数 $R_X(s, t)$ 关于 s

和 t 的一阶偏导数在 (t_0, t_0) 处存在，二阶混合偏导数在 (t_0, t_0) 处存在且相等；

(4) $\{X(t), t \in T\}$ 均方可微的必要条件是对任意的 $t \in T$，自相关函数 $R_X(s, t)$ 关于 s 和 t 的一阶偏导数在 (t, t) 处存在，二阶混合偏导数在 (t, t) 处存在且相等.

例 3.3.3　设 $\{N(t), t \geqslant 0\}$ 是参数为 λ 的泊松过程，试讨论 $\{N(t), t \geqslant 0\}$ 的均方可微性.

解： 由于 $\{N(t), t \geqslant 0\}$ 的相关函数为 $R_N(s, t) = \lambda^2 st + \lambda \min(s, t)$，且有

$$\lim_{\Delta t \to 0^+} \frac{R_N(t + \Delta t, t) - R_N(t, t)}{\Delta t} = \lim_{\Delta t \to 0^+} \frac{\lambda^2 t \Delta t}{\Delta t} = \lambda^2 t, \tag{3.58}$$

$$\lim_{\Delta t \to 0^-} \frac{R_N(t + \Delta t, t) - R_N(t, t)}{\Delta t} = \lim_{\Delta t \to 0^-} \frac{(\lambda^2 t + \lambda)\Delta t}{\Delta t} = \lambda^2 t + \lambda, \tag{3.59}$$

则可知相关函数 $R_N(s, t)$ 的一阶偏导数在 (t, t) 处不存在，由定理 3.3.3 知 $\{N(t), t \geqslant 0\}$ 不均方可微.

3.3.2　均方导数的性质

性质 1　设二阶矩过程 $\{X(t), t \in T\}$ 的相关函数 $R_X(s, t)$ 对任意的 $t_0 \in T$ 在 (t_0, t_0) 处广义二阶可微，则 $m_X'(t)$，$\frac{\partial}{\partial s}R_X(s, t)$，$\frac{\partial}{\partial t}R_X(s, t)$，$\frac{\partial^2}{\partial s \partial t}R_X(s, t)$ 及 $\frac{\partial^2}{\partial t \partial s}R_X(s, t)$ 在 $T \times T$ 上均存在，且有

(1) 导数过程 $\{X'(t), t \in T\}$ 的均值函数为

$$m_{X'}(t) = E[X'(t)] = \frac{\mathrm{d}}{\mathrm{d}t}E[X(t)] = m_X'(t); \tag{3.60}$$

(2) 导数过程 $\{X'(t), t \in T\}$ 与原过程 $\{X(t), t \in T\}$ 的互相关函数为

$$R_{X'X}(s, t) = E[\overline{X'(s)}X(t)] = \frac{\partial}{\partial s}R_X(s, t) = R_s'(s, t); \tag{3.61}$$

(3) 原过程 $\{X(t), t \in T\}$ 与导数过程 $\{X'(t), t \in T\}$ 的互相关函数为

$$R_{XX'}(s, t) = E[\overline{X(s)}X'(t)] = \frac{\partial}{\partial t}R_X(s, t) = R_t'(s, t); \tag{3.62}$$

（4）导数过程 $\{X'(t), t \in T\}$ 的自相关函数为

$$R_{X'}(s, t) = E[\overline{X'(s)}X'(t)] = R''_{st}(s, t) = R''_{ts}(s, t); \tag{3.63}$$

（5）若二阶矩过程 $\{X(t), t \in T\}$ 是 n 阶均方可微的，则 $\{X(t), t \in T\}$ 的 $k \in N^*(k \leqslant n)$ 阶均方导数的均值函数存在，且

$$m_{X^{(k)}}(t) = E[X^{(k)}(t)] = m_X^{(k)}(t). \tag{3.64}$$

证明：（1）由均方导数的定义可知

$$m_{X'}(t) = E[X'(t)] = E\left[\underset{\Delta t \to 0}{\text{l.i.m}} \frac{X(t+\Delta t) - X(t)}{\Delta t}\right]$$

$$= \lim_{\Delta t \to 0} E\left[\frac{X(t+\Delta t) - X(t)}{\Delta t}\right]$$

$$= \lim_{\Delta t \to 0} \frac{m_X(t+\Delta t) - m_X(t)}{\Delta t} = m'_X(t). \tag{3.65}$$

（2）相关函数 $R_X(s, t)$ 对任意的 $t \in T$ 在 (t_0, t_0) 处广义二阶可微，由定理 3.3.2 可知随机过程 $\{X(t), t \in T\}$ 均方可微，即对任意的 $t \in T$，均方导数 $X'(t)$ 存在，则由均方极限的性质可得

$$R_{X'X}(s, t) = E[\overline{X'(s)}X(t)] = E\left[\underset{\Delta s \to 0}{\text{l.i.m}} \overline{\frac{X(s+\Delta s) - X(s)}{\Delta s}} \cdot X(t)\right]$$

$$= \lim_{\Delta s \to 0} \frac{E[\overline{X(s+\Delta s)}X(t) - \overline{X(s)}X(t)]}{\Delta s}$$

$$= \lim_{\Delta s \to 0} \frac{R_X(s+\Delta s, t) - R_X(s, t)}{\Delta s}$$

$$= \frac{\partial}{\partial s} R_X(s, t) = R'_s(s, t). \tag{3.66}$$

（3）类似（2）的证明可得.

（4）由自相关函数与均方导数的定义可知

$$R_{X'}(s, t) = E[\overline{X'(s)}X'(t)] = E\left[\underset{\Delta s \to 0}{\text{l.i.m}} \overline{\frac{X(s+\Delta s) - X(s)}{\Delta s}} \cdot X'(t)\right]$$

$$= \lim_{\Delta s \to 0} \frac{E[\overline{X(s+\Delta s)}X'(t) - \overline{X(s)}X'(t)]}{\Delta s}$$

$$=\lim_{\Delta s\to 0}\frac{R_{XX'}(s+\Delta s,\ t)-R_{XX'}(s,\ t)}{\Delta s}$$

$$=\lim_{\Delta s\to 0}\frac{\frac{\partial}{\partial t}R_X(s+\Delta s,\ t)-\frac{\partial}{\partial t}R_X(s,\ t)}{\Delta s}$$

$$=\frac{\partial^2}{\partial t\partial s}R_X(s,\ t)=R''_{ts}(s,\ t).\tag{3.67}$$

（5）重复（1）的证明可以得结论．　□

上述性质（5）的结论告诉我们：均方求导运算可与期望运算交换次序．

性质 2　均方可微一定均方连续，即二阶矩过程 $\{X(t),\ t\in T\}$ 在 $t_0\in T$ 处均方可微，则其在 $t_0\in T$ 处一定均方连续．

证明：设 $X'(t)$ 为随机过程 $\{X(t),\ t\in T\}$ 的均方导数，令 t_0，$\Delta t\in T$，则可得

$$\lim_{\Delta t\to 0}E[\,|X(t+\Delta t)-X(t)|^2]=\lim_{\Delta t\to 0}E\left[\left|\frac{X(t+\Delta t)-X(t)}{\Delta t}\right|^2\right]\cdot(\Delta t)^2$$

$$=E[\,|X'(t)|^2]\cdot 0=0,\tag{3.68}$$

即二阶矩过程 $\{X(t),\ t\in T\}$ 在 $t_0\in T$ 处均方连续．　□

上述性质反之不成立，即均方连续的二阶矩过程不一定均方可微．

例 3.3.4　随机过程 $\{W(t),\ t\geqslant 0\}$ 是参数为 σ^2 的维纳过程，证明其均方连续但不均方可微．

证明：前一节我们证明了维纳过程 $\{W(t),\ t\geqslant 0\}$ 是均方连续的，又由于其相关函数为 $R_W(s,\ t)=\sigma^2\min(s,\ t)$，则可得

$$\lim_{\Delta t\to 0^+}\frac{R(t+\Delta t,\ t)-R(t,\ t)}{\Delta t}=\lim_{\Delta t\to 0^+}\frac{0}{\Delta t}=0,\tag{3.69}$$

$$\lim_{\Delta t\to 0^-}\frac{R(t+\Delta t,\ t)-R(t,\ t)}{\Delta t}=\lim_{\Delta t\to 0^-}\frac{\sigma^2\Delta t}{\Delta t}=\sigma^2,\tag{3.70}$$

可知 $\frac{\partial}{\partial s}R_W(s,\ t)$ 不存在，即维纳过程 $\{W(t),\ t\geqslant 0\}$ 不是均方可微的．

$$\frac{\partial}{\partial s}R_W(s,\ t)=\frac{\partial}{\partial t}R_W(s,\ t)=\begin{cases}\sigma^2, & t>s,\\ 0, & t<s,\\ \text{不存在}, & t=s.\end{cases}\tag{3.71}$$

定义函数

$$u(s-t)=\begin{cases}1, & t>s,\\ 0, & t<s,\end{cases} \tag{3.72}$$

则有

$$\frac{\partial}{\partial s}R_W(s,t)=\sigma^2 u(s-t). \tag{3.73}$$

引入狄拉克（Dirac）-δ 函数

$$\delta(t)=\begin{cases}0, & t\neq 0,\\ \infty, & t=0.\end{cases} \tag{3.74}$$

设 $\delta(s, t)=\delta(s-t)$，则 $\frac{\partial}{\partial t}u(s-t)$ 是 Diral-δ 函数，即

$$\delta(s,t)=\frac{\partial}{\partial t}u(s-t), \tag{3.75}$$

即

$$\frac{\partial^2}{\partial s\partial t}R_W(s,t)=\sigma^2\delta(s-t). \tag{3.76}$$

同理，可得

$$\frac{\partial^2}{\partial t\partial s}R_W(s,t)=\sigma^2\delta(s-t). \tag{3.77}$$

借助均方可微过程的导数过程相关函数的形式，我们有如下定义.

定义 3.3.3 设二阶矩过程 $\{W(t), t\geqslant 0\}$ 是参数为 σ^2 的维纳过程，如果存在实随机过程以 $\sigma^2\delta(s-t)$ 为相关函数，则称该过程为维纳过程 $\{W(t), t\geqslant 0\}$ 的导数过程，记为 $\{W'(t), t\geqslant 0\}$. 从而有 $R_{W'}(s,t)=\sigma^2\delta(s-t)$，$s, t\geqslant 0$. 参数为 σ^2 的维纳过程 $\{W(t), t\geqslant 0\}$ 的导数过程 $\{W'(t), t\geqslant 0\}$ 称为参数为 σ^2 的**白噪声过程**或**白噪声**.

性质 3 均方导数在概率 1 的意义下是唯一的，即若对任意的 $t\in T$ 有 $X'(t)=Y_1(t)$，$X'(t)=Y_2(t)$，则有 $P(Y_1(t)=Y_2(t))=1$.

证明： 因为均方极限以概率 1 唯一，则作为均方极限的均方导数在概率 1 下是

唯一的. □

性质 4（线性）　设 $\{X(t), t\in T\}$，$\{Y(t), t\in T\}$ 均方可微，则对任意常数 a，b，$\{aX(t)+bY(t), t\in T\}$ 也是均方可微的，且有

$$[aX(t)+bY(t)]'=aX'(t)+bY'(t). \tag{3.78}$$

证明：对任意的随机变量 X，Y，有

$$\begin{aligned}E[(X+Y)^2]&\leqslant E[X^2]+E[Y^2]+2(E[X^2]E[Y^2])^{\frac{1}{2}}\\&=[(E[X^2])^{\frac{1}{2}}+(E[Y^2])^{\frac{1}{2}}]^2,\end{aligned} \tag{3.79}$$

即 $(E[(X+Y)^2])^{\frac{1}{2}}\leqslant(E[X^2])^{\frac{1}{2}}+(E[Y^2])^{\frac{1}{2}}$，则可得

$$\begin{aligned}&\left(E\left[\left|\frac{[aX(t+\Delta t)+bY(t+\Delta t)]-[aX(t)+bY(t)]}{\Delta t}-[aX'(t)+bY'(t)]\right|^2\right]\right)^{\frac{1}{2}}\\&=\left(E\left[\left|a\left[\frac{X(t+\Delta t)-X(t)}{\Delta t}-X'(t)\right]+b\left[\frac{Y(t+\Delta t)-Y(t)}{\Delta t}-Y'(t)\right]\right|^2\right]\right)^{\frac{1}{2}}\\&\leqslant|a|\left(E\left[\left|\frac{X(t+\Delta t)-X(t)}{\Delta t}-X'(t)\right|^2\right]\right)^{\frac{1}{2}}+|b|\left(E\left[\left|\frac{Y(t+\Delta t)-Y(t)}{\Delta t}-Y'(t)\right|^2\right]\right)^{\frac{1}{2}}\\&\to 0,\ \Delta t\to 0,\end{aligned} \tag{3.80}$$

则可得 $[aX(t)+bY(t)]'=aX'(t)+bY'(t)$. □

性质 5　设 $\{X(t), t\in T\}$ 为均方可微过程，$f(t)$ 为定义在 T 上的普通可微函数，则 $\{f(t)X(t), t\in T\}$ 也是均方可微，且有

$$[f(t)X(t)]'=f'(t)X(t)+f(t)X'(t). \tag{3.81}$$

证明：设 $\{X(t), t\in T\}$ 为均方可微过程，$f(t)$ 为定义在 T 上的普通可微函数，则 $\{f(t)X(t), t\in T\}$ 是二阶矩过程，且

$$\begin{aligned}&\left(E\left[\left|\frac{f(t+\Delta t)X(t+\Delta t)-f(t)X(t)}{\Delta t}-[f'(t)X(t)+f(t)X'(t)]\right|^2\right]\right)^{\frac{1}{2}}\\&=\left(E\left[\left|\frac{f(t+\Delta t)X(t+\Delta t)-f(t)X(t)}{\Delta t}-\frac{f(t)X(t+\Delta t)}{\Delta t}+\frac{f(t)X(t+\Delta t)}{\Delta t}\right.\right.\right.\\&\qquad\left.\left.\left.-f'(t)X(t+\Delta t)+f'(t)X(t+\Delta t)-f'(t)X(t)+f(t)X'(t)\right|^2\right]\right)^{\frac{1}{2}}\end{aligned}$$

$$\leqslant\left(E\left[\left|\left[\frac{f(t+\Delta t)-f(t)}{\Delta t}-f'(t)\right]X(t+\Delta t)\right|^2\right]\right)^{\frac{1}{2}}+(E[|f'(t)[X(t+\Delta t)-X(t)]|^2])^{\frac{1}{2}}$$

$$+\left(E\left[\left|f(t)\left[\frac{X(t+\Delta t)-X(t)}{\Delta t}-X'(t)\right]\right|^2\right]\right)^{\frac{1}{2}}$$

$$=\left|\frac{f(t+\Delta t)-f(t)}{\Delta t}-f'(t)\right|(E[|X(t+\Delta t)|^2])^{\frac{1}{2}}$$

$$+|f'(t)|(E[|X(t+\Delta t)-X(t)|^2])^{\frac{1}{2}}+|f(t)|\left(E\left[\left|\frac{X(t+\Delta t)-X(t)}{\Delta t}-X'(t)\right|^2\right]\right)^{\frac{1}{2}}$$

$$\to 0,\ \Delta t\to 0, \tag{3.82}$$

因此 $\{f(t)X(t), t\in T\}$ 均方可微，且有 $[f(t)X(t)]'=f'(t)X(t)+f(t)X'(t)$. □

性质 6 设 $\{X(t), t\in T\}$ 为均方可微过程，且对任意的 $t\in T$ 有 $X'(t)=0$，则 $X(t)$ 以概率 1 是与 t 无关的常值随机变量.

证明:（方法一）设 $\{X(t), t\in T\}$ 均方可微，则由定理3.3.3 知 $\frac{\partial}{\partial s}R_X(s, t)$ 和 $\frac{\partial}{\partial t}R_X(s, t)$ 存在，对任意的 $s, t\in T, s\neq t$，由拉格朗日（Lagrange）中值定理可得

$$\begin{aligned}
&E[|X(t)-X(s)|^2]\\
&=E[\overline{[X(t)-X(s)]}\cdot[X(t)-X(s)]]\\
&=R_X(t, t)-R_X(t, s)-[R_X(s, t)-R_X(s, s)]\\
&=\left[\frac{\partial}{\partial t}R_X(t, s+\theta_1(t-s))-\frac{\partial}{\partial t}R_X(s, s+\theta_2(t-s))\right](t-s)\\
&=(E[\overline{X(t)}X'(s+\theta_1(t-s))]-E[\overline{X(s)}X'(s+\theta_2(t-s))])(t-s)\\
&=0,\ 0<\theta_1, \theta_2<1,
\end{aligned} \tag{3.83}$$

则有 $P(X(s)=X(t))=1$，即 $X(t)$ 以概率 1 是与 t 无关的常值随机变量.

（方法二）由 $X'(t)=0$ 可知其自相关函数 $R_X(s, t)$ 的一阶偏导为零，则对任意的 $s, t\in T$，$R_X(s, t)$ 的任意阶偏导数均为零. 因而由泰勒（Taylor）展开可得 $R_X(s, t)=R_X(s, s)$ 为常数. 又 $m_X'(t)=E[X'(t)]=0$，即 $m_X(t)$ 为常数. 令 $Y(t)=X(t)-X(s)$，则可得

$$\begin{aligned}
D(Y(t))&=D(X(t)-X(s))=E[([X(t)-X(s)]-E[X(t)-X(s)])^2]\\
&=E[(X(t)-X(s))^2]=E[X^2(t)]-2E[\overline{X(t)}X(s)]+E[X^2(s)]=0,
\end{aligned} \tag{3.84}$$

即 $P(Y(t)=E[Y(t)])=1$，对任意的 $t\in T$. 又

$$E[Y(t)]=E[X(t)-X(s)]=E[X(t)]-E[X(s)]=0, \tag{3.85}$$

因此对任意的 $s, t\in T$ 有 $P(X(t)=X(s))=1$，即 $X(t)$ 以概率 1 是与 t 无关的常值随机变量．□

例 3.3.5　随机信号 $X(t)$ 输入微分电路，其均值函数为 $m_X(t)=\sin t$，相关函数为 $R_X(s, t)=\mathrm{e}^{-(s-t)^2}$，该电路输出随机信号 $Y(t)=X'(t)$，求随机过程 $Y(t)$ 的均值函数和相关函数．

解： 由均值函数和随机过程均方导数的性质可得 $Y(t)$ 的均值函数为

$$m_Y(t)=E[Y(t)]=E[X'(t)]=\frac{\mathrm{d}}{\mathrm{d}t}E[X(t)]=m'_X(t)=\cos t. \tag{3.86}$$

相关函数为

$$\begin{aligned}R_Y(s, t)=R_{X'}(s, t)&=\frac{\partial^2 R_X(s, t)}{\partial s\partial t}=\frac{\partial^2}{\partial s\partial t}\mathrm{e}^{-(t-s)^2}\\&=\frac{\partial}{\partial t}(2(t-s)\mathrm{e}^{-(t-s)^2})=2\mathrm{e}^{-(t-s)^2}[1-2(t-s)^2].\end{aligned} \tag{3.87}$$

性质 7　设两个随机过程 $\{X(t), t\in T\}$，$\{Y(t), t\in T\}$ 的均方导数相等，也就是 $X'(t)=Y'(t)$，则随机过程 $X(t)$，$Y(t)$ 最多只差一个随机变量（常数是随机变量的特例），即 $X(t)+X=Y(t)$，其中 X 为随机变量．

证明： 利用定理 3.3.1 和性质 4 可得结论．□

性质 8　二阶矩过程 $\{X(t), t\in T\}$ 是正态随机过程，若其均方导数 $Y(t)=\dfrac{\mathrm{d}X(t)}{\mathrm{d}t}$ 存在，则 $\{Y(t), t\in T\}$ 是正态过程，且其任意有限维特征函数为

$$\varphi_Y(x_1, x_2, \cdots, x_n; t_1, t_2, \cdots, t_n)=\exp\left\{\mathrm{i}\sum_{k=1}^{n}x_k m'_X(t_k)-\frac{1}{2}\sum_{k, l=1}^{n}x_k x_l C''_X(t_k, t_l)\right\}. \tag{3.88}$$

证明： 对任意的 $n\geqslant 1$，取 $t_1, t_2, \cdots, t_n\in T$，由于 n 维正态随机向量的线性变换仍是正态随机向量，则

$$\left(\frac{X(t_1+\Delta t)-X(t_1)}{\Delta t}, \frac{X(t_2+\Delta t)-X(t_2)}{\Delta t}, \cdots, \frac{X(t_n+\Delta t)-X(t_n)}{\Delta t}\right) \tag{3.89}$$

为正态随机向量．又因

$$\underset{\Delta t \to 0}{\mathrm{l.i.m}} \frac{X(t_k+\Delta t)-X(t_k)}{\Delta t}=X'(t_k), \quad k=1, 2, \cdots, n, \tag{3.90}$$

则 $\{X'(t_1), X'(t_2), \cdots, X'(t_n)\}$ 是 n 维正态随机向量，从而有 $\{X'(t), t \in T\}$ 是正态随机过程．

在自相关函数 $R_X(t_1, t_2)$ 广义二阶可微条件下，正态过程 $\{X'(t), t \in T\}$ 的有限维正态随机向量 $\{X'(t_1), X'(t_2), \cdots, X'(t_n)\}$ 的协方差矩阵

$$(C_{X'}(t_i, t_j))_{n\times n} = \left(\frac{\partial^2 C_{X'}(t_i, t_j)}{\partial t_i \partial t_j}\right)_{n\times n}. \tag{3.91}$$

即可得结论． □

例 3.3.6 设 $\{X(t), t \in (-\infty, \infty)\}$ 是二阶均方可微的实正态随机过程，且对任意的 s，$t \in (-\infty, \infty)$，有 $m_X(t)=0$，$R_X(s, t)=R_X(t-s)$．试求三维随机向量 $(X(t), X'(t), X''(t))$ 的协方差矩阵，并证明其服从正态分布．

解：（1）由题可知对任意的 $t \in (-\infty, \infty)$ 有 $E[X(t)]=E[X'(t)]=E[X''(t)]=0$，则可得

$$E[X(t)X'(t)]=\frac{\partial R_X(t-s)}{\partial t}\bigg|_{t=s}=R'_X(0), \tag{3.92}$$

$$E[X'(t)X(t)]=\frac{\partial R_X(t-s)}{\partial s}\bigg|_{t=s}=-R'_X(0). \tag{3.93}$$

又因 $E[X(t)X'(t)]=E[X'(t)X(t)]$，则有 $E[X(t)X'(t)]=0$.

同理，可得

$$E[X'(t)X''(t)]=\frac{\partial^3 R_X(t-s)}{\partial s \partial t^2}\bigg|_{s=t}=0, \tag{3.94}$$

$$E[X(t)X''(t)]=\frac{\partial^2 R_X(t-s)}{\partial t^2}\bigg|_{s=t}=R''_X(0), \tag{3.95}$$

$$E[X'(t)X'(t)]=\frac{\partial^2 R_X(t-s)}{\partial s \partial t}\bigg|_{s=t}=-R''_X(0), \tag{3.96}$$

$$E[X''(t)X''(t)]=\frac{\partial^4 R_X(t-s)}{\partial s^2 \partial t^2}\bigg|_{s=t}=R_X^{(4)}(0), \tag{3.97}$$

则可得协方差矩阵为

$$
\boldsymbol{C}=\begin{pmatrix} E[X(t)X(t)] & E[X(t)X'(t)] & E[X(t)X''(t)] \\ E[X'(t)X(t)] & E[X'(t)X'(t)] & E[X'(t)X''(t)] \\ E[X''(t)X(t)] & E[X''(t)X'(t)] & E[X''(t)X''(t)] \end{pmatrix}
$$

$$
=\begin{pmatrix} R_X(0) & 0 & R''_X(0) \\ 0 & -R''_X(0) & 0 \\ R''_X(0) & 0 & R_X^{(4)}(0) \end{pmatrix}. \tag{3.98}
$$

（2）对任意的 $n\geqslant 1$，任取 t，Δt_1，$\Delta t_2\in(-\infty,\infty)$，则可得

$$
\left(X(t),\frac{X(t+\Delta t_1)-X(t)}{\Delta t_1},\frac{X(t+\Delta t_1+\Delta t_2)-X(t+\Delta t_2)}{\Delta t_1}\right)
$$

$$
=(X(t),X(t+\Delta t_1),X(t+\Delta t_2),X(t+\Delta t_1+\Delta t_2))\cdot\begin{pmatrix} 1 & -\frac{1}{\Delta t_1} & 0 \\ 0 & \frac{1}{\Delta t_1} & 0 \\ 0 & 0 & -\frac{1}{\Delta t_1} \\ 0 & 0 & \frac{1}{\Delta t_1} \end{pmatrix}, \tag{3.99}
$$

即 $\left(X(t),\frac{X(t+\Delta t_1)-X(t)}{\Delta t_1},\frac{X(t+\Delta t_1+\Delta t_2)-X(t+\Delta t_2)}{\Delta t_1}\right)$ 是四维随机向量 $(X(t),X(t+\Delta t_1),X(t+\Delta t_2),X(t+\Delta t_1+\Delta t_2))$ 的线性变换，又 $\{X(t)\}$ 是实正态随机过程，则 $\left(X(t),\frac{X(t+\Delta t_1)-X(t)}{\Delta t_1},\frac{X(t+\Delta t_1+\Delta t_2)-X(t+\Delta t_2)}{\Delta t_1}\right)$ 服从正态分布，从而

$$
\underset{\Delta t_1\to 0}{\text{l.i.m}}\left(X(t),\frac{X(t+\Delta t_1)-X(t)}{\Delta t_1},\frac{X(t+\Delta t_1+\Delta t_2)-X(t+\Delta t_2)}{\Delta t_1}\right)
$$

$$
=(X(t),X'(t),X'(t+\Delta t_2)) \tag{3.100}
$$

为三维正态随机向量，又

$$\left(X(t),\ X'(t),\ \frac{X'(t+\Delta t_2)-X'(t)}{\Delta t_2}\right)$$

$$=(X(t),\ X'(t),\ X'(t+\Delta t_2))\cdot\begin{pmatrix}1 & 0 & 0\\ 0 & 1 & -\dfrac{1}{\Delta t_2}\\ 0 & 0 & \dfrac{1}{\Delta t_2}\end{pmatrix},\tag{3.101}$$

同理，可知 $\left(X(t),\ X'(t),\ \dfrac{X'(t+\Delta t_2)-X'(t)}{\Delta t_2}\right)$ 为三维正态随机向量，其线性变换的均方极限

$$\underset{\Delta t_2\to 0}{\mathrm{l.i.m}}\left(X(t),X'(t),\frac{X'(t+\Delta t_2)-X'(t)}{\Delta t_2}\right)=(X(t),X'(t),X''(t))\tag{3.102}$$

为三维正态随机向量.

例 3.3.7 （周期相位正弦波）$X(t)=a\cos(\omega t+\Theta)$，$-\infty<t<\infty$，其中 a，ω 为常数，Θ 为 $[0,\ 2\pi]$ 上的均匀分布，试讨论 $\{X(t),\ -\infty<t<\infty\}$ 的均方可微性.

解： 由于 a，ω 为常数，Θ 为 $[0,\ 2\pi]$ 上的均匀分布，则可得

$$m_X(t)=E[a\cos(\omega t+\Theta)]=\int_0^{2\pi}a\cos(\omega t+\theta)\,\mathrm{d}\theta=0,\tag{3.103}$$

$$R_X(s,\ t)=E[X(s)X(t)]=E[a\cos(\omega s+\Theta)\cdot a\cos(\omega t+\Theta)]$$

$$=\int_0^{2\pi}a^2\cos(\omega s+\theta)\cos(\omega t+\theta)\,\mathrm{d}\theta=\frac{a^2}{2}\cos[\omega(t-s)],\tag{3.104}$$

又 $R_X(s,\ t)=\dfrac{a^2}{2}\cos[\omega(t-s)]$ 处处存在一阶、二阶偏导数，则可知 $\{X(t),\ -\infty<t<\infty\}$ 均方可微，且可求得其导数过程 $\{X'(t),\ -\infty<t<\infty\}$ 的均值函数和自相关函数分别为

$$m_{X'}(t)=0,\ R_{X'}(s,\ t)=\frac{\partial^2}{\partial s\partial t}R_X(s,\ t)=\frac{a^2}{2}\omega^2\cos[\omega(t-s)].\tag{3.105}$$

例 3.3.8　设 $X(t) = \sin(tX)$，其中 X 为一随机变量，且有 $E[X^6] < \infty$. 证明：$X'(t) = X\cos(tX)$.

证明：要证 $X'(t) = X\cos(tX)$，等价于证明

$$\lim_{\Delta t \to 0} E\left[\left\{\frac{\sin[(t+\Delta t)X] - \sin(tX)}{\Delta t} - X\cos(tX)\right\}^2\right] = 0. \tag{3.106}$$

借助柯西-施瓦茨不等式可得

$$\begin{aligned}
&E\left[\left|\frac{\sin[(t+\Delta t)X] - \sin(tX)}{\Delta t} - X\cos(tX)\right|^2\right] \\
&= E\left[\left|\frac{\sin(tX)\cdot[\cos(\Delta tX) - 1]}{\Delta t} + \frac{\sin(\Delta tX)}{\Delta t}\cos(tX) - X\cos(tX)\right|^2\right] \\
&\leqslant 2E\left[\frac{\sin^2 X\cdot[\cos(\Delta tX) - 1]^2}{(\Delta t)^2}\right] + 2E\left[\cos^2(tX)\cdot\left[-X + \frac{\sin(\Delta tX)}{\Delta t}\right]^2\right] \\
&\leqslant 2E\left[\frac{\sin^2 X\cdot(\Delta tX)^4}{(\Delta t)^2}\right] + 2E\left[\cos^2(tX)\cdot\frac{(\Delta t)^4X^6}{(\Delta t)^2}\right] \\
&\leqslant 2(\Delta t)^2E[X^4] + 2(\Delta t)^2E[X^6] \\
&\leqslant 2(\Delta t)^2(E[(X^4)^{\frac{3}{2}}])^{\frac{2}{3}} + 2(\Delta t)^2E[X^6] \\
&= 2(\Delta t)^2(E[X^6])^{\frac{2}{3}} + 2(\Delta t)^2E[X^6] \to 0,\ \Delta t \to 0,
\end{aligned} \tag{3.107}$$

即有 $X'(t) = X\cos(tX)$.

3.4　均方积分

本节讨论在均方意义下二阶矩过程的随机定积分、随机不定积分.

3.4.1　均方定积分的定义

定义 3.4.1　设 $X(t)$ 是 $t \in [a, b]$ 上的二阶矩过程，$f(t, u)$ 是 $[a, b] \times U$ 上的黎曼可积函数，将 $[a, b]$ 作任意分割 $a = t_0 < t_1 < \cdots < t_n = b$，记 $\Delta t_k = t_k - t_{k-1}$，$k = 1, 2, \cdots, n$，$\Delta = \max\limits_{1 \leqslant k \leqslant n} \Delta t_k$. 任取 $t_k^* \in (t_{k-1}, t_k]$，作和式 $\sum\limits_{k=1}^{n} f(t_k^*, u)X(t_k^*)\Delta t_k \in \mathcal{H}$. 若其均方极限

$$\underset{\Delta \to \infty}{\mathrm{l.i.m}} \sum_{k=1}^{n} f(t_k^*, u)X(t_k^*)\Delta t_k \tag{3.108}$$

存在，且此极限与区间 $[a, b]$ 的分法和点 t_k^* 的选取无关，则称 $f(t, u)X(t)$ 在 $[a, b]$ 上**均方可积**，其均方极限称为二阶矩过程 $f(t, u)X(t)$ 在 $[a, b]$ 上的**均方积分**，记为

$$Y(u)=\int_a^b f(t, u)X(t)\,\mathrm{d}t,\quad u\in U, \tag{3.109}$$

称 $\{Y(u), u\in U\}$ 为 $f(t, u)X(t)$ 在 $[a, b]$ 上的**均方积分过程**.

特别地，当 $f(t, u)\equiv 1$ 时，则 $X(t)$ 在 $[a, b]$ 上的均方积分为一个二阶矩变量，即

$$Y=\int_a^b X(t)\,\mathrm{d}t. \tag{3.110}$$

定义 3.4.2 设 $X(t)$ 是 $t\in[a, +\infty)$ 上的二阶矩过程，$f(t, u)$ 是 $[a, +\infty)\times U$ 上的黎曼可积函数，如果对任意的 $b>a$，$f(t, u)X(t)$ 在 $[a, b]$ 上均方可积，且均方极限

$$\underset{b\to+\infty}{\mathrm{l.i.m}}\int_a^b f(t, u)X(t)\,\mathrm{d}t \tag{111}$$

存在，则称 $f(t, u)X(t)$ 在 $t\in[a, +\infty)$ 上**广义均方可积**，称此均方极限为 $f(t, u)X(t)$ 在 $t\in[a, +\infty)$ 上的广义均方积分，记为 $\int_a^{+\infty} f(t, u)X(t)\,\mathrm{d}t$，即

$$\int_a^{+\infty} f(t, u)X(t)\,\mathrm{d}t=\underset{b\to+\infty}{\mathrm{l.i.m}}\int_a^b f(t, u)X(t)\,\mathrm{d}t. \tag{3.112}$$

类似地，我们可以定义

$$\int_{-\infty}^b f(t, u)X(t)\,\mathrm{d}t,\quad \int_{-\infty}^{+\infty} f(t, u)X(t)\,\mathrm{d}t. \tag{3.113}$$

定义 3.4.3（黎曼-斯蒂尔切斯均方积分） 设 $X(t)$ 是 $t\in[a, b]$ 上的二阶矩过程，$f(t, u)$ 是 $[a, b]\times U$ 上的黎曼可积函数，将 $[a, b]$ 作任意分割 $a=t_0<t_1<\cdots<t_n=b$，记 $\Delta=\max\limits_{1\leqslant k\leqslant n}\Delta t_k$，$k=1, 2, \cdots, n$. 任取 $t_k^*\in(t_{k-1}, t_k]$，作和式 $\sum\limits_{k=1}^n f(t_k^*, u)[X(t_k)-X(t_{k-1})]\in\mathcal{H}$. 若其均方极限

$$\underset{\Delta\to\infty}{\mathrm{l.i.m}}\sum_{k=1}^n f(t_k^*, u)[X(t_k)-X(t_{k-1})] \tag{3.114}$$

存在，且此极限与区间 $[a, b]$ 的分法和点 t_k^* 的选取无关，则称此极限为

$f(t,\ u)$ 对 $X(t)$ 在区间 $[a,\ b]$ 上的**黎曼-斯蒂尔切斯均方积分**，简称 $R-S$ 均方积分，记为 $\int_a^b f(t,\ u)\,\mathrm{d}X(t)$ ，即

$$\int_a^b f(t,\ u)\,\mathrm{d}X(t)=\underset{\Delta\to 0}{\mathrm{l.\ i.\ m}}\sum_{k=1}^{n} f(t_k^*,\ u)\,[X(t_k)-X(t_{k-1})]\,. \tag{3.115}$$

定义 3.4.4 [伊藤 (Itô) 积分]　设 $X(t)$ 是 $t\in[a,\ b]$ 上的二阶矩过程，$\{W(t),\ t\geqslant 0\}$ 为维纳过程，将 $[a,\ b]$ 作任意分割 $a=t_0<t_1<\cdots<t_n=b$，作和式

$$\sum_{k=1}^{n} X(t_{k-1})\,[W(t_k)-W(t_{k-1})]\,. \tag{3.116}$$

令 $\Delta=\max\limits_{1\leqslant k\leqslant n}(t_k-t_{k-1})$ ，若均方极限

$$\underset{\Delta\to 0}{\mathrm{l.\ i.\ m}}\sum_{k=1}^{n} X(t_{k-1})\,[W(t_k)-W(t_{k-1})] \tag{3.117}$$

存在，且此极限与区间 $[a,\ b]$ 的分法无关，则称此极限为 $X(t)$ 关于维纳过程在区间 $[a,\ b]$ 上的**伊藤积分**，记为 $\int_a^b X(t)\,\mathrm{d}W(t)$ ，即

$$\int_a^b X(t)\,\mathrm{d}W(t)=\underset{\Delta\to 0}{\mathrm{l.\ i.\ m}}\sum_{k=1}^{n} X(t_{k-1})\,[W(t_k)-W(t_{k-1})]\,. \tag{3.118}$$

3.4.2　均方可积准则

定理 3.4.1　设 $X(t)$ 是 $t\in[a,\ b]$ 上的二阶矩过程，$f(t,\ u)X(t)$ 对每个 $u\in U$ 是 $t\in[a,\ b]$ 上的黎曼可积函数，则 $\{f(t,\ u)X(t),\ t\in[a,\ b]\}$ 在 $t\in[a,\ b]$ 上均方可积的充要条件是其相关函数 $\overline{f(s,\ u)}f(t,\ u)R_X(s,\ t)$ 在 $[a,\ b]\times[a,\ b]$ 上二重积分

$$\int_a^b\int_a^b \overline{f(s,\ u)}f(t,\ u)R_X(s,\ t)\,\mathrm{d}s\mathrm{d}t \tag{3.119}$$

存在.

特别地，二阶矩过程 $X(t)$ 在 $t\in[a,\ b]$ 上均方可积的充要条件是 $R_X(s,\ t)$ 在 $[a,\ b]\times[a,\ b]$ 上可积，且有

$$E\left[\left[\int_a^b X(t)\,\mathrm{d}t\right]^2\right]=\int_a^b\int_a^b R_X(s,\ t)\,\mathrm{d}s\mathrm{d}t. \tag{3.120}$$

证明：首先证明充分性.

由均方极限的收敛准则可知，欲证均方积分 $\int_a^b f(t, u) X(t) \mathrm{d}t$ 存在，只需证

$$\underset{\substack{\Delta\to0\\ \Delta'\to0}}{\mathrm{l.i.m}}\left[\sum_{k=1}^{m} f(t_k^*, u)X(t_k^*)(t_k - t_{k-1}) - \sum_{l=1}^{n} f(s_l^*, u)X(s_l^*)(s_l - s_{l-1})\right] = 0, \tag{3.121}$$

其中 $a = t_0 < t_1 < \cdots < t_m = b$ 是区间 $[a, b]$ 上的一组划分，$t_k^* \in [t_{k-1}, t_k)$，$k = 1, 2, \cdots, m$，$\Delta = \max\limits_{1\leqslant k\leqslant m}(t_k - t_{k-1})$，$a = s_0 < s_1 < \cdots < s_n = b$ 是区间 $[a, b]$ 上的另外一组划分，$s_k^* \in [s_{l-1}, s_l)$，$l = 1, 2, \cdots, n$，$\Delta' = \max\limits_{1\leqslant l\leqslant n}(s_l - s_{l-1})$．等式（3.121）等价于

$$\lim_{\substack{\Delta\to0\\ \Delta'\to0}} E\left[\left|\sum_{k=1}^{m} f(t_k^*, u)X(t_k^*)(t_k - t_{k-1}) - \sum_{l=1}^{n} f(s_l^*, u)X(s_l^*)(s_l - s_{l-1})\right|^2\right] = 0, \tag{3.122}$$

则有

$$\begin{aligned}\lim_{\substack{\Delta\to0\\ \Delta'\to0}} [&\sum_{k=1}^{m}\sum_{l=1}^{m} \overline{f(t_k^*, u)} f(t_l^*, u) R_X(t_k^*, t_l^*)(t_k - t_{k-1})(t_l - t_{l-1}) \\ &+ \sum_{k=1}^{n}\sum_{l=1}^{n} \overline{f(s_k^*, u)} f(s_l^*, u) R_X(s_k^*, s_l^*)(s_k - s_{k-1})(s_l - s_{l-1}) \\ &- 2\sum_{k=1}^{m}\sum_{l=1}^{n} \overline{f(t_k^*, u)} f(s_l^*, u) R_X(t_k^*, s_l^*)(t_k - t_{k-1})(s_l - s_{l-1})] = 0.\end{aligned} \tag{3.123}$$

由二重积分的意义可知，上式等号左边的极限等于

$$\begin{aligned}&\int_a^b\int_a^b \overline{f(s, u)} f(t, u) R_X(s, t) \mathrm{d}s\mathrm{d}t + \int_a^b\int_a^b \overline{f(s, u)} f(t, u) R_X(s, t) \mathrm{d}s\mathrm{d}t \\ &\qquad - 2\int_a^b\int_a^b \overline{f(s, u)} f(t, u) R_X(s, t) \mathrm{d}s\mathrm{d}t = 0,\end{aligned} \tag{3.124}$$

即均方积分 $\int_a^b f(t, u) X(t) \mathrm{d}t$ 存在．

其次证明必要性．

均方积分 $\int_a^b f(t, u) X(t) \mathrm{d}t$ 存在，则由均方极限的性质 2 中的（2）可知

$$\lim_{\substack{\Delta\to0\\ \Delta'\to0}} E\left[\overline{\sum_{k=1}^{m} f(t_k^*, u)X(t_k^*)(t_k - t_{k-1})} \cdot \sum_{l=1}^{n} f(s_l^*, u)X(s_l^*)(s_l - s_{l-1})\right]$$

$$= E\left[\left|\int_a^b f(t, u)X(t)\mathrm{d}t\right|^2\right], \tag{3.125}$$

则有

$$\int_a^b\int_a^b \overline{f(s, u)}f(t, u)R_X(s, t)\mathrm{d}s\mathrm{d}t = E\left[\left|\int_a^b f(t, u)X(t)\mathrm{d}t\right|^2\right], \tag{3.126}$$

即二重积分 $\int_a^b\int_a^b \overline{f(s, u)}f(t, u)R_X(s, t)\mathrm{d}s\mathrm{d}t$ 存在. □

推论 3.4.1　设 $X(t)$ 是 $t \in [a, +\infty)$ 上的二阶矩过程，$f(t, u)X(t)$ 是 $t \in [a, +\infty) \times U$ 上的黎曼可积函数，则 $\{f(t, u)X(t), t \in [a, +\infty)\}$ 在 $t \in [a, +\infty)$ 上均方可积的充要条件是其相关函数在 $[a, +\infty) \times [a, +\infty)$ 上二重积分

$$\int_a^{+\infty}\int_a^{+\infty} \overline{f(s, u)}f(t, u)R_X(s, t)\mathrm{d}s\mathrm{d}t \tag{3.127}$$

存在.

例 3.4.1　设二阶矩过程 $\{W(t), t \geqslant 0\}$ 是参数为 σ^2 的维纳过程，试讨论 $\{W(t), t \geqslant 0\}$ 的均方可积性.

解： 由于 $\{W(t), t \geqslant 0\}$ 的相关函数为 $R_W(s, t) = \sigma^2\min(s, t)$，对任意的 $b > 0$，可得

$$\begin{aligned}\int_0^b\int_0^b R_W(s, t)\mathrm{d}s\mathrm{d}t &= \int_0^b\int_0^b \sigma^2\min(s, t)\mathrm{d}s\mathrm{d}t \\ &= \sigma^2\int_0^b\left(\int_0^s t\mathrm{d}t + \int_s^b s\mathrm{d}t\right)\mathrm{d}s = \frac{\sigma^2 b^3}{3},\end{aligned} \tag{3.128}$$

则由均方可积准则知，对任意有限的 $b > 0$，维纳过程 $\{W(t), t \geqslant 0\}$ 在 $[0, b]$ 上是均方可积的.

3.4.3　均方积分的性质

性质 1　若二阶矩过程 $X(t)$ 在区间 $[a, b]$ 上均方连续，则 $X(t)$ 在 $[a, b]$ 上均方可积.

证明： 因为二阶矩过程 $X(t)$ 在区间 $[a, b]$ 上均方连续，则由均方连续的性质可知，$\{X(t), t \in [a, b]\}$ 的相关函数 $R_X(s, t)$ 在 $[a, b] \times [a, b]$ 上连续，因而可知，$\int_a^b\int_a^b R_X(s, t)\mathrm{d}s\mathrm{d}t$ 存在，即 $X(t)$ 在 $[a, b]$ 上均方可积. □

性质2 若二阶矩过程 $\{f(t, u)X(t), t \in [a, b], u \in U\}$ 在区间 $[a, b]$ 上均方可积，则均方积分在概率为 1 的情况下是唯一的 .

此性质可由均方收敛的唯一性得到 .

性质 3（线性） 设 $\{f(t, u)X(t), t \in [a, b]\}$，$\{g(t, u)Y(t), t \in [a, b]\}$ 为均方可积随机过程，对任意的常数 α，β，$\{\alpha f(t, u)X(t) + \beta g(t, u)Y(t), t \in [a, b]\}$ 在 $[a, b]$ 上也是均方可积的，且有

$$\int_a^b (\alpha f(t, u) X(t) + \beta g(t, u) Y(t))\,\mathrm{d}t = \alpha \int_a^b f(t, u) X(t)\,\mathrm{d}t + \beta \int_a^b g(t, u) Y(t)\,\mathrm{d}t. \tag{3.129}$$

性质4（可加性） 设二阶矩过程$\{f(t, u) X(t), t \in [a, b]\}$在$[a, b]$上均方可积，$a<c<b$，则$\{f(t, u) X(t), t \in [a, b]\}$在$[a, c]$和$[c, b]$上也均方可积，且

$$\int_a^b f(t, u) X(t)\,\mathrm{d}t = \int_a^c f(t, u) X(t)\,\mathrm{d}t + \int_c^b f(t, u) X(t)\,\mathrm{d}t. \tag{3.130}$$

性质5 设 $\{X(t), t \in [a, b]\}$ 为均方可积随机过程，$f(t, u)$ 为普通函数，则积分过程 $Y(u) = \int_a^b f(t, u) X(t)\,\mathrm{d}t$ 的数字特征有

(1) $m_Y(u) = \int_a^b f(t, u)\, m_X(t)\,\mathrm{d}t$;

(2) $R_Y(u, v) = \int_a^b \int_a^b \overline{f(s, u)} f(t, v)\, R_X(s, t)\,\mathrm{d}s\mathrm{d}t$;

(3) $C_Y(u, v) = \int_a^b \int_a^b \overline{f(s, u)} f(t, v)\, C_X(s, t)\,\mathrm{d}s\mathrm{d}t$;

(4) $D_Y(u) = \int_a^b \int_a^b \overline{f(s, u)} f(t, u)\, C_X(s, t)\,\mathrm{d}s\mathrm{d}t$.

证明：(1) 取区间 $[a, b]$ 上的一组划分 $a = t_0 < t_1 < \cdots < t_n = b$，$t_k^* \in [t_{k-1}, t_k)$，$k = 1, 2, \cdots, n$，$\Delta = \max\limits_{1 \leqslant k \leqslant n}(t_k - t_{k-1})$，$\Delta t_k = t_k - t_{k-1}$. 由均方收敛性质可得

$$\begin{aligned} m_Y(u) &= E[Y(u)] = E\left[\int_a^b f(t, u) X(t)\,\mathrm{d}t\right] = E\left[\underset{\Delta \to 0}{\mathrm{l.i.m}} \sum_{k=1}^n f(t_k^*, u) X(t_k^*) \Delta t_k\right] \\ &= \lim_{\Delta \to 0} E\left[\sum_{k=1}^n f(t_k^*, u) X(t_k^*) \Delta t_k\right] = \lim_{\Delta \to 0} \sum_{k=1}^n f(t_k^*, u) E[X(t_k^*)]\, \Delta t_k \\ &= \lim_{\Delta \to 0} \sum_{k=1}^n f(t_k^*, u) m_X(t_k^*) \Delta t_k = \int_a^b f(t, u) m_X(t)\,\mathrm{d}t. \end{aligned} \tag{3.131}$$

（2）取 $a=s_0<s_1<\cdots<s_m=b$ 是区间 $[a, b]$ 上的另一组划分，$s_l^* \in [t_{l-1}, t_l)$，$l=1, 2, \cdots, m$，$\Delta'=\max\limits_{1\leqslant l\leqslant m}(s_l-s_{l-1})$，$\Delta s_l=s_l-s_{l-1}$. 由均方收敛性质可得

$$R_Y(u, v)=E\overline{Y(u)}Y(v)=E\left[\overline{\int_a^b f(t, u)X(t)\mathrm{d}t}\int_a^b f(t, v)X(t)\mathrm{d}t\right]$$

$$=E\left[\overline{\underset{\Delta'\to 0}{\mathrm{l.i.m}}\sum_{l=1}^{m}f(s_l^*, u)X(s_l^*)\Delta s_l}\cdot\underset{\Delta\to 0}{\mathrm{l.i.m}}\sum_{k=1}^{n}f(t_k^*, v)X(t_k^*)\Delta t_k\right]$$

$$=\lim_{\substack{\Delta\to 0\\ \Delta'\to 0}}E\left[\overline{\sum_{l=1}^{m}f(s_l^*, u)X(s_l^*)\Delta s_l}\cdot\sum_{k=1}^{n}f(t_k^*, v)X(t_k^*)\Delta t_k\right]$$

$$=\lim_{\substack{\Delta\to 0\\ \Delta'\to 0}}E\left[\sum_{l=1}^{m}\sum_{k=1}^{n}\overline{f(s_l^*, u)X(s_l^*)}f(t_k^*, v)X(t_k^*)\Delta s_l\Delta t_k\right]$$

$$=\lim_{\substack{\Delta\to 0\\ \Delta'\to 0}}\sum_{l=1}^{m}\sum_{k=1}^{n}\overline{f(s_l^*, u)}f(t_k^*, v)R_X(s_l^*, t_k^*)\Delta s_l\Delta t_k$$

$$=\int_a^b\int_a^b\overline{f(s, u)}f(t, v)R_X(s, t)\mathrm{d}s\mathrm{d}t. \tag{3.132}$$

（3）由协方差函数与自相关函数、均值函数的关系，结合（1）和（2）可得

$$C_Y(u, v)=R_Y(u, v)-\overline{m_Y(u)}\,m_Y(v)$$

$$=\int_a^b\int_a^b\overline{f(s, u)}\,f(t, v)\,R_X(s, t)\,\mathrm{d}s\mathrm{d}t-\overline{\int_a^b f(s, u)\,m_X(s)\,\mathrm{d}s}\int_a^b f(t, v)\,m_X(t)\,\mathrm{d}t$$

$$=\int_a^b\int_a^b\overline{f(s, u)}\,f(t, v)\,[R_X(s, t)-\overline{m_X(s)}\,m_X(t)]\,\mathrm{d}s\mathrm{d}t$$

$$=\int_a^b\int_a^b\overline{f(s, u)}\,f(t, v)\,C_X(s, t)\,\mathrm{d}s\mathrm{d}t. \tag{3.133}$$

（4）$D_Y(u)=C_Y(u, u)=\int_a^b\int_a^b\overline{f(s, u)}\,f(t, u)\,C_X(s, t)\,\mathrm{d}s\mathrm{d}t.$ □

性质 6　设 $\{X(t), t\in[a, b]\}$ 为均方可积随机过程，则有

$$E\left[\left|\int_a^b X(t)\,\mathrm{d}t\right|^2\right]\leqslant\left(\int_a^b(E[|X(t)|^2])^{\frac{1}{2}}\mathrm{d}t\right)^2\leqslant(b-a)\int_a^b E[|X(t)|^2]\,\mathrm{d}t$$

$$\leqslant(b-a)^2\max_{a\leqslant t\leqslant b}E[|X(t)|^2]$$

证明： 由柯西-施瓦茨不等式可得

$$E\left[\left|\int_a^b X(t)\,\mathrm{d}t\right|^2\right]=\int_a^b\int_a^b R_X(s, t)\,\mathrm{d}s\mathrm{d}t=\int_a^b\int_a^b E[\overline{X(s)}X(t)]\mathrm{d}s\mathrm{d}t$$

$$\leqslant \left|\int_a^b\int_a^b E[\overline{X(s)}X(t)]\,\mathrm{d}s\mathrm{d}t\right| \leqslant \int_a^b\int_a^b E[|\overline{X(s)}X(t)|]\,\mathrm{d}s\mathrm{d}t$$

$$\leqslant \int_a^b\int_a^b (E[|X(s)|^2])^{\frac{1}{2}}(E[|X(t)|^2])^{\frac{1}{2}}\mathrm{d}s\mathrm{d}t$$

$$=\left(\int_a^b (E[|X(t)|^2])^{\frac{1}{2}}\mathrm{d}t\right)^2 \leqslant \int_a^b 1^2\mathrm{d}t\int_a^b E[|X(t)|^2]\,\mathrm{d}t$$

$$=(b-a)\int_a^b E[|X(t)|^2]\,\mathrm{d}t$$

$$\leqslant (b-a)^2\max_{a\leqslant t\leqslant b} E[|X(t)|^2]. \tag{3.134}$$

□

定理 3.4.2（变上限积分）设二阶矩过程 $X(t)$ 在 $[a, b]$ 上均方连续，则 $Y(t) = \int_a^t X(s)\,\mathrm{d}s$，$t \in [a, b]$ 在 $[a, b]$ 上是均方可微的，对任意的 t，$s \in [a, b]$，有

（1）$P(Y'(t) = X(t)) = 1$；

（2）$m_Y(t) = E[Y(t)] = \int_a^t E[X(s)]\,\mathrm{d}s = \int_a^t m_X(s)\,\mathrm{d}s$；

（3）$R_Y(s, t) = \int_a^s\int_a^t R_X(u, v)\,\mathrm{d}u\mathrm{d}v$.

证明：（1）由均方导数的定义可知

$$0 \leqslant E[|Y'(t) - X(t)|^2] = E\left[\left|\underset{\Delta t\to 0}{\mathrm{l.i.m}}\frac{Y(t+\Delta t) - Y(t)}{\Delta t} - X(t)\right|^2\right]$$

$$= E\left[\left|\underset{\Delta t\to 0}{\mathrm{l.i.m}}\frac{1}{\Delta t}\int_t^{t+\Delta t} X(s)\,\mathrm{d}s - X(t)\right|^2\right]$$

$$=\lim_{\Delta t\to 0} E\left[\left|\frac{1}{\Delta t}\int_t^{t+\Delta t}[X(s) - X(t)]\,\mathrm{d}s\right|^2\right]$$

$$=\lim_{\Delta t\to 0}\frac{1}{(\Delta t)^2}E\left[\left|\int_t^{t+\Delta t}[X(s) - X(t)]\,\mathrm{d}s\right|^2\right]$$

$$\leqslant \lim_{\Delta t\to 0}\frac{(\Delta t)^2}{(\Delta t)^2}\max_{t\leqslant s\leqslant t+\Delta t} E[|X(s) - X(t)|^2]$$

$$=\lim_{\Delta t\to 0}\max_{t\leqslant s\leqslant t+\Delta t} E[|X(s) - X(t)|^2] = 0, \tag{3.135}$$

即 $E[|Y'(t) - X(t)|^2] = 0$，从而有 $P(Y'(t) = X(t)) = 1$.

（2）和（3）可由均方积分的性质 5 可得．□

定理 3.4.3 ［均方牛顿-莱布尼茨（Newton-Leibniz）公式］设二阶矩过程 $X(t)$ 在 $[a, b]$ 上均方可微，且 $X'(t)$ 在 $t \in [a, b]$ 上是均方连续，则有

$$\int_a^b X'(t)\,\mathrm{d}t = X(b) - X(a). \tag{3.136}$$

证明： 由于 $X'(t)$ 在 $t \in [a, b]$ 上是均方连续，则由定理 3.4.2 可知 $Y(t) = \int_a^t X'(s)\,\mathrm{d}s$ 在 $t \in [a, b]$ 上均方可微，且有 $Y'(t) = X'(t)$，$t \in [a, b]$，则

$$[Y(t) - X(t)]' = Y'(t) - X'(t) = 0,\ a \leqslant t \leqslant b. \tag{3.137}$$

则由均方导数的性质 6 可知 $Y(t) - X(t) = \xi$，其中 ξ 为 t 无关的常随机变量，即 $Y(t) = X(t) + \xi$，$a \leqslant t \leqslant b$. 取 $t = a$，则可得 $\xi = -X(a)$，即

$$Y(b) = \int_a^b X'(t)\,\mathrm{d}t = X(b) - X(a). \tag{3.138}$$

□

由定理 3.4.2 和定理 3.4.3 可得下面结论．

定理 3.4.4 （均方积分的分部积分公式）设二阶矩过程 $X(t)$ 在 $[a, b]$ 上均方可微，且 $X'(t)$ 在 $t \in [a, b]$ 上是均方连续，$f(t)$ 是 $t \in [a, b]$ 上的连续可微函数，则有

$$\int_a^b f(t)\,X'(t)\,\mathrm{d}t = [f(t)\,X(t)]\,\Big|_a^b - \int_a^b f'(t)\,X(t)\,\mathrm{d}t. \tag{3.139}$$

例 3.4.2 设 $\{W(t),\ t \geqslant 0\}$ 是参数为 σ^2 的维纳过程，定义 $X(t) = \int_0^t W(s)\,\mathrm{d}s$，$t \geqslant 0$，求随机过程 $\{X(t),\ t \geqslant 0\}$ 的均值函数和自相关函数．

解： 由性质 5 可得均值函数

$$m_X(t) = E[X(t)] = \int_0^t E[W(s)]\,\mathrm{d}s = 0. \tag{3.140}$$

当 $0 \leqslant s \leqslant t$ 时，则自相关函数

$$\begin{aligned} R_X(s, t) &= \int_0^s\int_0^t R_W(u, v)\,\mathrm{d}u\mathrm{d}v = \int_0^s\int_0^t \sigma^2 \min(u, v)\,\mathrm{d}u\mathrm{d}v \\ &= \sigma^2\int_0^s 1\mathrm{d}u\int_0^u \min(u, v)\,\mathrm{d}v + \sigma^2\int_0^s 1\mathrm{d}u\int_u^t \min(u, v)\,\mathrm{d}v \end{aligned}$$

$$=\sigma^2\int_0^s 1\mathrm{d}u\int_0^u v\mathrm{d}v+\sigma^2\int_0^s 1\mathrm{d}u\int_u^t u\mathrm{d}v=\frac{\sigma^2 s^2}{6}(3t-s). \tag{3.141}$$

当 $0\leqslant t<s$ 时，类似可得

$$R_X(s, t)=\frac{\sigma^2 t^2}{6}(3s-t). \tag{3.142}$$

即综上可得

$$R_X(s, t)=\begin{cases}\dfrac{\sigma^2 s^2}{6}(3t-s), & 0\leqslant s\leqslant t,\\[2ex] \dfrac{\sigma^2 t^2}{6}(3s-t), & 0\leqslant t<s.\end{cases} \tag{3.143}$$

例 3.4.3 设 $\{N(t), t\geqslant 0\}$ 是参数为 λ 的泊松过程，定义 $X(t)=\int_0^t N(s)\mathrm{d}s$，$t\geqslant 0$，求随机过程 $\{X(t), t\geqslant 0\}$ 的均值函数和自相关函数.

解：由随机过程 $\{X(t), t\geqslant 0\}$ 的定义可得其均值函数

$$m_X(t)=\int_0^t m_N(s)\mathrm{d}s=\int_0^t \lambda s\mathrm{d}s=\frac{\lambda}{2}t^2,\ t\geqslant 0. \tag{3.144}$$

自相关函数为

$$\begin{aligned}R_X(s, t)&=\int_0^s\int_0^t R_N(u, v)\mathrm{d}u\mathrm{d}v\\&=\int_0^s\int_0^t[\lambda^2 uv+\lambda\min(u, v)]\mathrm{d}u\mathrm{d}v\\&=\frac{\lambda^2}{4}s^2t^2+\lambda\int_0^s\int_0^t\min(u, v)\mathrm{d}u\mathrm{d}v.\end{aligned} \tag{3.145}$$

当 $0\leqslant s\leqslant t$ 时，则可得自相关函数

$$\begin{aligned}R_X(s, t)&=\frac{\lambda^2}{4}s^2t^2+\lambda\int_0^s\int_0^t\min(u, v)\mathrm{d}u\mathrm{d}v\\&=\frac{\lambda^2}{4}s^2t^2+\lambda\int_0^s 1\mathrm{d}u\int_0^u\min(u, v)\mathrm{d}v+\lambda\int_0^s 1\mathrm{d}u\int_u^t\min(u, v)\mathrm{d}v\\&=\frac{\lambda^2}{4}s^2t^2+\lambda\int_0^s 1\mathrm{d}u\int_0^u v\mathrm{d}v+\lambda\int_0^s 1\mathrm{d}u\int_u^t u\mathrm{d}v\\&=\frac{\lambda^2}{4}s^2t^2+\frac{\lambda}{6}s^2(3t-s).\end{aligned} \tag{3.146}$$

当 $0 \leqslant t < s$ 时，类似可得

$$R_X(s, t) = \frac{\lambda^2}{4}s^2t^2 + \frac{\lambda}{6}t^2(3s - t). \tag{3.147}$$

即综上可得

$$R_X(s, t) = \begin{cases} \frac{\lambda^2}{4}s^2t^2 + \frac{\lambda}{6}s^2(3t - s), & 0 \leqslant s \leqslant t, \\ \frac{\lambda^2}{4}s^2t^2 + \frac{\lambda}{6}t^2(3s - t), & 0 \leqslant t < s. \end{cases} \tag{3.148}$$

例 3.4.4　设 $X(t) = A\cos(\omega t) + B\sin(\omega t)$，$t \geqslant 0$，$\omega$ 为常数，A，B 相互独立同服从 $N(0, \sigma^2)$ 分布．试判断 $\{X(t), t \geqslant 0\}$ 的均方可积性，若均方可积，求其均方不定积分过程的均值函数、方差函数和协方差函数．

解：由题意可知

$$m_X(t) = 0, \ R_X(s, t) = C_X(s, t) = \sigma^2\cos[\omega(t - s)]. \tag{3.149}$$

则 $X(t)$ 均方连续，由性质可知其均方可积，均方不定积分存在，且由均方积分的性质 5 有

$$m_Y(t) = E[Y(t)] = \int_0^t E[X(s)]\,\mathrm{d}s = 0, \tag{3.150}$$

$$\begin{aligned} C_Y(s, t) &= \int_0^s\int_0^t R_X(u, v)\,\mathrm{d}u\mathrm{d}v = \int_0^s\int_0^t \sigma^2\cos[\omega(u - v)]\,\mathrm{d}u\mathrm{d}v \\ &= \frac{\sigma^2}{\omega^2}\{1 - \cos(\omega s) - \cos(\omega t) + \cos[\omega(t - s)]\}, \end{aligned} \tag{3.151}$$

$$D_Y(t) = C_Y(t, t) = \frac{2\sigma^2}{\omega^2}[1 - \cos(\omega t)]. \tag{3.152}$$

例 3.4.5　设 $X(t) = A\cos(\omega t) + B\sin(\omega t)$，$t \geqslant 0$，$\omega$ 为常数，A，B 相互独立同服从区间 $[-1, 1]$ 上均匀分布．试判断 $\{X(t), t \geqslant 0\}$ 的均方可积性，若均方可积，求其均方不定积分过程的均值函数和自相关函数．

解：由题意可知

$$m_X(t) = E[X(t)] = E[A]\cos(\omega t) + E[B]\sin(\omega t) = 0, \ t \geqslant 0. \tag{3.153}$$

$$R_X(s, t) = E[\overline{X(s)}X(t)] = E[\overline{[A\cos(\omega s) + B\sin(\omega s)]} \cdot [A\cos(\omega t) + B\sin(\omega t)]]$$

$$= E[A^2]\cos(\omega s)\cos(\omega t) + E[B^2]\sin(\omega s)\sin(\omega t)$$
$$+ E[AB][\sin(\omega s)\cos(\omega t) + \sin(\omega t)\cos(\omega s)]$$
$$= \frac{1}{3}\cos[\omega(t-s)],\ s,\ t \geqslant 0. \tag{3.154}$$

则由 $R_X(s, t)$ 连续可知 $\{X(t), t \geqslant 0\}$ 均方连续，从而 $\{X(t), t \geqslant 0\}$ 均方可积，则其均方不定积分 $Y(t) = \int_0^t X(s)\,\mathrm{d}s$ 存在，且对任意的 s，$t \geqslant 0$ 有

$$m_Y(t) = \int_0^t m_X(s)\,\mathrm{d}s = 0, \tag{3.155}$$

$$R_Y(s, t) = \int_0^s\int_0^t R_X(u, v)\,\mathrm{d}u\mathrm{d}v$$
$$= \int_0^s\int_0^t \frac{1}{3}\cos[\omega(v-u)]\,\mathrm{d}u\mathrm{d}v$$
$$= \frac{1}{3\omega^2}\{1 - \cos(\omega s) - \cos(\omega t) + \cos[\omega(t-s)]\}. \tag{3.156}$$

例 3.4.6 设随机过程 $\{X(t), t \geqslant 0\}$ 的均值函数 $m_X(t) = 0$，自相关函数 $R_X(s, t) = A\mathrm{e}^{-\alpha|t-s|}$，$t$，$s \geqslant 0$，其中 A 和 α 为常数．若

$$Y(t) = \int_0^t X(s)\,\mathrm{d}s,\ t \geqslant 0, \tag{3.157}$$

求随机过程 $\{Y(t), t \geqslant 0\}$ 的均值函数 $m_Y(t)$ 和自相关函数 $R_Y(s, t)$．

解： 由 $Y(t) = \int_0^t X(s)\,\mathrm{d}s$ 可知 $Y(t)$ 的均值函数为

$$m_Y(t) = \int_0^t m_X(s)\,\mathrm{d}s = 0. \tag{3.158}$$

自相关函数为

$$R_Y(s, t) = E[\overline{Y(s)}\,Y(t)] = E\left[\overline{\int_0^s X(u)\,\mathrm{d}u}\int_0^t X(v)\,\mathrm{d}v\right]$$
$$= \int_0^s\int_0^t E[\overline{X(u)}\,X(v)]\,\mathrm{d}u\mathrm{d}v = \int_0^s\int_0^t R_X(u, v)\,\mathrm{d}u\mathrm{d}v$$
$$= A\int_0^s\int_0^t \mathrm{e}^{-\alpha|u-v|}\,\mathrm{d}u\mathrm{d}v. \tag{3.159}$$

当 $s < t$ 时，

$$R_Y(s,\ t)=A\int_0^s\left[\int_0^u \mathrm{e}^{-\alpha(u-v)}\mathrm{d}v+\int_u^t \mathrm{e}^{-\alpha(v-u)}\mathrm{d}v\right]\mathrm{d}u$$

$$=\frac{2A}{\alpha}s+\frac{A}{\alpha^2}[\mathrm{e}^{-\alpha s}+\mathrm{e}^{-\alpha t}+\mathrm{e}^{-\alpha(t-s)}-1]. \tag{3.160}$$

由自相关函数中 s 和 t 的对称性可知，当 $s\geqslant t$ 时有

$$R_Y(s,\ t)=\frac{2A}{\alpha}t+\frac{A}{\alpha^2}[\mathrm{e}^{-\alpha s}+\mathrm{e}^{-\alpha t}+\mathrm{e}^{-\alpha(s-t)}-1]. \tag{3.161}$$

即综上可得

$$R_Y(s,\ t)=\frac{2A}{\alpha}\min(s,\ t)+\frac{A}{\alpha^2}[\mathrm{e}^{-\alpha s}+\mathrm{e}^{-\alpha t}+\mathrm{e}^{-\alpha|s-t|}-1]. \tag{3.162}$$

3.5　正态过程的均方微积分

实值正态过程是一种重要的二阶矩过程，在许多工程技术等实际问题中，常常需要考虑正态过程的均方导数和均方不定积分的分布，为此，本节给出以下重要结论.

定理 3.5.1　正态随机变量序列的均方极限仍为正态随机变量，即，若 $\{X_n,\ n\geqslant 1\}$ 为正态随机变量序列，$\underset{n\to+\infty}{\mathrm{l.i.m}}\,X_n=X$，则 X 是正态随机变量.

证明： 令 φ_X，φ_{X_n} 分别是 X，X_n 的特征函数，μ，μ_n 分别是 X，X_n 的期望，σ^2，σ_n^2 分别是 X，X_n 的方差，即有

$$\varphi_X(t)=E[\mathrm{e}^{\mathrm{i}tX}],\ \mu=E[X],\ \sigma^2=D(X), \tag{3.163}$$

$$\varphi_{X_n}(t)=E[\mathrm{e}^{\mathrm{i}tX_n}],\ \mu_n=E[X_n],\ \sigma_n^2=D(X_n). \tag{3.164}$$

由于$\underset{n\to+\infty}{\mathrm{l.i.m}}\,X_n=X$，则由均方收敛的性质可知

$$\lim_{n\to+\infty}\mu_n=\mu,\ \lim_{n\to+\infty}\sigma_n^2=\sigma^2. \tag{3.165}$$

又 $\{X_n,\ n\geqslant 1\}$ 是正态随机变量序列，则

$$\varphi_X(t)=\lim_{n\to+\infty}\varphi_{X_n}(t)=\lim_{n\to+\infty}\mathrm{e}^{\mathrm{i}t\mu_n-\frac{1}{2}\sigma_n^2t^2}=\mathrm{e}^{\mathrm{i}t\mu-\frac{1}{2}\sigma^2t^2}. \tag{3.166}$$

□

推论 3.5.1　设 $\{X(t),\ t\in T\}$ 是一族正态随机变量，若 $\underset{t\to t_0}{\mathrm{l.i.m}}\,X(t)=X$，$t_0\in T$，则 X 是正态随机变量.

定理 3.5.2　n 维正态随机向量序列的均方极限仍为 n 维正态随机向量，即，若

$\boldsymbol{X}^{(m)} = (X_1^{(m)}, X_2^{(m)}, \cdots, X_n^{(m)})$，$\{\boldsymbol{X}^{(m)}, m=1, 2, \cdots\}$ 为 n 维正态随机向量序列，$\underset{m\to+\infty}{\mathrm{l.i.m}} X_k^{(m)} = X_k$，$k=1, 2, \cdots, n$，则 $\boldsymbol{X}=(X_1, X_2, \cdots, X_n)$ 是 n 维正态随机向量.

证明： 令 $\boldsymbol{\mu}^{(m)}$，$\boldsymbol{\mu}$ 分别是 $\boldsymbol{X}^{(m)}$，$\boldsymbol{X}$ 的期望，$\boldsymbol{B}^{(m)}$，$\boldsymbol{B}$ 分别是 $\boldsymbol{X}^{(m)}$，$\boldsymbol{X}$ 的协方差矩阵，即有

$$\boldsymbol{\mu}^{(m)} = E[\boldsymbol{X}^{(m)}] = (\mu_1^{(m)}, \mu_2^{(m)}, \cdots, \mu_n^{(m)}), \tag{3.167}$$

$$\boldsymbol{B}^{(m)} = (\mathrm{Cov}(X_i^{(m)}, X_j^{(m)}))_{n\times n} = (\sigma_{ij}^{(m)})_{n\times n}, \tag{3.168}$$

$$\boldsymbol{\mu} = E[\boldsymbol{X}] = (\mu_1, \mu_2, \cdots, \mu_n), \tag{3.169}$$

$$\boldsymbol{B} = (\mathrm{Cov}(X_i, X_j))_{n\times n} = (\sigma_{ij})_{n\times n}. \tag{3.170}$$

由于 $\underset{m\to+\infty}{\mathrm{l.i.m}} X^{(m)} = \boldsymbol{X}$，则由均方收敛的性质得

$$\lim_{m\to+\infty} \mu_k^{(m)} = \mu_k, \quad k=1, 2, \cdots, n, \quad \lim_{m\to+\infty} \boldsymbol{B}^{(m)} = \boldsymbol{B}. \tag{3.171}$$

设 $\varphi_{\boldsymbol{X}^{(m)}}(\boldsymbol{u})$，$\varphi_{\boldsymbol{X}}(\boldsymbol{u})$ 分别是 $\boldsymbol{X}^{(m)}$，$\boldsymbol{X}$ 的特征函数，其中 $\boldsymbol{u}=(u_1, u_2, \cdots, u_n)$，则

$$\varphi_{\boldsymbol{X}^{(m)}}(\boldsymbol{u}) = \exp\left\{\mathrm{i}\boldsymbol{\mu}^{(m)}\boldsymbol{u}^T - \frac{1}{2}\boldsymbol{u}\boldsymbol{B}^{(m)}\boldsymbol{u}^T\right\}. \tag{3.172}$$

于是有

$$\begin{aligned}\varphi_{\boldsymbol{X}}(\boldsymbol{u}) &= \lim_{m\to+\infty} \varphi_{X^{(m)}}(\boldsymbol{u}) \\ &= \lim_{m\to+\infty} \exp\left\{\mathrm{i}\boldsymbol{\mu}^{(m)}\boldsymbol{u}^T - \frac{1}{2}\boldsymbol{u}\boldsymbol{B}^{(m)}\boldsymbol{u}^T\right\} \\ &= \exp\left\{\mathrm{i}\boldsymbol{\mu}\boldsymbol{u}^T - \frac{1}{2}\boldsymbol{u}\boldsymbol{B}\boldsymbol{u}^T\right\},\end{aligned} \tag{3.173}$$

即 $\boldsymbol{X}$ 是 n 维正态随机向量. □

推论 3.5.2 设 $\boldsymbol{X}(t) = (X_1(t), X_2(t), \cdots, X_n(t))$，$t\in T$ 是一族 n 维正态随机向量，若 $\underset{t\to t_0}{\mathrm{l.i.m}} X_k(t) = X_k$，$t_0\in T$，$k=1, 2, \cdots, n$，则 $\boldsymbol{X}=(X_1, X_2, \cdots, X_n)$ 是 n 维正态随机向量.

定理 3.5.3 设 $\{X(t), t\in T\}$ 是一正态过程，若 $X(t)$ 在 T 上均方可微，则其均方导数过程 $\{X'(t), t\in T\}$ 仍是正态过程，且其任意有限维特征函数为

$$\varphi_X(u_1, u_2, \cdots, u_n) = \exp\left\{\mathrm{i}\sum_{k=1}^n u_k m_X'(t_k) - \frac{1}{2}\sum_{k,l=1}^n u_k u_l C_{st}''(t_k, t_l)\right\}, \tag{3.174}$$

其中 $C(s, t)$ 为 $X(t)$ 的协方差函数，m_X 为 $X(t)$ 的均值函数.

证明： 由于 $\{X(t), t\in T\}$ 是正态过程，对任意的 $n\geqslant 1$，t_1，t_2，…，$t_n\in T$，$(X(t_1), X(t_1+\Delta t), X(t_2), X(t_2+\Delta t), \cdots, X(t_n), X(t_n+\Delta t))$ 是 $2n$ 维正态随机向量，其中 $t_i+\Delta t\in T$，$t_i+\Delta t\neq t_j$，$i\neq j$，i，$j=1$，2，…，n. 又

$$\left(\frac{X(t_1+\Delta t)-X(t_1)}{\Delta t}, \frac{X(t_2+\Delta t)-X(t_2)}{\Delta t}, \cdots, \frac{X(t_n+\Delta t)-X(t_n)}{\Delta t}\right)$$
$$=(X(t_1), X(t_1+\Delta t), \cdots, X(t_n), X(t_n+\Delta t))\times\boldsymbol{A}, \tag{3.175}$$

其中

$$\boldsymbol{A}=\begin{pmatrix} -\frac{1}{\Delta t} & 0 & \cdots & 0 \\ \frac{1}{\Delta t} & 0 & \cdots & 0 \\ 0 & -\frac{1}{\Delta t} & \cdots & 0 \\ 0 & \frac{1}{\Delta t} & \cdots & 0 \\ \vdots & \vdots & & \vdots \\ 0 & 0 & \cdots & -\frac{1}{\Delta t} \\ 0 & 0 & \cdots & \frac{1}{\Delta t} \end{pmatrix}. \tag{3.176}$$

由于 n 维正态随机向量的线性组合仍是正态随机向量，则

$$\left(\frac{X(t_1+\Delta t)-X(t_1)}{\Delta t}, \frac{X(t_2+\Delta t)-X(t_2)}{\Delta t}, \cdots, \frac{X(t_n+\Delta t)-X(t_n)}{\Delta t}\right) \tag{3.177}$$

是 n 维正态随机向量．又

$$\underset{\Delta t\to 0}{\mathrm{l.i.m}}\frac{X(t_k+\Delta t)-X(t_k)}{\Delta t}=X'(t_k), \quad k=1, 2, \cdots, n. \tag{3.178}$$

由推论 3.5.2 知 $(X'(t_1), X'(t_2), \cdots, X'(t_n))$ 是 n 维正态随机向量，即 $\{X'(t), t\in T\}$ 是正态过程．

在相关函数 $R_X(s, t)$ 广义二阶可微的条件下，正态过程 $\{X'(t), t\in T\}$ 的有限维正态向量 $(X'(t_1), X'(t_2), \cdots, X'(t_n))$ 的协方差矩阵为 $\boldsymbol{B}=(C_{X'}(t_i, t_j))_{n\times n}=$

$(C''_{st}(t_i, t_j))_{n\times n}$，即得结论. □

定理 3.5.4 设 $\{X(t), t\in[a, b]\}$ 是均方连续的正态过程，则

$$Y(t)=\int_a^t X(s)\,\mathrm{d}s,\quad t\in[a, b], \tag{3.179}$$

也是正态过程.

证明： 设 $a=t_0<t_1<\cdots<t_n=b$ 是 $[a, b]$ 的任一划分，对于 t_k，$k=1, 2, \cdots, n$，$a=s_0^{(k)}<s_l^{(k)}<\cdots<s_{n_k}^{(k)}=t_k$ 是 $[a, t_k]$ 的任一划分，令 $\Delta_k=\max\limits_{1\leqslant l\leqslant n_k}(s_l^{(k)}-s_{l-1}^{(k)})$，$\Delta=\max\limits_{1\leqslant k\leqslant n}\Delta t_k$，对任意的 $u_l^{(k)}\in(s_{l-1}^{(k)}, s_l^{(k)}]$，有

$$Y(t_k)=\underset{\Delta\to 0}{\mathrm{l.i.m}}\sum_{l=1}^{n_k}X(u_l^{(k)})\Delta s_l^{(k)},\quad k=1, 2, \cdots, n. \tag{3.180}$$

由于 $\{X(t), t\in[a, b]\}$ 是一均方连续的正态过程，因此

$$(X(u_1^{(1)}), X(u_2^{(1)}), \cdots, X(u_{n_1}^{(1)}), \cdots, X(u_1^{(n)}), X(u_2^{(n)}), \cdots, X(u_{n_n}^{(n)})) \tag{3.181}$$

是 $n_1+n_2+\cdots+n_n$ 维正态随机向量. 而

$$\begin{aligned}&\left(\sum_{l=1}^{n_1}X(u_l^{(1)})\Delta s_l^{(1)}, \sum_{l=1}^{n_2}X(u_l^{(2)})\Delta s_l^{(2)}, \cdots, \sum_{l=1}^{n_n}X(u_l^{(n)})\Delta s_l^{(n)}\right)\\&=(X(u_1^{(1)}), X(u_2^{(1)}), \cdots, X(u_{n_1}^{(1)}), \cdots, X(u_1^{(n)}), X(u_2^{(n)}), \cdots, X(u_{n_n}^{(n)}))\times\boldsymbol{A},\end{aligned} \tag{3.182}$$

其中

$$\boldsymbol{A}=\begin{pmatrix}\Delta s_1^{(1)} & 0 & \cdots & 0\\ \vdots & \vdots & & \vdots\\ \Delta s_{n_1}^{(1)} & 0 & \cdots & 0\\ 0 & \Delta s_1^{(2)} & \cdots & 0\\ \vdots & \vdots & & \vdots\\ 0 & \Delta s_{n_2}^{(2)} & \cdots & 0\\ \vdots & \vdots & & \vdots\\ 0 & 0 & \cdots & \Delta s_1^{(n)}\\ \vdots & \vdots & & \vdots\\ 0 & 0 & \cdots & \Delta s_{n_n}^{(n)}\end{pmatrix}. \tag{3.183}$$

则

$$\left(\sum_{l=1}^{n_1} X(u_l^{(1)})\,\Delta s_l^{(1)},\ \sum_{l=1}^{n_2} X(u_l^{(2)})\,\Delta s_l^{(2)},\ \cdots,\ \sum_{l=1}^{n_n} X(u_l^{(n)})\,\Delta s_l^{(n)}\right) \tag{3.184}$$

是 n 维正态随机向量.

由推论 3.5.2 可知 $(Y(t_1), Y(t_2), \cdots, Y(t_n))$ 是 n 维正态随机向量，故 $\{Y(t), t \in [a, b]\}$ 是正态过程. □

推论 3.5.3　设 $\{X(t), t \in [a, b]\}$ 是均方连续的正态过程，则

$$Y(t) = \int_a^t X(s)\,\mathrm{d}s,\ t \in [a, b] \tag{3.185}$$

的任意有限维特征函数是

$$\begin{aligned} &\varphi_Y(t_1, t_2, \cdots, t_n; u_1, u_2, \cdots, u_n) \\ &= \exp\left\{\mathrm{i}\sum_{k=1}^{n} u_k \int_a^{t_k} m_X(s)\,\mathrm{d}s - \frac{1}{2}\sum_{k,\,l=1}^{n} u_k u_l \int_a^{t_k}\int_a^{t_l} C_X(s, t)\,\mathrm{d}s\mathrm{d}t\right\}, \end{aligned} \tag{3.186}$$

其中 $C_X(s, t)$ 为 $X(t)$ 的协方差函数，m_X 为 $X(t)$ 的均值函数.

例 3.5.1　设 $\{X(t), -\infty < t < \infty\}$ 是二次均方可微的实正态过程，且均值函数和自相关函数为

$$m_X = 0,\ R_X(s, t) = R_X(t - s),\ s, t \in (-\infty, \infty). \tag{3.187}$$

试求三维随机向量 $(X(t), X'(t), X''(t))$ 的协方差矩阵，并证明此随机向量服从三维正态分布.

解：(1) 由于对任意的 $t \in (-\infty, \infty)$，$E[X(t)] = E[X'(t)] = E[X''(t)] = 0$，而

$$E[X(t)X'(t)] = R_t'(t - s)\mid_{s=t} = R'(0), \tag{3.188}$$

$$E[X(t)X'(t)] = E[X'(t)X(t)] = R_s'(t - s)\mid_{s=t} = -R'(0), \tag{3.189}$$

则有

$$E[X(t)X'(t)] = 0. \tag{3.190}$$

同理，有 $E[X'(t)X''(t)] = R_{stt}''(t - s)\mid_{s=t} = 0$，且

$$E[X(t)X''(t)] = R_{tt}''(t - s)\mid_{s=t} = R''(0), \tag{3.191}$$

$$E[(X'(t))^2] = R_{st}''(t - s)\mid_{s=t} = -R''(0), \tag{3.192}$$

$$E[(X''(t))^2] = R_{sstt}^{(4)}(t - s)\mid_{s=t} = R^{(4)}(0), \tag{3.192}$$

则其协方差矩阵为

$$\boldsymbol{B}=\begin{pmatrix} E[X^2(t)] & E[X(t)X'(t)] & E[X(t)X''(t)] \\ E[X'(t)X(t)] & E[(X'(t))^2] & E[X'(t)X''(t)] \\ E[X''(t)X(t)] & E[(X''(t)X'(t)] & E[(X''(t))^2] \end{pmatrix}$$

$$=\begin{pmatrix} R(0) & 0 & R''(0) \\ 0 & -R''(0) & 0 \\ R''(0) & 0 & R^{(4)}(0) \end{pmatrix}. \tag{3.194}$$

（2）因为对任意的 t，h，l，

$$\left(X(t),\ \frac{X(t+h)-X(t)}{h},\ \frac{X(t+h+l)-X(t+l)}{h}\right)$$

$$=(X(t),\ X(t+h),\ X(t+l),\ X(t+h+l))\cdot\begin{pmatrix} 1 & -\frac{1}{h} & 0 \\ 0 & \frac{1}{h} & 0 \\ 0 & 0 & -\frac{1}{h} \\ 0 & 0 & \frac{1}{h} \end{pmatrix}, \tag{3.195}$$

则 $\left(X(t),\ \frac{X(t+h)-X(t)}{h},\ \frac{X(t+h+l)-X(t+l)}{h}\right)$ 服从三维正态分布，从而对任意的 t，l，当 $h\to 0$ 时，其均方极限 $(X(t),\ X'(t),\ X'(t+l))$ 仍为三维正态向量. 任意的 t，l，其线性变换 $\left(X(t),\ X'(t),\ \frac{X'(t+l)-X'(t)}{l}\right)$ 仍是三维正态向量，则当 $l\to 0$ 时其均方极限 $(X(t),\ X'(t),\ X''(t))$ 服从三维正态分布.

3.6 均方随机微分方程

设 $\{X(t),\ t\in T\}$ 是具有直到 n 阶均方导数的随机过程，$\{Y(t),\ t\in T\}$ 是二阶矩过程，则称

$$Y(t)=a_n(t)X^{(n)}(t)+a_{n-1}(t)X^{(n-1)}(t)+\cdots+a_1(t)X'(t)+a_0(t)X(t) \tag{3.196}$$

为 n 阶线性随机微分方程，其中 $a_k(t)$，$k=0, 1, \cdots, n$ 是复函数.

作为随机过程的一个非常重要的分支，随机微分方程有着非常广泛的应用．在通信技术中的滤波问题、随机干扰下的控制问题、管理中的金融问题等领域的研究中均离不开随机微分方程这一重要的数学工具．本节介绍简单的一阶线性随机微分方程.

定理 3.6.1　设 $\{Y(t), t \geq t_0\}$ 是均方连续的二阶矩过程，$a(t)$ 是普通复函数，X_0 是二阶矩变量，则一阶线性随机微分方程

$$\begin{cases} X'(t)+a(t)X(t)=Y(t), & t \geq t_0, \\ X(t_0)=X_0, \end{cases} \tag{3.197}$$

的解为

$$X(t)=X_0 e^{-\int_{t_0}^{t} a(s)\,ds}+\int_{t_0}^{t} Y(s)\, e^{-\int_{s}^{t} a(u)\,du} ds, \quad t \geq t_0. \tag{3.198}$$

证明：直接验证式（3.198）是一阶线性随机微分方程（3.197）的解即可．当 $t=t_0$ 时，显然有 $X(t_0)=X_0$. 对式（3.198）两端关于 t 求均方导数有

$$\begin{aligned} X'(t) &= \left[X_0 e^{-\int_{t_0}^{t} a(u)\,du}+\int_{t_0}^{t} Y(s)\, e^{-\int_{s}^{t} a(u)\,du} ds\right]' \\ &= -a(t)X_0 e^{-\int_{t_0}^{t} a(u)\,du}+\left[\int_{t_0}^{t} Y(s)\, e^{-\int_{t_0}^{t} a(u)\,du+\int_{t_0}^{s} a(u)\,du} ds\right]' \\ &= -a(t)X_0 e^{-\int_{t_0}^{t} a(u)\,du}+\left[e^{-\int_{t_0}^{t} a(u)\,du}\int_{t_0}^{t} Y(s)\, e^{\int_{t_0}^{s} a(u)\,du} ds\right]' \\ &= -a(t)X_0 e^{-\int_{t_0}^{t} a(u)\,du}-a(t)\, e^{-\int_{t_0}^{t} a(u)\,du}\int_{t_0}^{t} Y(s)\, e^{\int_{t_0}^{s} a(u)\,du} ds \\ &\quad + e^{-\int_{t_0}^{t} a(u)\,du} Y(t)\, e^{\int_{t_0}^{t} a(u)\,du} \\ &= -a(t)\left[X_0 e^{-\int_{t_0}^{t} a(u)\,du}+\int_{t_0}^{t} Y(s)\, e^{-\int_{s}^{t} a(u)\,du} ds\right]+Y(t) \\ &= -a(t)X(t)+Y(t), \end{aligned} \tag{3.199}$$

即

$$X'(t)+a(t)X(t)=Y(t), \tag{3.200}$$

因而式（3.198）是一阶线性随机微分方程（3.197）的解. □

利用式（3.198）得到如下结论.

定理 3.6.2 一阶线性随机微分方程（3.197）的解的均值函数与相关函数为

$$m_X(t)=E[X_0]\,e^{-\int_{t_0}^{t}a(u)\,du}+\int_{t_0}^{t}m_Y(s)\,e^{-\int_{s}^{t}a(u)\,du}ds,\tag{3.201}$$

$$\begin{aligned}R_X(s,t)=&E[|X_0|^2]\,e^{-\int_{t_0}^{s}\overline{a(u)}\,du-\int_{t_0}^{t}a(u)\,du}+e^{-\int_{t_0}^{t}a(u)\,du}\int_{t_0}^{s}E[\overline{Y(v)}X_0]\,e^{-\int_{v}^{s}\overline{a(u)}\,du}dv\\&+e^{-\int_{t_0}^{s}\overline{a(u)}\,du}\int_{t_0}^{t}E[Y(u)\overline{X_0}]\,e^{-\int_{u}^{t}a(r)\,dr}du\\&+\int_{t_0}^{s}\int_{t_0}^{t}R_Y(u,v)\,e^{-\int_{u}^{s}\overline{a(r)}\,dr-\int_{v}^{t}a(r)\,dr}dudv.\end{aligned}\tag{3.202}$$

也可以用如下方法得到上述均值函数 $m_X(t)$ 的表达式. 对一阶线性随机微分方程（3.197）两端取数学期望，则有

$$\begin{cases}m_X'(t)+a(t)m_X(t)=m_Y(t),\ t\geqslant t_0,\\m_X(t_0)=E[X_0],\end{cases}\tag{3.203}$$

则式（3.203）是关于 $m_X(t)$ 的一阶线性微分方程，其解即一阶线性随机微分方程（3.197）解的均值函数.

例 3.6.1 设 $Y(t)$ 是均方连续的二阶矩过程，求如下随机微分方程的解，及其均值函数、自相关函数：

$$\begin{cases}X'(t)=Y(t),\ t\in[a,b],\\X(a)=X_0.\end{cases}\tag{3.204}$$

解：由定理 3.6.1 可得随机微分方程的解为

$$X(t)=X(a)+\int_a^t X'(s)\,ds=X_0+\int_a^t Y(s)\,ds,\ t\in[a,b].\tag{3.205}$$

则可得其数字特征为

$$m_X(t)=E[X_0]+\int_a^t m_Y(s)\,ds,\ t\in[a,b],\tag{3.206}$$

$$\begin{aligned}R_X(s,t)=&E[|X_0|^2]+E\left[\overline{X_0}\int_a^t Y(u)\,du\right]+E\left[X_0\overline{\int_a^s Y(u)\,du}\right]\\&+\int_a^s\int_a^t R_Y(u,v)\,dudv,\ s,t\in[a,b].\end{aligned}\tag{3.207}$$

例 3.6.2　求下列随机微分方程的解，及其解的数字特征：

$$\begin{cases} X'(t) = gt, \ t \geqslant 0, \\ X(0) = X_0, \end{cases} \tag{3.208}$$

其中 g 是常数，$X \sim N(0, \sigma^2)$.

解：由定理 3.6.1 可得随机微分方程的解为

$$X(t) = X_0 + \int_0^t gs\mathrm{d}s = X_0 + \frac{1}{2}gt^2, \ t \geqslant 0. \tag{3.209}$$

则可得其数字特征为

$$m_X(t) = \frac{1}{2}gt^2, \ t \geqslant 0, \tag{3.210}$$

$$R_X(s, t) = E[X(s)X(t)] = \sigma^2 + \frac{1}{4}g^2s^2t^2, \ s, t \geqslant 0, \tag{3.211}$$

$$C_X(s, t) = R_X(s, t) - m_X(s)m_X(t) = \sigma^2, \ s, t \geqslant 0, \tag{3.212}$$

$$D_X(t) = \sigma^2, \ t \geqslant 0. \tag{3.213}$$

例 3.6.3　RC 积分电路的输出电压 $Y(t)$ 和输入电压 $X(t)$ 的关系满足如下随机微分方程：

$$\begin{cases} Y'(t) + \alpha Y(t) = \alpha X(t), \ t \geqslant 0, \\ Y(0) = 0, \end{cases} \tag{3.214}$$

其中输出电压 $X(t)$ 的均值函数 $m_X(t) = 0$，相关函数 $R_X(s, t) = \sigma^2 \mathrm{e}^{-\beta|t-s|}$. 求输出电压 $Y(t)$ 及其均值函数 $m_Y(t)$ 和相关函数 $R_Y(s, t)$.

解：由定理 3.6.1 可得随机微分方程的解为

$$Y(t) = \alpha\int_0^t X(s)\mathrm{e}^{-\alpha(t-s)}\mathrm{d}s = \alpha\mathrm{e}^{-\alpha t}\int_0^t X(s)\mathrm{e}^{\alpha s}\mathrm{d}s, \ t \geqslant 0. \tag{3.215}$$

则进一步可得解的均值函数为

$$m_Y(t) = \alpha\mathrm{e}^{-\alpha t}\int_0^t m_X(s)\mathrm{e}^{\alpha s}\mathrm{d}s = 0, \ t \geqslant 0, \tag{3.216}$$

当 $s > t$ 时，相关函数为

$$R_Y(s, t) = E[\overline{Y(s)}\,Y(t)] = \alpha^2 e^{-\alpha(t+s)} E\left[\int_0^s \overline{X(u)}\, e^{\alpha u} du \int_0^t X(v)\, e^{\alpha v} dv\right]$$

$$= \alpha^2 e^{-\alpha(t+s)} \int_0^s \int_0^t R_X(u, v)\, e^{\alpha(u+v)} du dv$$

$$= \alpha^2 e^{-\alpha(t+s)} \sigma^2 \int_0^s \int_0^t e^{-\beta|u-v| + \alpha(u+v)} du dv$$

$$= \frac{\alpha\sigma^2}{\alpha^2 - \beta^2}[\alpha e^{-\beta(s-t)} - \beta e^{-\alpha(s-t)} + (\alpha+\beta) e^{-\alpha(s+t)} - \alpha e^{-(\alpha s+\beta t)} - \alpha e^{-(\alpha t+\beta s)}], \tag{3.217}$$

即

$$R_Y(s, t) = \frac{\alpha\sigma^2}{\alpha^2 - \beta^2}[\alpha e^{-\beta|s-t|} - \beta e^{-\alpha|s-t|} + (\alpha+\beta) e^{-\alpha(s+t)} - \alpha e^{-(\alpha s+\beta t)} - \alpha e^{-(\alpha t+\beta s)}]. \tag{3.218}$$

例 3.6.4 求下列一阶线性随机微分方程的解，及其解的均值函数和相关函数：

$$\begin{cases} Y'(t) + aY(t) = X(t), & t \geqslant 0,\ s > 0, \\ Y(0) = 0, \end{cases} \tag{3.219}$$

其中均方连续的二阶矩过程 $\{X(t), t \geqslant 0\}$ 的均值函数 $m_X(t) = \sin t$，相关函数 $R_X(s, t) = e^{-\lambda|t-s|}$，$\lambda > 0$.

解： 由定理 3.6.1 可得随机微分方程的解为

$$Y(t) = \int_0^t X(s)\, e^{-a(t-s)} ds, \quad t \geqslant 0. \tag{3.220}$$

则进一步可得解的均值函数为

$$m_Y(t) = \int_0^t m_X(s)\, e^{-a(t-s)} ds = \int_0^t e^{-a(t-s)} \sin s ds$$

$$= \frac{1}{1+a^2}(e^{-at} + a\sin t - \cos t), \quad t \geqslant 0. \tag{3.221}$$

相关函数为

$$R_Y(s, t) = E[\overline{Y(s)}\,Y(t)] = E\left[\overline{\int_0^s X(u)\, e^{-a(s-u)} du} \int_0^t X(v)\, e^{-a(t-v)} dv\right]$$

$$=\int_0^s\int_0^t R_X(u,\ v)\ \mathrm{e}^{-a(s+t)\ +a(u+v)}\ \mathrm{d}u\mathrm{d}v$$

$$=\mathrm{e}^{-a(s+t)}\int_0^s\int_0^t \mathrm{e}^{-\lambda|v-u|}\mathrm{e}^{a(u+v)}\ \mathrm{d}u\mathrm{d}v. \tag{3.222}$$

当 $0\leqslant s\leqslant t$ 时，

$$R_Y(s,\ t)=\frac{1}{a^2-\lambda^2}\left[\frac{\lambda}{a}\mathrm{e}^{-a(s+t)}-\frac{\lambda}{a}\mathrm{e}^{-a(t-s)}+\mathrm{e}^{-a(s+t)}+\mathrm{e}^{-\lambda(t-s)}-\mathrm{e}^{-(\lambda s+at)}-\mathrm{e}^{-(as+\lambda t)}\right]. \tag{3.223}$$

当 $0\leqslant t<s$ 时，

$$R_Y(s,\ t)=\frac{1}{a^2-\lambda^2}\left[\frac{\lambda}{a}\mathrm{e}^{-a(s+t)}-\frac{\lambda}{a}\mathrm{e}^{-a(s-t)}+\mathrm{e}^{-a(s+t)}+\mathrm{e}^{-\lambda(s-t)}-\mathrm{e}^{-(\lambda t+as)}-\mathrm{e}^{-(at+\lambda s)}\right]. \tag{3.224}$$

即有

$$R_Y(s,\ t)=\begin{cases}\dfrac{1}{a^2-\lambda^2}\left[\dfrac{\lambda}{a}\mathrm{e}^{-a(s+t)}-\dfrac{\lambda}{a}\mathrm{e}^{-a(t-s)}+\mathrm{e}^{-a(s+t)}+\mathrm{e}^{-\lambda(t-s)}-\mathrm{e}^{-(\lambda s+at)}-\mathrm{e}^{-(as+\lambda t)}\right], \\ \hfill 0\leqslant s\leqslant t, \\ \dfrac{1}{a^2-\lambda^2}\left[\dfrac{\lambda}{a}\mathrm{e}^{-a(s+t)}-\dfrac{\lambda}{a}\mathrm{e}^{-a(s-t)}+\mathrm{e}^{-a(s+t)}+\mathrm{e}^{-\lambda(s-t)}-\mathrm{e}^{-(\lambda t+as)}-\mathrm{e}^{-(at+\lambda s)}\right], \\ \hfill 0\leqslant t<s.\end{cases} \tag{3.225}$$

习题三

1. 证明泊松随机变量序列的均方极限是泊松随机变量 .

2. 设 X_n，$n=1,\ 2,\ \cdots$，是随机同分布的随机变量序列，均值为 μ，方差为 1，定义 $Y_n=\dfrac{1}{n}\sum\limits_{i=1}^{n}X_n$. 证明：$\underset{n\to+\infty}{\mathrm{l.i.m}}\,Y_n=\mu$.

3. 设 $\{X_n,\ n=1,\ 2,\ \cdots\}$ 是随机变量序列，且

X_n	$-n$	0	n
P	$\dfrac{1}{n^k}$	$1-\dfrac{2}{n^k}$	$\dfrac{1}{n^k}$

其中 k 为正数．试证明：

（1）当 $k>2$ 时，$\{X_n, n=1, 2, \cdots\}$ 均方收敛于 0；

（2）当 $k\leqslant 2$ 时，$\{X_n, n=1, 2, \cdots\}$ 不均方收敛于 0.

4. 设 $\{X_n, n=1, 2, \cdots\}$ 是相互独立的随机变量序列，且

X_n	0	n
P	$1-\frac{1}{n^2}$	$\frac{1}{n^2}$

试讨论 $\{X_n, n=1, 2, \cdots\}$ 的均方收敛性．

5. 设 $X_1, X_2, \cdots, X_n$ 是相互独立的随机变量序列，且 $E[X_n]=\mu_n$，$D(X_n)=\sigma_n^2$，$n=1, 2, \cdots$. 令 $S_n=X_1+X_2+\cdots+X_n$，$n=1, 2, \cdots$. 试证明：$\{S_n, n=1, 2, \cdots\}$ 均方收敛的充要条件是无穷级数 $\sum\limits_{n=1}^{\infty}\mu_n$ 和 $\sum\limits_{n=1}^{\infty}\sigma_n^2$ 收敛．

6. 研究下列随机过程的均方收敛性、均方可导性和均方可积性．

（1）$X(t)=At+B$，其中 A，B 是相互独立的二阶矩随机变量，均值为 a，b，方差为 σ_1^2，σ_2^2；

（2）$X(t)=At^2+Bt+C$，其中 A，B，C 是相互独立的二阶矩随机变量，均值为 a，b，c，方差为 σ_1^2，σ_2^2，σ_3^2；

（3）$\{X(t), t\geqslant 0\}$ 的均值函数 $m_X(t)=0$，相关函数 $R_X(s, t)=\mathrm{e}^{-a|t-s|}$，$a>0$；

（4）$\{X(t), t\geqslant 0\}$ 的均值函数 $m_X(t)=0$，相关函数 $R_X(s, t)=\frac{1}{a^2+(t-s)^2}$，$a>0$；

（5）$\{N(t), t\geqslant 0\}$ 是泊松过程；

（6）$\{W(t), t\geqslant 0\}$ 是维纳过程．

7. 若上题中过程均方可导，试求均方导数过程的均值函数和相关函数．

8. 求下列随机过程的均值函数和相关函数，从而判断其均方连续性和均方可微性．

（1）$X(t)=\cos(\omega t+\Theta)$，其中 ω 是常数，$\Theta\sim U[0, 2\pi]$；

（2）$X(t)=tW\left(\frac{1}{t}\right)$，$t>0$，其中 $W(t)$ 是参数为 1 的维纳过程；

(3) $X(t)=W^2(t)$，$t\geqslant 0$，其中 $W(t)$ 是参数为 σ^2 的维纳过程.

9. 输入微分电路过程 $\{X(t),\ -\infty<t<\infty\}$ 的均值函数 $m_X(t)=5\sin t$，相关函数 $R_X(s,t)=3\mathrm{e}^{-\frac{1}{2}(t-s)^2}$. 试求该电路的输出随机过程 $Y(t)=X'(t)$ 的均值函数、相关函数和 $Y(t)$ 与 $X(t)$ 的互相关函数.

10. 试求第 6 题中均方可积过程的如下积分:

$$Y(t)=\frac{1}{t}\int_0^t X(s)\,\mathrm{d}s,\quad Z(t)=\frac{1}{L}\int_t^{t+L}X(s)\,\mathrm{d}s$$

的均值函数和相关函数.

11. 设随机过程 $X(t)=V\mathrm{e}^{3t}\cos(2t)$，其中 V 是均值为 5，方差为 1 的随机变量. 试求随机过程 $Y(t)=\int_0^t X(s)\,\mathrm{d}s$ 的均值函数、相关函数、协方差函数与方差函数.

12. 二阶矩过程 $\{W(t),\ t\geqslant 0\}$ 是参数为 σ^2 的维纳过程，求下列随机过程的均值函数和相关函数.

(1) $X(t)=\int_0^t W(s)\,\mathrm{d}s$，$t\geqslant 0$;

(2) $X(t)=\int_0^t sW(s)\,\mathrm{d}s$，$t\geqslant 0$;

(3) $X(t)=\int_t^{t+1}(W(t)-W(s))\,\mathrm{d}s$，$t\geqslant 0$.

13. 均值函数 $m_X(t)=5\mathrm{e}^{3t}\cos(2t)$，相关函数 $R_X(s,t)=26\mathrm{e}^{3(s+t)}\cos(2s)\cos(2t)$ 的随机过程 $\{X(t),\ t\geqslant 0\}$ 输入积分器，其输出为 $Y(t)=\int_0^t X(s)\,\mathrm{d}s$，$t\geqslant 0$. 试求 $\{Y(t),\ t\geqslant 0\}$ 的均值函数和相关函数.

14. 设随机过程 $\{X(t),\ t\in[a,b]\}$ 在 $[a,b]$ 上均方连续，证明:

(1) $D\left(\int_a^b X(t)\,\mathrm{d}t\right)\leqslant(b-a)\int_a^b D(X(t))\,\mathrm{d}t$;

(2) $\sqrt{D\left(\int_a^b X(t)\,\mathrm{d}t\right)}\leqslant\int_a^b\sqrt{D(X(t))}\,\mathrm{d}t$.

15. 求如下一阶线性随机微分方程的解及解的均值函数、相关函数和一维概率密度函数:

$$\begin{cases} X'(t) + aX(t) = 0, \ t \geqslant 0, \ a > 0, \\ X(0) = X_0, \end{cases}$$

其中 $X_0 \sim N(0, \sigma^2)$.

16. 求如下一阶线性随机微分方程的解及解的均值函数、相关函数.

(1) $\begin{cases} Y'(t) = X(t), \\ Y(0) = Y_0, \end{cases}$

其中二阶均方连续过程 $X(t)$ 与 Y_0 相互独立，且 $E[Y_0] = m$，$D(Y_0) = \sigma^2$；

(2) $\begin{cases} Y'(t) + aY(t) = X(t), \ t \geqslant 0, \ a > 0, \\ Y(0) = 0, \end{cases}$

其中二阶均方连续过程 $X(t)$ 的均值函数 $m_X(t) = \lambda$，相关函数 $R_X(s, t) = \mathrm{e}^{-\lambda|t-s|}$，$\lambda > 0$.

17. 设微分方程

$$\begin{cases} 3\dfrac{\mathrm{d}X(t)}{\mathrm{d}t} + 2X(t) = W(t), \ t \geqslant 0, \\ X(0) = X_0, \end{cases}$$

其中 X_0 为常数，$\{W(t), t \geqslant 0\}$ 为参数为 1 的维纳过程，试求随机过程 $\{X(t), t \geqslant 0\}$ 的一维概率密度函数.

第 4 章　平稳随机过程及其谱分析

在自然科学与工程技术研究中遇到的许多随机过程，从其本身随时间的变化和互相关联来看，它当前的状况和过去的状况都对未来的状况有着不可忽略的影响，并且其统计特征不随时间推移而变化．也就是说，这类随机过程的性质与变量间的时间间隔有关，与所考察的起点无关，这类随机过程称为平稳随机过程．

平稳随机过程（简称平稳过程）是一类应用广泛的随机过程，其在通信、生物、统计物理、自动控制、系统论、信息论、经济领域及科学实验等方面有着重要的应用．粗略地说，在稳定系统中出现的随机过程都属于这类过程．

平稳过程的特点是过程的统计特性不随时间的推移而变化；或者说，产生随机现象的一切主要条件和前后环境不随时间的推移而改变．

例如：恒温条件下热噪声电压是由电路中电子的热扰动引起的，这种热扰动不随时间推移而改变；又如，连续测量飞机飞行速度产生的测量误差，它由很多因素（如仪器振动、电磁波干扰与气候等）造成，但主要因素不随时间推移而改变．

4.1　平稳过程的概念

平稳过程有严平稳过程和宽平稳过程之分，前者是对有限维分布函数的要求，后者只是对均值函数与相关函数的要求．

4.1.1　严平稳过程

首先给出严平稳的定义．

定义 4.1.1　设 $\{X(t), t \in T\}$ 是一随机过程，如果对于任意的 $n \geqslant 1$ 和任意的 $t_1, t_2, \cdots, t_n \in T$ 以及使 $t_1+\tau, t_2+\tau, \cdots, t_n+\tau \in T$ 的任意实数 τ，n 维随机变量 $(X(t_1), X(t_2), \cdots, X(t_n))$ 和 $(X(t_1+\tau), X(t_2+\tau), \cdots, X(t_n+\tau))$ 有相同的联合分布函数，即 $t_i \in T, x_i, \tau \in \mathbb{R}, i=1, 2, \cdots, n$,

$$F(x_1, x_2\cdots, x_n; t_1, t_2, \cdots, t_n)$$
$$=F(x_1, x_2\cdots, x_n; t_1+\tau, t_2+\tau, \cdots, t_n+\tau), \tag{4.1}$$

也可以用概率密度函数来表示：

$$f(x_1, x_2\cdots, x_n; t_1, t_2, \cdots, t_n)$$
$$=f(x_1, x_2\cdots, x_n; t_1+\tau, t_2+\tau, \cdots, t_n+\tau). \tag{4.2}$$

则称 $\{X(t), t\in T\}$ 是**严（强、狭义）平稳过程［简称严（强、狭义）平稳过程**］，或称 $\{X(t), t\in T\}$ 具有严平稳性．

一般来说，严格用定义来判断某个随机过程的严平稳性是很困难的．但是，若产生随机过程的主要物理条件不随时间改变，则此过程就可以认为是严平稳的．在无线电电子学的实际应用中所遇到的随机过程，有很多可以近似认为是严平稳的．例如，一个工作在稳定状态下的接收机，其输出噪声就可以认为是严平稳的，而当刚接上电源时的输出噪声则应认为是非平稳的．另外，有些非平稳过程，在一定的时间范围内，也可以作为严平稳过程来处理．

该定义说明，严平稳过程的 n 维分布函数不随时间的推移而改变，或者说，严平稳过程的统计特性与时间起点无关．

根据定义，严平稳过程的 n 维分布函数具有不随时间推移而变化的特性，反映在它的一维、二维概率密度及数字特征上．

严平稳过程具有如下的性质：

性质1 严平稳过程 $X(t)$ 的一维概率密度与时间无关，其数学期望和方差都是与时间无关的常数．将式（4.1）用于一维时，令 $n=1$，$\tau=-t_1$，有 $f_X(x_1; t_1)=f_X(x_1; t_1+\tau)=f_X(x_1; 0)=f_X(x_1)$．即随机过程 $X(t)$ 的一维概率密度与时间无关．于是，可以得到 $X(t)$ 的数学期望和方差分别为

$$E[X(t)]=\int_{-\infty}^{\infty} x_1 f_X(x_1)\,\mathrm{d}x_1=m_x, \tag{4.3}$$

$$D(X(t))=\int_{-\infty}^{\infty}(x_1-m_x)^2 f_X(x_1)\,\mathrm{d}x_1=\sigma_x^2. \tag{4.4}$$

性质2 严平稳过程 $X(t)$ 的二维概率密度只与时间间隔 τ 有关，而与时间起点无关，其相关函数也仅与时间间隔 τ 有关．

将式（4.1）用于二维时，即令 $\tau=-t_1$，$t_2=0$，则有

$$
\begin{aligned}
f_X(x_1, x_2; t_1, t_2) &= f_X(x_1, x_2; t_1+\tau, t_2+\tau) \\
&= f_X(x_1, x_2; 0, t_2-t_1) \\
&= f_X(x_1, x_2; 0, \tau) = f_X(x_1, x_2; \tau),
\end{aligned} \tag{4.5}
$$

即随机过程 $X(t)$ 的二维概率密度与时间起点无关．于是可以得到 $X(t)$ 的自相关函数为

$$
R_X(t_1, t_2) = E[X(t_1, t_2)] = \int_{-\infty}^{\infty}\int_{-\infty}^{\infty} x_1x_2f_X(x_1, x_2; \tau) = R_X(\tau). \tag{4.6}
$$

同理，自协方差函数为

$$
C_X(t_1, t_2) = R_X(t_1, t_2) - m_X^2 = C_X(\tau). \tag{4.7}
$$

当 $t_1=t_2=t$ 及 $\tau=0$ 时，

$$
C_X(0) = R_X(0) - m_X^2 = \sigma_X^2. \tag{4.8}
$$

另外，由于严平稳过程的一维概率密度与时间无关，因而其 n 阶矩函数与时间起点无关，也是判断一个过程是否严平稳的充要条件．

4.1.2　宽平稳过程

由于严平稳过程需要 n 阶平稳（ n 为任意阶），而在实际中，要确定一个对一切 n 都成立的随机过程概率密度函数族是十分困难的．因而在许多工程技术问题中，常常仅限于研究随机过程的一、二阶矩，也就是只在相关理论的范围内讨论平稳过程，于是有了宽平稳的概念．

定义 4.1.2　如果随机过程 $\{X(t), t\in T\}$ 满足：对一切 $t\in T$，有

（1）$E[X^2(t)] < \infty$；

（2）$E[X(t)] = m_X$ 为常数；

（3）$E[X(t)X(t+\tau)] = R_X(\tau)$，即其相关函数 $R_X(t, t+\tau) = R_X(\tau)$ 与 t 无关，只是 τ 的一元函数．

则称随机过程 $\{X(t), t\in T\}$ 为**宽（广义）平稳随机过程［简称宽（广义）平稳过程］**．

需要指出的是，工程上所涉及的随机过程一般都满足式 $E[X^2(t)] < \infty$，因此，一般不考虑此条件．可见，宽平稳过程只涉及与一、二维概率密度有关的数字特

征，因此，一个严平稳过程只要均方值有界，就是广义平稳的．反之，广义平稳过程不一定是严平稳的．但就高斯过程而言，它的概率密度可由均值和自相关函数完全确定，所以，若均值函数和自相关函数不随时间推移而变化，则其概率密度也不随时间的推移而变化．于是，一个宽平稳的高斯过程也必定是严平稳的．

严平稳与广义平稳的区别就在于，对于数学期望和相关函数的性质，前者是推导出来的，后者是定义的．

如果一个随机过程不是广义平稳的，则称为非平稳过程．**今后除特别指明外，平稳过程都是指宽平稳过程．**

例 4.1.1 证明由不相关的两个任意分布的随机变量 A，B 构成的随机过程

$$X(t) = A\cos(\omega t) + B\sin(\omega t) \tag{4.9}$$

是宽平稳的，而不一定是严平稳的．式中 ω 为常数，A，B 的数学期望为零，方差 σ^2 相同．

证明： 由题意得

$$E[A] = E[B] = 0,\ D(A) = D(B) = \sigma^2,\ E[AB] = E[A]E[B] = 0. \tag{4.10}$$

首先，证明 $X(t)$ 是宽平稳的．

$$E[X(t)] = E[A\cos(\omega t) + B\sin(\omega t)] = E[A]\cos(\omega t) + E[B]\sin(\omega t) = 0, \tag{4.11}$$

$$\begin{aligned} R_X(t_1, t_2) &= E[X(t_1)X(t_2)] \\ &= E[[A\cos(\omega t_1) + B\sin(\omega t_1)][A\cos(\omega t_2) + B\sin(\omega t_2)]] \\ &= E[A^2]\cos(\omega t_1)\cos(\omega t_2) + E[AB]\cos(\omega t_1)\sin(\omega t_2) \\ &\quad + E[AB]\sin(\omega t_1)\cos(\omega t_2) + E[B^2]\sin(\omega t_1)\sin(\omega t_2) \\ &= \sigma^2[\cos(\omega t_1)\cos(\omega t_2) + \sin(\omega t_1)\sin(\omega t_2)] \\ &= \sigma^2\cos[\omega(t_1 - t_2)] = \sigma^2\cos[\omega(t_2 - t_1)], \end{aligned} \tag{4.12}$$

式中，若 $\tau = t_2 - t_1$，则有

$$R_X(t, t+\tau) = \sigma^2\cos(\omega\tau) = R_X(\tau), \tag{4.13}$$

$$E[X^2(t)] = R_X(0) = \sigma^2 < \infty. \tag{4.14}$$

故 $X(t)$ 是宽平稳．

其次，证明 $X(t)$ 是非严平稳．

$$\begin{aligned}
E[X^3(t)] &= E[[A\cos(\omega t) + B\sin(\omega t)]^3] \\
&= E[[A\cos(\omega t) + B\sin(\omega t)][A^2\cos^2(\omega t) \\
&\quad + 2AB\cos(\omega t)\sin(\omega t) + B^2\sin^2(\omega t)]] \\
&= E[A^3]\cos^3(\omega t) + 2E[A^2B]\cos^2(\omega t)\sin(\omega t) + E[AB^2]\cos(\omega t)\sin^2(\omega t) \\
&\quad + E[BA^2]\sin(\omega t)\cos(\omega t) + 2E[AB^2]\cos(\omega t)\sin^2(\omega t) + E[B^3]\sin^3(\omega t) \\
&= E[A^3]\cos^3(\omega t) + 3E[A^2B]\cos^2(\omega t)\sin(\omega t) \\
&\quad + 3E[AB^2]\cos(\omega t)\sin^2(\omega t) + E[B^3]\sin^3(\omega t) \\
&= E[A^3]\cos^3(\omega t) + E[B^3]\sin^3(\omega t),
\end{aligned} \tag{4.15}$$

可见, $X(t)$ 的三阶矩与 t 有关，所以 $X(t)$ 是非严平稳.

例 4.1.2　设 $X(t) = Xf(t)$ 为复随机过程，其中 X 是均值为 0 的实随机变量，$f(t)$ 是确定函数. 证明 $X(t)$ 是平稳过程的充要条件是 $f(t) = c\mathrm{e}^{\mathrm{i}(\omega t+\theta)}$，其中 $\mathrm{i} = \sqrt{-1}$，c，ω，θ 为常数.

证明：(充分性) 若 $f(t) = c\mathrm{e}^{\mathrm{i}(\omega t+\theta)}$，记 $D(X) = \sigma^2$，因此

$$m_X(t) = E[X(t)] = E[Xf(t)] = 0, \tag{4.16}$$

$$\begin{aligned}
R_X(t, t-\tau) &= E[X(t)X^*(t-\tau)] = E[X^2c^2\mathrm{e}^{\mathrm{i}(\omega t+\theta)}\mathrm{e}^{-\mathrm{i}[\omega(t-\tau)+\theta]}] \\
&= c^2\sigma^2\mathrm{e}^{\mathrm{i}\omega\tau}.
\end{aligned} \tag{4.17}$$

所以, $X(t)$ 是平稳过程.

(必要性) 若 $X(t)$ 是平稳过程，则

$$R_X(t, t-\tau) = E[X(t)X^*(t-\tau)] = E[X^2f(t)X^*(t-\tau)], \tag{4.18}$$

上式必须与 t 无关，取 $\tau = 0$，有 $|f(t)^2| = c^2$（常数）. 因此, $f(t) = c\mathrm{e}^{\mathrm{i}\varphi(t)}$，其中 $\varphi(t)$ 为实函数. 于是

$$f(t)X^*(t-\tau) = c^2\exp\{\mathrm{i}[\varphi(t) - \varphi(t-\tau)]\}, \tag{4.19}$$

上式应与 t 无关，因此

$$\frac{\mathrm{d}}{\mathrm{d}t}[\varphi(t) - \varphi(t-\tau)] = 0, \tag{4.20}$$

即 $\dfrac{\mathrm{d}\varphi(t)}{\mathrm{d}t} = \dfrac{\mathrm{d}\varphi(t-\tau)}{\mathrm{d}t}$ 对一切 τ 成立，于是

$$\varphi(t) = \omega t + \theta. \tag{4.21}$$

故

$$f(t) = c\mathrm{e}^{\mathrm{i}(\omega t+\theta)}. \tag{4.22}$$

该例表明，相关函数在平稳过程中的重要性、平稳过程的统计特性往往通过相关函数来表现.

例 4.1.3 设 $Z(t) = X\sin t + Y\cos t$，其中 X，Y 为相互独立同分布的随机变量，具有分布列

$$\begin{pmatrix} -1 & 2 \\ \frac{2}{3} & \frac{1}{3} \end{pmatrix}. \tag{4.23}$$

(1) 求 $Z(t)$ 的均值和自相关函数；

(2) 证明 $Z(t)$ 是宽平稳过程，但非严平稳.

解：(1) 均值函数和相关函数为

$$E[Z(t)] = E[X\sin t] + E[Y\cos t] = 0, \tag{4.24}$$

$$\begin{aligned} C(t, t+\tau) &= R(t, t+\tau) \\ &= E[(X\sin t + Y\cos t)[X\sin(t+\tau) + Y\cos(t+\tau)]] \\ &= E[X^2\sin t\sin(t+\tau)] + E[XY][\sin t\cos(t+\tau) + \cos t\sin(t+\tau)] \\ &\quad + E[Y^2\cos t\cos(t+\tau)] \\ &= 2\cos\tau. \end{aligned} \tag{4.25}$$

(2) 证明：由 (1) 知 $Z(t)$ 为宽平稳，但非严平稳，事实上可以证明

$$E[Z^3(t)] = 2(\sin^3 t + \cos^3 t) \tag{4.26}$$

与 t 的取值有关，故 $Z(t)$ 为非严平稳.

定理 4.1.1 若 $\{X(t), t \in T\}$ 是正态过程，则 $\{X(t), t \in T\}$ 是严平稳过程的充要条件是 $\{X(t), t \in T\}$ 是宽平稳过程.

证明：(充分性) 设 $\{X(t), t \in T\}$ 是宽平稳过程. $\forall n \geqslant 1$，$\tau \in R$，t_1，t_2，$\cdots$，t_n，$t_1+\tau$，$t_2+\tau$，$\cdots$，$t_n+\tau \in T$，$\{X(t), t \in T\}$ 的有限维特征函数为

$$\varphi(t_1+\tau, t_2+\tau, \cdots, t_n+\tau; u_1, u_2, \cdots, u_n)$$

$$= \exp\left[j\sum_{k=1}^{n} u_k m_X(t_k + \tau) - \frac{1}{2}\sum_{k=1}^{n}\sum_{l=1}^{n} u_k u_l C_X(t_x + \tau,\ t_l + \tau) \right].$$

对 k，$l=1$，2，…，n，均值函数为

$$m_X(t_k+\tau) = m_X = m_X(t_k),$$

相关函数为

$$R_X(t_k+\tau,\ t_l+\tau) = R_X(t_l-t_k) = R_X(t_x,\ t_l).$$

则$\{X(t),\ t\in T\}$的有限维特征函数为

$$\varphi(t_1+\tau,\ t_2+\tau,\ \cdots,\ t_n+\tau;\ u_1,\ u_2,\ \cdots,\ u_n)$$

$$= \exp\left[j\sum_{k=1}^{n} u_k m_X(t_k) - \frac{1}{2}\sum_{k=1}^{n}\sum_{l=1}^{n} u_k u_l C_X(t_k,\ t_l) \right]$$

$$= \varphi(t_1,\ t_2,\ \cdots,\ t_n;\ u_1,\ u_2,\ \cdots,\ u_n).$$

上式表明随机向量$(X_1,\ X_2,\ \cdots,\ X_n)$的特征函数不随时间的推移而改变.

所以$\{X(t),\ t\in T\}$是严平稳过程.

（必要性显然）

例 4.1.4　设 $W=\{W(t),\ t\geqslant 0\}$ 是参数为 σ^2 的维纳过程，a 为正实数，令

$$X(t) = W(t+a) - W(t),\quad t\geqslant 0, \tag{4.27}$$

试证明 $\{X(t),\ t\geqslant 0\}$ 是严平稳的正态过程.

证明： 由 $X(t)=W(t+a)-W(t)$ 服从正态分布 $N(0,\ \sigma^2 a)$，有

$$m_X(t) = E[X(t)] = E[W(t+a) - W(t)] = 0, \tag{4.28}$$

另一方面，对 s，$t\geqslant 0$，由于 $R_W(s,\ t)=\sigma^2\min(s,\ t)$，故 X 的相关函数为

$$R_X(t,\ t+\tau)$$

$$= E[X(t)X(t+\tau)]$$

$$= E[[W(t+a) - W(t)][W(t+\tau+a) - W(t+\tau)]]$$

$$= R_W(t+a,\ t+\tau+a) - R_W(t+a,\ t+\tau) - R_W(t,\ t+\tau+a) + R_W(t,\ t+\tau)$$

$$= \sigma^2[\min(t+a,\ t+\tau+a) - \min(t+a,\ t+\tau) - \min(t,\ t+\tau+a) + \min(t,\ t+\tau)]$$

$$= \sigma^2\{[t+a+\min(0,\ \tau)] - [t+\min(a,\ \tau)] - [t+\min(0,\ \tau+a)] + [t+\min(0,\ \tau)]\}$$

$$= \sigma^2[a + 2\min(0,\ \tau) - \min(a,\ \tau) - \min(0,\ \tau+a)]$$

$$=\begin{cases}\sigma^2(a-|\tau|), & |\tau|<a,\\ 0, & |\tau|\geqslant a.\end{cases} \tag{4.29}$$

可见，$R_X(t, t+\tau)$ 与 t 无关，这便证明了 X 是宽平稳过程．

由于维纳过程是正态过程，而 X 的有限维分布可表示为 W 的有限维分布的线性变换，故 $X(t)$ 的有限维分布是多维正态分布，因此 X 是正态过程．

由于正态过程的宽平稳和严平稳等价，故 X 是一严平稳的正态过程．

4.1.3 平稳过程相关函数的性质

相关函数是研究平稳过程的一个重要数字特征，它不仅提供了随机过程各随机变量（状态）间关联特性，而且是求取随机过程的功率谱密度以及从噪声中提取有用信息的工具．因此，需了解平稳过程相关函数的性质．平稳过程 $X=\{X(t), t\in T\}$ 的相关函数 $R_X(\tau)$ 具有以下性质：

性质 1 $R_X(0)=E[|X(t)|^2]\geqslant 0$；该式表明，自相关函数在 $\tau=0$ 处的值等于平稳过程的均方值，它表明平稳过程的“平均功率”．

证明： $R_X(0)=E[\overline{X(t)}X(t)]=E[|X(t)|^2]\geqslant 0.$ □

性质 2 $|R_X(\tau)|\leqslant R_X(0)$；$|C_X(\tau)|\leqslant C_X(0)=\sigma_X^2$. 该式表明，自相关函数在 $\tau=0$ 时具有最大值．注意，此时并不排除在 $t\neq 0$ 时，也有可能出现同样的最大值，如周期随机过程的情况．

证明： 由施瓦茨不等式得

$$\begin{aligned}|R_X(\tau)|^2&=|R_X(t, t+\tau)|^2=|E[\overline{X(t)}X(t+\tau)]|^2\\&\leqslant E[|X(t)|^2]E[|X(t+\tau)|^2]=R_X^2(0);\end{aligned} \tag{4.30}$$

同理，可得 $|C_X(\tau)|\leqslant C_X(0)=\sigma_X^2$. □

性质 3 $R_X(-\tau)=\overline{R_X(\tau)}$；当 X 是实的时，$R_X(-\tau)=R_X(\tau)$．

证明： 由相关函数的性质得

$$\begin{aligned}\overline{R_X(\tau)}&=\overline{E[\overline{X(t)}X(t+\tau)]}=E[\overline{X(t+\tau)}X(t)]\\&=E[\overline{X(s)}X(s-\tau)]=R_X(-\tau).\end{aligned} \tag{4.31}$$

□

性质 4　周期平稳复随机过程 $X(t)$ 的自相关函数是周期函数，且与周期平稳过程的周期相同，即若平稳过程 $X(t)$ 满足 $X(t)=X(t+T)$，T 为周期，则

$$R_X(\tau+T)=R_X(\tau). \tag{4.32}$$

证明：周期平稳过程定义为 $X(t)=X(t+T)$，代入上式得

$$R_X(\tau+T)=E[\overline{X(t)}X(t+\tau+T)]=E[\overline{X(t)}X(t+\tau)]=R_X(\tau). \tag{4.33}$$

□

性质 5　非周期平稳过程 $X(t)$ 的自相关函数满足

$$\lim_{\tau\to\infty}R_X(\tau)=R_X(\infty)=m_X^2, \tag{4.34}$$

且

$$\sigma_X^2=R_X(0)-R_X(\infty). \tag{4.35}$$

证明：这一点可以从物理意义上解释．对于非周期平稳过程 $X(t)$，随着时间差 τ 的增加，势必会减小 $X(t)$ 与 $X(t+\tau)$ 的相关程度．由于自相关函数的对称性，当 $\tau\to\infty$时，二者不相关，则有

$$\lim_{\tau\to\infty}R_X(\tau)=\lim_{\tau\to\infty}E[X(t)X(t+\tau)]=\lim_{\tau\to\infty}E[X(t)]E[X(t+\tau)]=m_X^2. \tag{4.36}$$

又因为

$$\sigma_X^2=R_X(0)-m_X^2, \tag{4.37}$$

所以有

$$\sigma_X^2=R_X(0)-R_X(\infty). \tag{4.38}$$

□

性质 6　$R_X(\tau)$ 具有非负定性，即对于任意自然数 n，任意 $t_1, t_2, \cdots, t_n\in T$ 及任意复数 $a_1, a_2, \cdots, a_n$，有

$$\sum_{k=1}^{n}\sum_{l=1}^{n}\overline{a_l}a_kR_X(t_k-t_l)\geqslant 0. \tag{4.39}$$

证明：由 $R_X(s, t)$ 的非负定性即得

$$\begin{aligned}\sum_{k=1}^{n}\sum_{l=1}^{n}\overline{a_l}a_kR_X(t_k-t_l)&=\sum_{k=1}^{n}\sum_{l=1}^{n}\overline{a_l}a_kE[\overline{X(t_l)}X(t_k)]\\&=E\Big[\sum_{k=1}^{n}\sum_{l=1}^{n}\overline{a_l}a_k\overline{X(t_l)}X(t_k)\Big]\end{aligned}$$

$$= E\left[\overline{\sum_{l=1}^{n} a_l X(t_l)} \sum_{k=1}^{n} a_k X(t_k)\right]$$

$$= E\left[\left|\sum_{k=1}^{n} a_k X(t_k)\right|^2\right] \geqslant 0. \tag{4.40}$$

□

定理 4.1.2 平稳过程 $\{X(t), t \in T\}$ 均方连续的充要条件是相关函数 $R_X(\tau)$ 在点 $\tau = 0$ 处连续，且此时 $R_X(\tau)$ 处处连续.

证明: X 连续当且仅当 $R(s, t)$ 在所有 (t, t) 处连续，这又当且仅当 $R(\tau)$ 在 $\tau = 0$ 处连续，这当且仅当 $R(s, t)$ 在某个 (t_0, t_0) 处连续，可进一步当且仅当 $R(\tau)$ 处处连续. □

利用均方微分准则及其推论可以证明以下定理.

定理 4.1.3 对平稳过程 $\{X(t), t \in T\}$,

(1) X 均方可微的充要条件是相关函数 $R_X(\tau)$ 在点 $\tau = 0$ 处二次连续可微;

(2) 若 X 均方可微，则其均方导数过程 $\{X'(t), t \in T\}$ 仍为平稳过程，且其均值 $m_{X'} = 0$, 相关函数 $R_{X''}(\tau) = - R''_X(\tau)$.

推论 4.1.1 设 $\{X(t), t \in T\}$ 是一均方可微的实平稳过程，则对任意 $t \in T$, $X(t)$ 与 $X'(t)$ 不相关.

证明: 由于 $\{X(t), t \in T\}$ 是实平稳过程，故 $E[X(t) X'(t)] = - R'(0)$; 又 $R(-\tau) = R(\tau)$, 故 $R'(-\tau) = - R'(\tau)$, 即 $R'(0) = - R'(0)$, 从而 $R'(0) = 0$, 故 $E[X(t) X'(t)] = - R'(0) = 0$.

推论 4.1.2 设 $\{X(t), t \in T\}$ 是一均方可微的实平稳过程，则对任意 $t \in T$, $X(t)$ 与 $X'(t)$ 相互独立.

定理 4.1.4 设 $\{X(t), t \in T\}$ 是均方连续的平稳过程, $f(t)$ 为分段连续函数，则在任何有限区间上，积分 $\int_a^b f(t) X(t) \mathrm{d}t$ 在均方意义下存在，且对任一分段连续函数 $g(t)$, 有

$$E\left[\overline{\int_a^b g(s) X(s) \mathrm{d}s} \int_a^b f(t) X(t) \mathrm{d}t\right] = \int_a^b \int_a^b R_X(t - s) f(t) \overline{g(s)} \mathrm{d}s \mathrm{d}t. \tag{4.41}$$

证明: 因为 $X(t)$ 是均方连续的，故 $R_X(s, t)$ 在 (t, t) 处连续，从而也在

(s, t) 处连续．因此普通的二元分段连续函数 $R_X(t-s)f(t)\overline{f(s)}$ 存在二重积分 $\int_a^b\int_a^b R_X(t-s)f(t)\overline{g(s)}\,\mathrm{d}s\mathrm{d}t$. 再由均方可积准则可知，在均方意义下，积分 $\int_a^b f(t)X(t)\,\mathrm{d}t$ 存在．

由相关函数的定义及均方可积准则可知定理成立． □

例 4.1.5 非周期平稳过程 $X(t)$ 的自相关函数为

$$R_X(\tau) = 16 + \frac{9}{1+3\tau^2}. \tag{4.42}$$

求数学期望及方差．

解： 根据性质 5，由于

$$m_X^2 = R_X(\infty). \tag{4.43}$$

可求出随机过程 $X(t)$ 的数学期望

$$m_X = \pm\sqrt{R_X(\infty)} = \pm\sqrt{16} = \pm 4. \tag{4.44}$$

注意这里无法确定数学期望的符号．再由性质 5，即

$$\sigma_X^2 = R_X(0) - R_X(\infty), \tag{4.45}$$

得到方差

$$\sigma_X^2 = R_X(0) - R_X(\infty) = 25 - 16 = 9. \tag{4.46}$$

因此，随机过程 $X(t)$ 的数学期望为 ± 4，方差为 9.

4.1.4 联合平稳过程的互相关函数及性质

在实际中，常需要同时研究两个或两个以上平稳过程的统计特性．例如，接收机输入端往往有信号和噪声，而二者均可能是随机的，为了从噪声中检测出有用的信号，除了必须考虑它们各自的统计特性外，还要同时研究信号和噪声两个过程的联合统计特性．设 $\{X(t), t\in T\}$，$\{Y(t), t\in T\}$ 为两个随机过程，在实际工作中，除了要求 $\{X(t), t\in T\}$，$\{Y(t), t\in T\}$ 是平稳的外，还要求它们之间的统计联系也是平稳的．例如，$\{X(t), t\in T\}$，$\{Y(t), t\in T\}$ 都是平稳过程，现在要问：$\{Z(t)=X(t)+Y(t), t\in T\}$ 是否为平稳过程？如果 $\{X(t), t\in T\}$ 代表原发信号，$\{Y(t), t\in T\}$ 代表随机干扰，它们都是平稳过程，而且相互独立，则 $\{Z(t),$

$t \in T\}$ 就表示接收到的信号，我们自然希望它也是平稳的，这在线性系统理论或信号检测理论中是十分重要的，这样就引出了所谓联合平稳的概念．

定义 4.1.3 如果两个平稳过程 $X(t)$ 和 $Y(t)$，对任意的 t，$\tau \in T$，它们的互相关函数总有 $R_X(t, t+\tau)=R_{XY}(\tau)$，则称平稳过程 $X(t)$ 和 $Y(t)$ 为联合平稳过程或平稳相关的平稳过程．

例 4.1.6 设平稳过程 $\{X(t), t \in T\}$ 和 $\{Y(t), t \in T\}$ 是平稳相关的，讨论随机过程 $\{Z(t)=X(t)+Y(t), t \in T\}$ 的平稳性．

解： 由于

$$R_Z(t, t+\tau)=E[\overline{Z(t)}Z(t+\tau)]=E[\overline{X(t)+Y(t)}[X(t+\tau)+Y(t+\tau)]]$$

$$=R_X(\tau)+R_{XY}(\tau)+R_{YX}(\tau)+R_Y(\tau), \tag{4.47}$$

故 $\{Z(t), t \in T\}$ 是平稳过程．

平稳相关的平稳过程 $X(t)$ 和 $Y(t)$ 的互相互函数 $R_{XY}(\tau)$ 有如下性质：

性质 1 一般情况下，互相关函数与互协方差函数非奇非偶，即

$$R_{XY}(\tau)=\overline{R_{YX}(-\tau)}, \quad C_{XY}(\tau)=\overline{C_{YX}(-\tau)}. \tag{4.48}$$

证明： 根据互相关函数定义，有

$$R_{XY}(\tau)=E[\overline{X(t)}Y(t+\tau)]=E[Y(t+\tau)\overline{X(t)}]=E[\overline{\overline{Y(t+\tau)}X(t)}]=\overline{R_{YX}(-\tau)}. \tag{4.49}$$

同理，可得 $C_{XY}(\tau)=\overline{C_{XY}(-\tau)}$． □

性质 2 互相关函数和互协方差函数的幅度平方满足

$$|R_{XY}(\tau)|^2 \leqslant R_X(0)R_Y(0), \quad |C_{XY}(\tau)|^2 \leqslant C_X(0)C_Y(0)=\sigma_X^2\sigma_Y^2. \tag{4.50}$$

性质 3 互相关函数和互协方差函数的幅度满足

$$|R_{XY}(\tau)| \leqslant \frac{1}{2}[R_X(0)+R_Y(0)], \tag{4.51}$$

$$|C_{XY}(\tau)| \leqslant \frac{1}{2}[C_X(0)+C_Y(0)]=\frac{1}{2}(\sigma_X^2+\sigma_Y^2). \tag{4.52}$$

上述性质 2 与性质 3 均可通过将不等式 $E[[Y(t+\tau)+\lambda X(t)]^2] \geqslant 0$（$\lambda$ 为任意实数）展开求得．

性质 4　对任意的复常数 a，b，$aX(t)+bY(t)$ 也是平稳过程，且

$$R_{aX(t)+bY(t)}(\tau)=|a|^2R_X(\tau)+\bar{a}bR_{XY}(\tau)+a\bar{b}R_{YX}(\tau)+|b|^2R_Y(\tau). \tag{4.53}$$

证明：

$$\begin{aligned}R_{aX(t)+bY(t)}(\tau)&=E[(\overline{aX(t)+bY(t)})(aX(t+\tau)+bY(t+\tau))]\\&=E[(\overline{aX(t)+bY(t)}),\ aX(t+\tau)]+E[(\overline{aX(t)+bY(t)}),\ bY(t+\tau)]\\&=E[\overline{aX(t)},\ aX(t+\tau)]+E[\overline{bY(t)},\ aX(t+\tau)]\\&\quad+E[\overline{aX(t)},\ bY(t+\tau)]+E[\overline{bY(t)},\ bY(t+\tau)]\\&=|a|^2E[\overline{X(t)},\ X(t+\tau)]+a\bar{b}E[\overline{Y(t)},\ X(t+\tau)]\\&\quad+\bar{a}bE[\overline{X(t)},\ Y(t+\tau)]+|b|^2E[\overline{Y(t)},\ Y(t+\tau)]\\&=|a|^2R_X(\tau)+a\bar{b}R_{XY}(\tau)+\bar{a}bR_{YX}(\tau)+|b|^2R_Y(\tau).\end{aligned} \tag{4.54}$$

□

例 4.1.7　设两个平稳过程 $X(t)=\cos(t+\Phi)$ 和 $Y(t)=\sin(t+\Phi)$，其中 Φ 是在 $(0, 2\pi)$ 上均匀分布的随机变量．试问这两个过程是否联合平稳？它们是否正交、不相关、统计独立？请说明．

解： 因为平稳过程 $X(t)$ 和 $Y(t)$ 的互相关函数为

$$\begin{aligned}R_{XY}(t,\ t+\tau)&=E[X(t)Y(t+\tau)]\\&=E[\cos(t+\Phi)\sin(t+\tau+\Phi)]\\&=\frac{1}{2}E[\sin(2t+\tau+2\Phi)+\sin\tau]\\&=\frac{1}{2}\sin\tau=R_{XY}(\tau).\end{aligned} \tag{4.55}$$

故这两个过程是联合平稳的．

由于 $R_{XY}(t,\ t+\tau)=\frac{1}{2}\sin\tau$，它仅在 $t=n\pi(n=0,\ \pm1,\ \pm2,\ \cdots)$ 时等于零，这时，$X(t)$，$Y(t)$ 的取值（随机变量）才是正交的．对于其他 τ 值，都不能满足正交的条件，故过程 $X(t)$ 和 $Y(t)$ 互不相交．

又因为 $X(t)$ 和 $Y(t)$ 的均值分别为

$$m_X(t)=E[X(t)]=E[\cos(t+\Phi)]=0, \tag{4.56}$$

$$m_Y(t+\tau)=E[Y(t+\tau+\Phi)]=0. \tag{4.57}$$

故得到互协方差函数

$$\begin{aligned}C_{XY}(t,\ t+\tau)&=R_{XY}(t,\ t+\tau)-m_X(t)\,m_Y(t+\tau)\\&=R_{XY}(t,\ t+\tau)\\&=R_{XY}(\tau)\ ,\end{aligned} \tag{4.58}$$

即

$$C_{XY}(\tau)=\frac{1}{2}\sin\tau. \tag{4.59}$$

由于 $C_{XY}(\tau)$ 仅在 $\tau=n\pi(n=0,\ \pm1,\ \pm2,\ \cdots)$ 等于零，此时，过程 $X(t)$，$Y(t)$ 的状态（随机变量）才是不相关的；而在 $E\neq n\pi$ 时，$C_{XY}(t)\neq 0$，故从整体来看，过程 $X(t)$ 和 $Y(t)$ 是相关的，因而，它们是统计不独立的.

4.1.5 平稳正态随机过程

定义 4.1.4 如果正态随机过程 $X(t)$ 满足

(1) $m_X(t_i)=m_{X_i}$，$(i=1,\ 2,\ \cdots,\ n)$；

(2) $R_X(t_1,\ t_2)=R_X(\tau_{k-1})$，$\tau_{k-1}=t_k-t_i$，$(i,\ k=1,\ 2,\ \cdots,\ n)$.

则称此正态过程为宽平稳正态随机过程. 其 n 维概率密度为

$$\begin{aligned}&f_X(x_1,\ x_2,\ \cdots,\ x_n;\ \tau_1,\ \tau_2,\ \cdots,\ \tau_{n-1})\\&=\frac{1}{(2\pi)^{\frac{n}{2}}R^{\frac{1}{2}}\sigma_X^n}\exp\left\{-\frac{1}{2R\sigma_X^2}\sum_{i=1}^{n}\sum_{k=1}^{n}R_{ik}(x_i-m_X)(x_k-m_X)\right\},\end{aligned} \tag{4.60}$$

式中 R 是由相关系数 r_{ik} 构成的行列式，即

$$R=\begin{vmatrix}r_{11} & r_{12} & \cdots & r_{1n}\\ r_{21} & r_{22} & \cdots & r_{2n}\\ \vdots & \vdots & & \vdots\\ r_{n1} & r_{n2} & \cdots & r_{nn}\end{vmatrix}=\begin{vmatrix}1 & r_{12} & \cdots & r_{1n}\\ r_{21} & 1 & \cdots & r_{2n}\\ \vdots & \vdots & & \vdots\\ r_{n1} & r_{n2} & \cdots & 1\end{vmatrix}. \tag{4.61}$$

R_{ik} 为行列式中元素 r_{ik} 的代数余子式. 因此，$X(t)$ 的概率密度仅取决于时间差值 τ_1，τ_2，$\cdots$，τ_{n-1}，而与计时起点无关，所以 $X(t)$ 也是严平稳的. 也就是说，对于正态过程而言，宽平稳和严平稳是等价的.

与 n 维概率密度相应，平稳正态过程 $X(t)$ 的 n 维特征函数为

$$\Psi_X(\omega_1, \omega_2, \cdots, \omega_n; \tau_1, \tau_2, \cdots, \tau_{n-1}) = \exp\left\{ \mathrm{i}m\sum_{k=1}^{n}\omega_k - \frac{1}{2}\sum_{k=1}^{n}\sum_{l=1}^{n}C_X(\tau_{l-k})\omega_k\omega_l \right\}. \tag{4.62}$$

式中，$C_X(\tau_{l-k}) = r(\tau_{l-k})\sigma_X^2$ 为随机变量 X_l，X_k 的协方差函数 .

在 n 维概率密度中分别令 $n=1$ 和 $n=2$，得平稳正态过程的一维和二维概率密度，即

$$f_X(x) = \frac{1}{\sqrt{2\pi}\sigma_X}\exp\left\{ -\frac{(x-m_X)^2}{2\sigma_X^2} \right\}. \tag{4.63}$$

$$f_X(x_1, x_2; \tau) = \frac{1}{(2\pi)\sigma_X^2\sqrt{1-r_X^2(\tau)}} \cdot \exp\left\{ -\frac{(x_1-m_X)^2 - 2r_X(\tau)(x_1-m_X)(x_2-m_X) + (x_2-m_X)^2}{2\sigma_X^2[1-r_X^2(\tau)]} \right\}. \tag{4.64}$$

同理，在 n 维特征函数中分别令 $n=1$ 和 $n=2$ 可得到平稳正态过程的一维和二维特征函数

$$\Psi_X(\omega) = \exp\left\{ \mathrm{i}m_X\omega - \frac{1}{2}\sigma_X^2\omega^2 \right\}. \tag{4.65}$$

$$\Psi_X(\omega_1, \omega_2; \tau) = \exp\left\{ \mathrm{i}m_X(\omega_1+\omega_2) - \frac{1}{2}\sigma_X^2[\omega_1^2+\omega_2^2+2r_X(\tau)\omega_1\omega_2] \right\}. \tag{4.66}$$

正态随机过程具有许多重要性质，使它具有许多数学上的优点 . 下面介绍几个主要性质：

性质 1　正态随机过程完全由它的协方差函数（相关函数）决定 .

该性质可由定义得知 .

性质 2　如果对正态随机过程在 n 个不同时刻 t_1，t_2，…，t_n 采样，所得一组随机变量 X_1,X_2，…，X_n 为两两互不相关，即 $C_{ik} = C_X(t_i, t_k) = E[(X_i-m_i)(X_k-m_k)] = 0$，$[i \neq k, X_i = X(t_i)]$，则这些随机变量也相互独立 .

证明： n 维概率密度为

$$f_X(x_1, x_2, \cdots, x_n; \tau_1, \tau_2, \cdots, \tau_{n-1})$$

$$=\frac{1}{(2\pi)^{\frac{n}{2}}\sigma_1\sigma_2\cdots\sigma_n}\exp\left\{-\frac{1}{2}\sum_{i=1}^{n}(x_i-m_i)^2\sigma_i^2\right\}$$

$$=\prod_{i=1}^{n}\frac{1}{\sqrt{2\pi}\sigma_i}\exp\left\{-\frac{(x_i-m_i)^2}{2\sigma_i^2}\right\}$$

$$=f_X(x_1; t_1)f_X(x_2; t_2)\cdots f_X(x_n; t_n). \tag{4.67}$$

可见，在 $C_{ik}=0(i\neq k)$ 的条件下，n 维正态概率密度等于 n 个一维正态概率密度的连乘积．所以，对于一个正态过程来说，不相关与独立是等价的． □

性质 3 若 $\boldsymbol{X}^{(k)}=[X_1^{(k)}, X_2^{(k)}, \cdots, X_n^{(k)}]^{\mathrm{T}}$ 为 n 维正态随机变量，且 $\boldsymbol{X}^{(k)}$ 均方收敛于 $\boldsymbol{X}=[X_1, X_2, \cdots, X_n]^{\mathrm{T}}$，即对每个 i，有

$$\lim_{k\to\infty}E[|X_i^{(k)}-X_i|^2]=0 \quad (0\leqslant i\leqslant n), \tag{4.68}$$

则 $\boldsymbol{X}$ 为正态分布的随机向量．

证明： 若 $\boldsymbol{X}^{(k)}$、$\boldsymbol{X}$ 的均值向量和协方差矩阵分别记为

$$E[\boldsymbol{X}^{(k)}]=\boldsymbol{m}^{(k)}=[m_1^{(k)}, m_2^{(k)}, \cdots, m_n^{(k)}]^{\mathrm{T}}, \tag{4.69}$$

$$E[\boldsymbol{X}]=\boldsymbol{m}=[m_1, m_2, \cdots, m_n]^{\mathrm{T}}, \tag{4.70}$$

$$E[(\boldsymbol{X}^{(k)}-\boldsymbol{m}^{(k)})(\boldsymbol{X}^{(k)}-\boldsymbol{m}^{(k)})^{\mathrm{T}}]=\boldsymbol{C}^{(k)}, \tag{4.71}$$

$$E[(\boldsymbol{X}-\boldsymbol{m})(\boldsymbol{X}-\boldsymbol{m})^{\mathrm{T}}]=\boldsymbol{C}. \tag{4.72}$$

因为 $\boldsymbol{X}^{(k)}$ 均方收敛于 $\boldsymbol{X}$，故

$$\lim_{k\to\infty}m_i^{(k)}=\lim_{k\to\infty}E[X_i^{(k)}]=E[\underset{l\to\infty}{\mathrm{l.i.m}}\,X_i^{(k)}]$$

$$=E[X_i]=m_i, \quad 1\leqslant i\leqslant n, \tag{4.73}$$

$$\lim_{k\to\infty}\sigma_{ij}^{(k)}=\sigma_{ij}, \quad 1\leqslant i, j\leqslant n. \tag{4.74}$$

若以 $\Psi_k(\omega_1, \omega_2, \cdots, \omega_n)$ 和 $\Psi(\omega_1, \omega_2, \cdots, \omega_n)$ 分别代表 $\boldsymbol{X}^{(k)}$ 和 $\boldsymbol{X}$ 的 n 维特征函数，由于 $\boldsymbol{X}^{(k)}$ 为 n 维正态分布的随机变量，故

$$\Psi_k(\omega_1, \omega_2, \cdots, \omega_n)=\exp\left[\mathrm{i}\boldsymbol{\omega}^{\mathrm{T}}\boldsymbol{m}^{(k)}-\frac{1}{2}\boldsymbol{\omega}^{\mathrm{T}}\boldsymbol{C}^{(k)}\boldsymbol{\omega}\right]. \tag{4.75}$$

又由上述两极限表示式可得

$$\lim_{k\to\infty}\Psi_k(\omega_1, \omega_2, \cdots, \omega_n) = \exp\left[\mathrm{i}\boldsymbol{\omega}^{\mathrm{T}}(\lim_{k\to\infty}\boldsymbol{m}^{(k)}) - \frac{1}{2}\boldsymbol{\omega}^{\mathrm{T}}(\lim_{k\to\infty}\boldsymbol{C}^{(k)})\boldsymbol{\omega}\right]$$

$$= \exp\left[\mathrm{i}\boldsymbol{\omega}^{\mathrm{T}}\boldsymbol{m} - \frac{1}{2}\boldsymbol{\omega}^{\mathrm{T}}\boldsymbol{C}\boldsymbol{\omega}\right] \tag{4.76}$$

根据 $\boldsymbol{X}^{(k)}$ 均方收敛于 $\boldsymbol{X}$，可得，$\Psi_k(\omega_1, \omega_2, \cdots, \omega_n)$ 收敛于 $\Psi(\omega_1, \omega_2, \cdots, \omega_n)$，即

$$\Psi(\omega_1, \omega_2, \cdots, \omega_n) = \lim_{k\to\infty}\Psi_k(\omega_1, \omega_2, \cdots, \omega_n) = \exp\left[\mathrm{i}\boldsymbol{\omega}^{\mathrm{T}}\boldsymbol{m} - \frac{1}{2}\boldsymbol{\omega}^{\mathrm{T}}\boldsymbol{C}\boldsymbol{\omega}\right], \tag{4.77}$$

所以，$\boldsymbol{X}$ 也是 n 维正态分布的随机向量．□

例 4.1.8　设有随机过程 $X(t) = A\cos(\omega_0 t) + B\sin(\omega_0 t)$，其中 A 与 B 是两个相互独立的正态随机变量，且有 $E[A] = E[B] = 0$，$E[A^2] = E[B^2] = \sigma^2$；而 ω_0 为常数．求此随机过程 $X(t)$ 的一、二维概率密度．

解： 在任意时刻 t_i 对随机过程 $X(t)$ 进行采样，则 $X(t_i)$ 是一个随机变量，因为它是正态随机变量 A 与 B 的线性组合，故 $X(t_i)$ 也是正态分布的，因而 $X(t)$ 是一正态过程．为了确定正态过程 $X(t)$ 的概率密度，只要求出 $X(t)$ 的均值函数和协方差函数即可．

$$E[X(t)] = E[A\cos(\omega_0 t) + B\sin(\omega_0 t)] = E[A]\cos(\omega_0 t) + E[B]\sin(\omega_0 t) = 0 = m_X, \tag{4.78}$$

$$\begin{aligned} R_X(t, t+\tau) &= E[X(t)X(t+\tau)] \\ &= E[[A\cos(\omega_0 t) + B\sin(\omega_0 t)]\{A\cos[\omega_0(t+\tau)] + B\sin[\omega_0(t+\tau)]\}] \\ &= E[A^2]\cos(\omega_0 t)\cos[\omega_0(t+\tau)] + E[B^2]\sin(\omega_0 t)\sin[\omega_0(t+\tau)] \\ &\quad + E[AB]\cos(\omega_0 t)\sin[\omega_0(t+\tau)] + E[AB]\sin(\omega_0 t)\cos[\omega_0(t+\tau)]. \end{aligned} \tag{4.79}$$

因为随机变量 A 与 B 统计独立，所以有

$$E[AB] = E[A]\cdot E[B] = 0. \tag{4.80}$$

这时，

$$R_X(t, t+\tau) = E[A^2]\cos(\omega_0 t)\cos[\omega_0(t+\tau)] + E[B^2]\sin(\omega_0 t)\sin[\omega_0(t+\tau)]$$

$$=\sigma^2\cos(\omega_0\tau)=R_X(\tau). \tag{4.81}$$

这样，$X(t)$ 的方差为

$$\sigma_X^2=R_X(0)-m_X^2=\sigma^2. \tag{4.82}$$

由上面分析可知，正态过程 $X(t)$ 是平稳的，其均值为零、方差为 σ^2，它的一维密度函数与 t 无关，即

$$f_X(x)=\frac{1}{\sqrt{2\pi}\sigma}e^{-\frac{x^2}{2\sigma^2}}. \tag{4.83}$$

为了确定平稳正态过程 $X(t)$ 的二维概率密度，只需求出随机变量 $X(t_1)$ 与 $X(t_2)$ 的相关系数 $r_X(\tau)$，这里令 $t_1=t$，$t_2=t+\tau$，可容易求得

$$r_X(\tau)=\frac{C_X(\tau)}{\sigma_X^2}=\frac{R_X(\tau)-m_X^2}{\sigma_X^2}=\frac{R_X(\tau)}{\sigma^2}=\cos(\omega_0\tau). \tag{4.84}$$

则随机过程 $X(t)$ 的二维概率密度函数为

$$f_X(x_1, x_2; \tau)=\frac{1}{2\pi\sigma^2\sqrt{1-\cos^2\tau}}\cdot\exp\left\{-\frac{x_1^2-2x_1x_2\cos(\omega_0\tau)+x_2^2}{2\sigma^2[(1-\cos^2(\omega_0\tau)]}\right\}. \tag{4.85}$$

4.2 平稳过程的各态历经性

均值函数、方差函数、相关函数等，都是在特定时刻对大量的样本函数求统计平均而得到的数字特征，这很复杂，在工程上难以实现．能否用一个样本函数（由一次随机试验得到）取时间均值（观察时间足够长）代替上述统计平均方法呢？辛钦证明：具备一定条件后，对平稳过程一个样本函数的时间平均，从概率意义上趋近此过程的统计平均．也就是说，由平稳过程的任何一个样本函数就能得到随机过程的全部样本函数的统计信息，即任何一个样本函数的特性都能充分代表整个随机过程的特性．具有这种特性的随机过程，被称为具有遍历性．随机过程的遍历性，可以理解为随机过程的各个样本函数都同样经历了随机过程的各种可能状态．

4.2.1 平稳过程的各态历经性的概念和条件

基于以上讨论，我们给出如下的定义．

定义 4.2.1 设 $\{X(t), -\infty<t<+\infty\}$ 是平稳过程．如果下列均方极限存在：

$$< X(t) > \xlongequal{\text{def}} \underset{T\to\infty}{\text{l. i. m}} \frac{1}{2T}\int_{-T}^{T} X(t)\,\mathrm{d}t, \tag{4.86}$$

则称 $< X(t) >$ 为 $\{X(t), -\infty < t < +\infty\}$ 在 $(-\infty, +\infty)$ 上的时间平均.

如果对于固定的 τ，下列均方极限存在：

$$<\overline{X(t)}X(t+\tau)> \xlongequal{\text{def}} \underset{T\to\infty}{\text{l. i. m}} \frac{1}{2T}\int_{-T}^{T} \overline{X(t)}X(t+\tau)\,\mathrm{d}t, \tag{4.87}$$

则称 $<\overline{X(t)}X(t+\tau)>$ 为 $\{X(t), -\infty < t < +\infty\}$ 在 $(-\infty, +\infty)$ 上的时间相关函数.

从定义看，平稳过程的时间平均 $< X(t) >$ 是随机变量，时间相关函数 $\overline{X(t)}X(t+\tau)$ 是随机过程，而 m_X 是常数，$R_X(\tau)$ 是普通函数.

定义 4.2.2　设 $\{X(t), -\infty < t < +\infty\}$ 是平稳过程.

(1) 如果以概率 1 成立，

$$< X(t) > = m_X, \tag{4.88}$$

则称 $\{X(t), -\infty < t < +\infty\}$ 的均值具有各态历经性.

(2) 如果对任意的实数 τ，以概率 1 成立，

$$<\overline{X(t)}X(t+\tau)> = R_X(\tau), \tag{4.89}$$

则称 $\{X(t), -\infty < t < +\infty\}$ 的相关函数具有各态历经性.

(3) 如果 $\{X(t), -\infty < t < +\infty\}$ 的均值和相关函数都具有各态历经性，则称 $\{X(t), -\infty < t < +\infty\}$ 具有各态历经性，或称为各态历经过程. 各态历经性又称为遍历性.

例 4.2.1　设 $X(t) = a\cos(\omega t + \Theta)$，$-\infty < t < +\infty$，其中 $a > 0$，ω 是实常数，$\Theta \sim U[0, 2\pi]$，试证明 $\{X(t), -\infty < t < +\infty\}$ 的各态历经性.

解：由例 1.5.1 知，$\{X(t), -\infty < t < +\infty\}$ 是平稳过程，且 $m_X = 0$，$R_X(\tau) = \frac{a^2}{2}\cos(\omega\tau)$. 时间平均为

$$\begin{aligned} < X(t) > &= \underset{T\to+\infty}{\text{l. i. m}} \frac{1}{2T}\int_{-T}^{T} X(t)\,\mathrm{d}t \\ &= \underset{T\to+\infty}{\text{l. i. m}} \frac{1}{2T}\int_{-T}^{T} a\cos(\omega t + \Theta)\,\mathrm{d}t \end{aligned}$$

$$=\underset{T\to+\infty}{\text{l. i. m}}\frac{a}{2T}\int_{-T}^{T}[\cos(\omega t)\cos\Theta-\sin(\omega t)\sin\Theta]\,\mathrm{d}t$$

$$=\underset{T\to+\infty}{\text{l. i. m}}\frac{a}{2T}\cos\Theta\int_{-T}^{T}\cos(\omega t)\,\mathrm{d}t$$

$$=\underset{T\to+\infty}{\text{l. i. m}}\frac{a\cos\Theta\sin(\omega T)}{\omega T}=0. \tag{4.90}$$

时间相关函数为

$$<\overline{X(t)}X(t+\tau)>=\underset{T\to+\infty}{\text{l. i. m}}\frac{1}{2T}\int_{-T}^{T}\overline{X(t)}X(t+\tau)\,\mathrm{d}t$$

$$=\underset{T\to+\infty}{\text{l. i. m}}\frac{a^2}{2T}\int_{-T}^{T}\cos(\omega t+\Theta)\cos[\omega(t+\tau)+\Theta]\,\mathrm{d}t$$

$$=\underset{T\to+\infty}{\text{l. i. m}}\frac{a^2}{2T}\cdot\frac{1}{2}\int_{-T}^{T}[\cos(2\omega t+\omega\tau+2\Theta)+\cos(\omega\tau)]\,\mathrm{d}t$$

$$=\frac{a^2}{2}\cos(\omega t). \tag{4.91}$$

因此 $<X(t)>=m_X$，$<\overline{X(t)}X(t+\tau)>=R_X(\tau)$ 以概率 1 成立，故 $\{X(t), -\infty<t<+\infty\}$ 的均值和相关函数具有各态历经性 .

例 4.2.2 设 $X(t)=X$，$-\infty<t<+\infty$，其中 X 具有概率分布 $P(X=i)=\frac{1}{3}$，$i=1, 2, 3$，试讨论 $\{X(t), -\infty<t<+\infty\}$ 的各态历经性 .

解： 由于

$$m_X(t)=E[X(t)]=E[X]=2, \tag{4.92}$$

$$R_X(t, t+\tau)=E[\overline{X(t)}X(t+\tau)]=E[X^2]=\frac{14}{3}. \tag{4.93}$$

因此 $\{X(t), -\infty<t<+\infty\}$ 是平稳过程，时间平均为

$$<X(t)>=\underset{T\to+\infty}{\text{l. i. m}}\frac{1}{2T}\int_{-T}^{T}X(t)\,\mathrm{d}t=X. \tag{4.94}$$

时间相关函数为

$$<\overline{X(t)}X(t+\tau)>=\underset{T\to+\infty}{\text{l. i. m}}\frac{1}{2T}\int_{-T}^{T}\overline{X(t)}X(t+\tau)\,\mathrm{d}t=\underset{T\to+\infty}{\text{l. i. m}}\frac{1}{2T}\int_{-T}^{T}X^2\,\mathrm{d}t=X^2. \tag{4.95}$$

由于 $P(X=2)=1$ 和 $P\left(X^2=\frac{14}{3}\right)=1$ 不成立，故 $\{X(t),\ -\infty<t<+\infty\}$ 的均值和相关函数不具有各态历经性.

4.2.2　均值各态历经性的判定

定理 4.2.1　设 $X=\{X(t),\ t\in(-\infty,\ +\infty)\}$ 是平稳过程，则 X 均值各态历经（$<X(t)>=m_X$）充要条件为

$$\underset{T\to\infty}{\mathrm{l.i.m}}\frac{1}{2T}\int_{-2T}^{2T}\left(1-\frac{|\tau|}{2T}\right)C_X(\tau)\mathrm{d}\tau=0. \tag{4.96}$$

证明：随机变量等于常数 m_X 的充要条件是均值为 m_X，而方差为零，而 $<X>$ 存在时均值必定为 m_X，故下证其方差为零.

$$D(<X(t)>)=D\left(\underset{T\to\infty}{\mathrm{l.i.m}}\frac{1}{2T}\int_{-T}^{T}X(t)\mathrm{d}t\right)=\underset{T\to\infty}{\mathrm{l.i.m}}\,D\left(\frac{1}{2T}\int_{-T}^{T}X(t)\mathrm{d}t\right) \tag{4.97}$$

$$D\left(\frac{1}{2T}\int_{-T}^{T}X(t)\,\mathrm{d}t\right)=E\left[\left|\frac{1}{2T}\int_{-T}^{T}X(t)\,\mathrm{d}t-m_X\right|^2\right]$$

$$=\frac{1}{4T^2}E\left[\left|\int_{-T}^{T}[X(t)-m_X]\,\mathrm{d}t\right|^2\right] \tag{4.98}$$

$$\frac{1}{4T^2}E\left[\int_{-T}^{T}\overline{[X(s)-m_X]}\mathrm{d}s\int_{-T}^{T}[X(t)-m_X]\mathrm{d}t\right]$$

$$=\frac{1}{4T^2}E\left[\int_{-T}^{T}\int_{-T}^{T}\overline{[X(s)-m_X]}[X(t)-m_X]\mathrm{d}s\mathrm{d}t\right]$$

$$=\frac{1}{4T^2}\int_{-T}^{T}\int_{-T}^{T}C_X(t-s)\mathrm{d}s\mathrm{d}t\xlongequal{\begin{cases}u=t-s\\v=t+s\end{cases}}\frac{1}{8T^2}\iint\limits_{\substack{-2T\leqslant v-u\leqslant 2T\\-2T\leqslant v+u\leqslant 2T}}C_X(u)\mathrm{d}u\mathrm{d}v$$

$$=\frac{1}{8T^2}\left[\int_{-2T}^{0}\mathrm{d}u\int_{-2T-u}^{2T+u}C_X(u)\mathrm{d}v+\int_{0}^{2T}\mathrm{d}u\int_{-2T+u}^{2T-u}C_X(u)\mathrm{d}v\right]$$

$$=\frac{1}{2T}\left[\int_{-2T}^{0}\left(1+\frac{u}{2T}\right)C_X(u)\mathrm{d}u+\int_{0}^{2T}\left(1-\frac{u}{2T}\right)C_X(u)\mathrm{d}u\right]$$

$$=\frac{1}{2T}\int_{-2T}^{2T}\left(1-\frac{|u|}{2T}\right)C_X(u)\mathrm{d}u, \tag{4.99}$$

故 $D(X(t))=0$，即 $<X(t)>=m_X$ 的充要条件为

$$\underset{T\to\infty}{\text{l.i.m}}\frac{1}{2T}\int_{-2T}^{2T}\left(1-\frac{|\tau|}{2T}\right)C_X(\tau)\,\mathrm{d}\tau=0 \tag{4.100}$$

成立． □

推论 4.2.1 实平稳过程 $X=\{X(t), t\in(-\infty, +\infty)\}$ 的均值具有各态历经性的充要条件为

$$\underset{T\to\infty}{\text{l.i.m}}\frac{1}{T}\int_{0}^{2T}\left(1-\frac{\tau}{2T}\right)C_X(\tau)\,\mathrm{d}\tau=0. \tag{4.101}$$

证明： 由于 X 为实平稳过程，所以 $R_X(-\tau)=R_X(\tau)$，从而 $R_X(\tau)$ 是 τ 的偶函数，因而由定理 4.2.1 即知结论成立． □

推论 4.2.2 设 $\{X(t), -\infty<t<+\infty\}$ 是平稳过程，如果 $\lim\limits_{\tau\to\infty}C_X(\tau)=0$，则 $\{X(t), -\infty<t<+\infty\}$ 的均值具有各态历经性．

证明： 由于 $\lim\limits_{\tau\to\infty}C_X(\tau)=0$，因此 $\forall\varepsilon>0$，$\exists T_1>0$，当 $|\tau|>T_1$ 时，$|C_X(\tau)|<\varepsilon$. 当 $2T>T_1$ 时，

$$\begin{aligned}\left|\frac{1}{2T}\int_{-2T}^{2T}\left(1-\frac{|\tau|}{2T}\right)C_X(\tau)\,\mathrm{d}\tau\right| &\leqslant \frac{1}{2T}\int_{-2T}^{2T}|C_X(\tau)|\,\mathrm{d}\tau\\ &=\frac{1}{2T}\int_{-T_1}^{T_1}|C_X(\tau)|\,\mathrm{d}\tau+\frac{1}{2T}\int_{T_1\leqslant|\tau|\leqslant 2T}|C_X(\tau)|\,\mathrm{d}\tau\\ &<\frac{1}{2T}2T_1C_X(0)+\frac{1}{2T}\cdot 2(2T-T_1)\varepsilon\\ &\leqslant\frac{T_1}{T}C_X(0)+2\varepsilon,\end{aligned} \tag{4.102}$$

取 $\widetilde{T}=\max\left\{\frac{T_1}{2}, \frac{T_1}{\varepsilon}C_X(0)\right\}$，于是当 $T>\widetilde{T}$ 时，

$$\left|\frac{1}{2T}\int_{-2T}^{2T}\left(1-\frac{|\tau|}{2T}\right)C_X(\tau)\,\mathrm{d}\tau\right|<3\varepsilon. \tag{4.103}$$

即

$$\lim_{T\to+\infty}\frac{1}{2T}\int_{-2T}^{2T}\left(1-\frac{|\tau|}{2T}\right)C_X(\tau)\,\mathrm{d}\tau=0. \tag{4.104}$$

故 $\{X(t), -\infty<t<+\infty\}$ 的均值具有各态历经性． □

在实际应用中通常只考虑定义在 $[0, +\infty)$ 上的平稳过程，则平稳过程的时间

平均和均值各态历经定理相应有下述形式.

定理 4.2.2　设 $\{X(t), t \geqslant 0\}$ 是平稳过程，则其时间平均为

$$< X(t) > \stackrel{\text{def}}{=\!=} \frac{1}{T}\int_{T}^{0} X(t)\,\mathrm{d}t, \tag{4.105}$$

$\{X(t), t \geqslant 0\}$ 的均值具有各态历经性的充要条件是

$$\lim_{T\to+\infty} \frac{1}{T}\int_{-T}^{T}\left(1 - \frac{|\tau|}{T}\right) C_X(\tau)\,\mathrm{d}\tau = 0. \tag{4.106}$$

如果 $\{X(t), t \geqslant 0\}$ 是实平稳过程，则其均值具有各态历经性的充要条件是

$$\lim_{T\to+\infty} \frac{2}{T}\int_{0}^{t}\left(1 - \frac{\tau}{T}\right) C_X(\tau)\,\mathrm{d}\tau = 0. \tag{4.107}$$

例 4.2.3　设 $X(t) = A\cos(\omega t) + B\sin(\omega t)$，$-\infty < t < +\infty$，其中 A 和 B 是相互独立且都服从正态分布 $N(0, \sigma^2)$ 的随机变量，ω 是实常数，试讨论 $\{X(t), -\infty < t < +\infty\}$ 均值的各态历经性.

解：由题知，$m_X = 0$，$R_X(\tau) = \sigma^2\cos(\omega\tau)$，故 $\{X(t), -\infty < t < +\infty\}$ 是平稳过程.

$$\begin{aligned}\lim_{T\to+\infty} \frac{1}{2T}\int_{-2T}^{2T}\left(1 - \frac{|\tau|}{2T}\right) C_X(\tau)\,\mathrm{d}\tau &= \lim_{T\to+\infty} \frac{1}{2T}\int_{-2T}^{2T}\left(1 - \frac{|\tau|}{2T}\right)\sigma^2\cos(\omega\tau)\,\mathrm{d}\tau \\ &= \lim_{T\to+\infty} \frac{\sigma^2}{2T}\frac{1 - \cos(2\omega T)}{\omega^2 T} = 0.\end{aligned} \tag{4.108}$$

所以 $\{X(t), -\infty < t < +\infty\}$ 的均值具有各态历经性.

4.2.3　相关函数的各态历经性的判定

设 $\{X(t), -\infty < t < +\infty\}$ 是平稳过程，令 $Y(t) = \overline{X(t)}\,X(t+\tau)$，$-\infty < t, \tau < +\infty$，则 $\{X(t), -\infty < t < +\infty\}$ 的相关函数就是 $\{Y(t), -\infty < t < +\infty\}$ 的均值函数，即 $R_X(\tau) = m_Y(t)$. 因此，要讨论 $\{X(t), -\infty < t < +\infty\}$ 的相关函数的各态历经性，转而研究 $\{Y(t), -\infty < t < +\infty\}$ 的均值的各态历经性. 又由定理可知，$\{Y(t), -\infty < t < +\infty\}$ 应是平稳过程. 但这一点仅有 $\{X(t), -\infty < t < +\infty\}$ 是平稳过程的条件是不够的，于是需要假设 $\{Y(t), -\infty < t < +\infty\}$ 是平稳过程. 因此结合定理 4.2.1，关于 $\{X(t), -\infty < t < +\infty\}$ 相关函数的各态历经性，有以下

定理.

定理 4.2.3 设 $\{X(t), -\infty < t < +\infty\}$ 及对于任意固定的 τ, $\{Y(t), -\infty < t < +\infty\}$ 都是平稳过程, 则 $\{X(t), -\infty < t < +\infty\}$ 的相关函数具有各态历经性的充要条件是

$$\lim_{T\to+\infty}\frac{1}{2T}\int_{-2T}^{2T}\left(1-\frac{|u|}{2T}\right)[R_Y(u)-|R_X(\tau)|^2]\,\mathrm{d}u=0. \tag{4.109}$$

推论 4.2.3 设 $\{X(t), -\infty < t < +\infty\}$ 及对于任意固定的 τ, $\{Y(t), -\infty < t < +\infty\}$ 都是实平稳过程, 则 $\{X(t), -\infty < t < +\infty\}$ 的相关函数具有各态历经性的充要条件是

$$\lim_{T\to+\infty}\frac{1}{T}\int_{0}^{2T}\left(1-\frac{u}{2T}\right)\{R_Y(u)-[R_X(\tau)]^2\}\,\mathrm{d}u=0. \tag{4.110}$$

推论 4.2.4 设 $\{X(t), -\infty < t < +\infty\}$ 是零均值的实平稳的正态过程, 如果 $\lim\limits_{\tau\to\infty}R_X(\tau)=0$, 则 $\{X(t), -\infty < t < +\infty\}$ 的相关函数具有各态历经性.

证明: 令 $Y(t)=X(t)X(t+\tau)$, $-\infty < t, \tau < +\infty$, 则

$$m_Y(t)=E[Y(t)]=E[X(t)X(t+\tau)]=R_X(\tau)\overset{\text{def}}{=\!=}m_Y \tag{4.111}$$

与 t 无关.

$$\begin{aligned}R_Y(t,t+u)&=E[Y(t)Y(t+u)]\\&=E[X(t)X(t+\tau)X(t+u)X(t+u+\tau)]\\&=E[X(t)X(t+\tau)]E[X(t+u)X(t+u+\tau)]\\&\quad+E[X(t)X(t+u)]E[X(t+\tau)X(t+u+\tau)]\\&\quad+E[X(t)X(t+u+\tau)]E[X(t+\tau)X(t+u)]\\&=[R_X(\tau)^2]+[R_X(u)^2]+R_X(u+\tau)R_X(u-\tau)\overset{\text{def}}{=\!=}R_Y(u).\end{aligned} \tag{4.112}$$

故 $\{Y(t), -\infty < t < +\infty\}$ 是平稳过程.

又因

$$\begin{aligned}\lim_{u\to\infty}R_Y(u)&=\lim_{u\to\infty}\{[R_X(\tau)]^2+[R_X(u)]^2+R_X(u+\tau)R_X(u-\tau)\}\\&=[R_X(\tau)]^2=m_Y^2,\end{aligned} \tag{4.113}$$

即

$$\lim_{u\to\infty} C_Y(u) = 0. \tag{4.114}$$

由推论知，$\{Y(t),\ -\infty < t < +\infty\}$ 的均值具有各态历经性，即 $\{X(t),\ -\infty < t < +\infty\}$ 的相关函数具有各态历经性．□

类似于定理 4.2.3，对于定义在 $[0,\ +\infty)$ 上的平稳过程，关于其相关函数的各态历经性，我们有以下定理．

定理 4.2.4　设 $\{X(t),\ t \geqslant 0\}$ 及使 $t+\tau \geqslant 0$ 的任意 τ，$\{Y(t),\ t \geqslant 0\}$ 都是平稳过程，则 $\{X(t),\ t \geqslant 0\}$ 的时间相关函数为

$$<\overline{X(t)}X(t+\tau)> \overset{\text{def}}{=\!=\!=} \underset{T\to\infty}{\text{l.i.m}} \frac{1}{T}\int_0^T \overline{X(t)}X(t+\tau)\,dt. \tag{4.115}$$

$\{X(t),\ t \geqslant 0\}$ 的相关函数具有各态历经性的充要条件是

$$\lim_{T\to+\infty} \frac{1}{T}\int_{-T}^{T}\left(1-\frac{|u|}{T}\right)[R_Y(u) - |R_X(\tau)|^2]\,du = 0. \tag{4.116}$$

如果 $\{X(t),\ t \geqslant 0\}$ 是实平稳过程，则其相关函数具有各态历经性的充要条件是

$$\lim_{T\to+\infty} \frac{2}{T}\int_0^t\left(1-\frac{u}{T}\right)\{R_Y(u) - [R_X(\tau)]^2\}\,du = 0. \tag{4.117}$$

4.2.4　各态历经性的应用

下面我们要解决对具有各态历经性的平稳过程，利用一个样本函数近似计算均值函数和相关函数的问题．为此，我们先讨论均方收敛和依概率收敛之间的关系．

定理 4.2.5　若 $\{X_n,\ n=1,\ 2,\ \cdots\}$ 均方收敛于 X，则 $\{X_n,\ n=1,\ 2,\ \cdots\}$ 依概率收敛于 X．

证明： 设 $\{X_n,\ n=1,\ 2,\ \cdots\}$ 均方收敛于 X，则

$$\lim_{n\to\infty} E[|X_n - X|^2] = 0. \tag{4.118}$$

从而，$\forall \epsilon > 0$，由马尔可夫不等式可知

$$P(|X_n - X| \geqslant \epsilon) \leqslant \frac{1}{\epsilon^2}E[|X_n - X|^2] \to 0,\ n\to\infty. \tag{4.119}$$

故 $\{X_n,\ n=1,\ 2,\ \cdots\}$ 依概率收敛于 X．□

设 $\{X(t),\ t \geqslant 0\}$ 是平稳过程，它的一个样本函数为 $x(t)$，$0 \leqslant t < +\infty$，均值

具有各态历经性，即

$$\underset{T\to\infty}{\text{l.i.m}}\frac{1}{T}\int_0^T X(t)\,\mathrm{d}t = m_X, \tag{4.120}$$

此式中积分可采用把 [0, T] 区间等分的方式进行计算，即

$$\int_0^T X(t)\,\mathrm{d}t = \underset{N\to\infty}{\text{l.i.m}}\sum_{k=1}^{N} X(t_k)\Delta t = \underset{N\to\infty}{\text{l.i.m}}\frac{T}{N}\sum_{k=1}^{N} X\left(k\frac{T}{N}\right), \tag{4.121}$$

其中 $0 = t_0 < t_1 < t_2 < \cdots < t_N = T$，而 $\Delta t = t_k - t_{k-1} = \frac{T}{N}$，$t_k = k\Delta t$，于是

$$\underset{T\to\infty}{\text{l.i.m}}\frac{1}{T}\underset{N\to\infty}{\text{l.i.m}}\frac{T}{N}\sum_{k=1}^{N} X\left(k\frac{T}{N}\right) = m_X. \tag{4.122}$$

即

$$\underset{T\to\infty}{\text{l.i.m}}\,\underset{N\to\infty}{\text{l.i.m}}\frac{1}{N}\sum_{k=1}^{N} X\left(k\frac{T}{N}\right) = m_X. \tag{4.123}$$

由定理 4.2.5，$\forall\varepsilon > 0$，有

$$\lim_{T\to+\infty}\lim_{N\to\infty} P\left(\left|\frac{1}{N}\sum_{k=1}^{N} X\left(k\frac{T}{N}\right) - m_X\right| < \varepsilon\right) = 1. \tag{4.124}$$

当 T 和 N 充分大，且 $\frac{T}{N}$ 充分小时，

$$P\left(\left|\frac{1}{N}\sum_{k=1}^{N} X\left(k\frac{T}{N}\right) - m_X\right| < \varepsilon\right) \approx 1. \tag{4.125}$$

根据概率论中实际推断原理，一次抽样得到样本函数 $x(t)$，事件

$$\left\{\left|\frac{1}{N}\sum_{k=1}^{N} X\left(k\frac{T}{N}\right) - m_X\right| < \varepsilon\right\}, \tag{4.126}$$

可认为一定发生，于是

$$m_X \approx \frac{1}{N}\sum_{k=1}^{N} X\left(k\frac{T}{N}\right). \tag{4.127}$$

由此可见，近似计算 m_X 实际上只需要用到样本函数 $x(t)$ 在 $k\frac{T}{N}(1 \leqslant k \leqslant N)$ 点上的函数值，这些点称为采样点，即 m_X 近似等于样本函数 $x(t)$ 在采样点上的函数值的算术平均值.

下面介绍相关函数 $R_X(\tau)$ 的近似计算．考虑 $\tau = r\dfrac{T}{N}$，其中 r 固定，$r = 0, 1, 2, \cdots, m$，类似地，

$$\lim_{T\to+\infty}\lim_{N\to\infty} P\left(\left|\frac{1}{N-r}\sum_{k=1}^{N-r} X\left(k\frac{T}{N}\right) X\left(k\frac{T}{N}+r\frac{T}{N}\right) - R_X\left(r\frac{T}{N}\right)\right| < \varepsilon\right) = 1. \quad (4.128)$$

因而

$$R_X\left(r\frac{T}{N}\right) \approx \frac{1}{N-r}\sum_{k=1}^{N-r} X\left(k\frac{T}{N}\right) X\left[(k+r)\frac{T}{N}\right], \quad (4.129)$$

此式要求 T 充分大，$N-r$ 也充分大，且 $\dfrac{T}{N}$ 充分小．

4.3　平稳过程的谱密度

平稳过程 $\{X(t), t \in T\}$ 的相关函数 $R_X(\tau)$ 在时域上描述了过程的统计特性，为描述平稳过程在频域上的统计特性，这一节我们引入谱密度的概念．

谱密度的概念在平稳过程的理论和应用上都很重要．从数学上看，谱密度是相关函数的傅里叶变化，它的物理意义是功率谱密度．

4.3.1　谱密度及其性质

我们首先简要介绍普通时间函数 $x(t)$ 的频谱、能谱密度的概念．

设 $x(t)$ 绝对可积，即 $\int_{-\infty}^{\infty} |x(t)| \mathrm{d}t < \infty$，则 $x(t)$ 的傅里叶变换存在，或者说 $x(t)$ 具有频谱：

$$F_x(\omega) = \int_{-\infty}^{\infty} x(t)\,\mathrm{e}^{-\mathrm{i}\omega t}\mathrm{d}t. \quad (4.130)$$

一般地，$F_x(\omega)$ 是复值函数，有

$$F_x(-\omega) = \int_{-\infty}^{\infty} x(t)\,\mathrm{e}^{\mathrm{i}\omega t}\mathrm{d}t = \overline{F_x(\omega)}. \quad (4.131)$$

$F_x(\omega)$ 的傅里叶变换为

$$x(t) = \frac{1}{2\pi}\int_{-\infty}^{\infty} F_x(\omega)\,\mathrm{e}^{\mathrm{i}\omega t}\mathrm{d}\omega. \quad (4.132)$$

利用式（4.130）和式（4.132）式，可得

$$\begin{aligned}\int_{-\infty}^{\infty} x^2(t)\ \mathrm{d}t &= \int_{-\infty}^{\infty} x(t)\ \frac{1}{2\pi}\int_{-\infty}^{\infty} F_x(\omega)\ \mathrm{e}^{\mathrm{i}\omega t}\mathrm{d}\omega\mathrm{d}t \\ &= \frac{1}{2\pi}\int_{-\infty}^{\infty} F_x(\omega)\ \int_{-\infty}^{\infty} x(t)\ \mathrm{e}^{\mathrm{i}\omega t}\mathrm{d}t\mathrm{d}\omega \\ &= \frac{1}{2\pi}\int_{-\infty}^{\infty} F_x(\omega)\ \overline{F_x(\omega)}\ \mathrm{d}\omega,\end{aligned} \tag{4.133}$$

故

$$\int_{-\infty}^{\infty} x^2(t)\ \mathrm{d}t = \frac{1}{2\pi}\int_{-\infty}^{\infty} |F_x(\omega)|^2\mathrm{d}\omega, \tag{4.134}$$

式（4.134）称为帕塞瓦尔公式．若把 $x(t)$ 看作通过 1ω 电阻上的电流或电压，则左边的积分表示消耗在 1ω 电阻上的总能量，故右边的被积函数 $|F_x(\omega)|^2$ 相应地称为能谱密度．帕塞瓦尔公式即可看作总能量的谱表达式．在实际问题中，大多数时间函数的总能量都是无限的，因而不能满足傅里叶变化条件，为此我们考虑平均功率及功率密度．

作一截尾函数

$$x_T(t) = \begin{cases} x(t)\ , & |t| \leqslant T, \\ 0, & |t| > T. \end{cases} \tag{4.135}$$

因为 $x_T(t)$ 有限，其傅里叶变化存在，于是有

$$F_x(\omega,\ T) = \int_{-\infty}^{\infty} x_T(t)\ \mathrm{e}^{-\mathrm{i}\omega t}\mathrm{d}t. \tag{4.136}$$

$F_x(\omega,\ T)$ 的傅里叶变换为

$$x_T(t) = \frac{1}{2\pi}\int_{-\infty}^{\infty} F_x(\omega,\ T)\ \mathrm{e}^{\mathrm{i}\omega t}\mathrm{d}\omega. \tag{4.137}$$

根据式（4.134）的帕塞瓦尔公式，有

$$\int_{-\infty}^{\infty} x_T^2(t)\ \mathrm{d}t = \int_{-T}^{T} x^2(t)\ \mathrm{d}t = \frac{1}{2\pi}\int_{-\infty}^{\infty} |F_x(\omega,\ T)|^2\mathrm{d}\omega. \tag{4.138}$$

故

$$\lim_{T\to\infty}\frac{1}{2T}\int_{-T}^{T} x^2(t)\ \mathrm{d}t = \lim_{T\to\infty}\frac{1}{4\pi T}\int_{-\infty}^{\infty} |F_x(\omega,\ T)|^2\mathrm{d}\omega$$

$$= \frac{1}{2\pi}\int_{-\infty}^{\infty}\lim_{T\to\infty}\frac{1}{2T}|F_x(\omega, T)|^2 d\omega. \tag{4.139}$$

显然，上式左边可以看作 $x(t)$ 消耗在 1ω 电阻上的平均功率，相应地，称右边的被积函数

$$\lim_{T\to\infty}\frac{1}{2T}|F_x(\omega, T)|^2 \tag{4.140}$$

为功率谱密度 .

以上讨论的是普通时间的实值函数的频谱分析，对于随机过程 $\{X(t), \infty < t < \infty\}$ 可以作类似的分析 .

设 $X(t)$ 是均方连续随机过程，作截尾随机过程

$$X_T(t) = \begin{cases} X(t), & |t| \leq T, \\ 0, & |t| > T. \end{cases} \tag{4.141}$$

因为 X_T 均方可积，故存在傅里叶变换

$$F_x(\omega, T) = \int_{-\infty}^{\infty} X_T(t)\,e^{-i\omega t}dt = \int_{-T}^{T} X(t)\,e^{-i\omega t}dt. \tag{4.142}$$

利用帕塞瓦尔公式及傅里叶反变换，可得

$$\int_{-\infty}^{\infty}|X(t)|^2 dt = \int_{-T}^{T}|X_T(t)|^2 dt = \frac{1}{2\pi}\int_{-\infty}^{\infty}|F_x(\omega, T)|^2 d\omega. \tag{4.143}$$

因为 $X(t)$ 是随机过程，故上式两边都是随机变量，要求取平均值 . 这时不仅要对时间区间 $[-T, T]$ 取平均，还要求概率意义下的统计平均，于是有

$$\begin{aligned}\lim_{T\to\infty}E\left[\frac{1}{2T}\int_{-T}^{T}|X(t)|^2 dt\right] &= \lim_{T\to\infty}\frac{1}{2\pi}\int_{-\infty}^{\infty}E\left[\frac{1}{2T}|F_x(\omega, T)|^2\right]d\omega \\ &= \frac{1}{2\pi}\int_{-\infty}^{\infty}\lim_{T\to\infty}\frac{1}{2T}E[|F_x(\omega, T)|^2]\,d\omega. \end{aligned} \tag{4.144}$$

上式就是随机过程 $X(t)$ 的平均功率和功率密度关系的表达式，于是有如下定义 .

定义 4.3.1　设 $\{X(t), -\infty < t < \infty\}$ 为均方连续随机过程，称

$$\psi^2 = \lim_{T\to\infty}E\left[\frac{1}{2T}\int_{-T}^{T}|X(t)|^2 dt\right] \tag{4.145}$$

为 $X(t)$ 的平均功率；称

$$s_X(\omega)=\lim_{T\to\infty}\frac{1}{2T}E[\,|F_x(\omega,\ T)|^2] \tag{4.146}$$

为 $X(t)$ 的功率谱密度，简称谱密度.

当 $X(t)$ 是均方连续平稳过程时，由于 $E[\,|X(t)|^2]$ 是与 t 无关的常数，利用均方积分性质可以将式（4.145）化简得

$$\begin{aligned}\psi^2&=\lim_{T\to\infty}E\left[\frac{1}{2T}\int_{-T}^{T}|X(t)|^2\mathrm{d}t\right]=\lim_{T\to\infty}\frac{1}{2T}\int_{-T}^{T}E[\,|X(t)|^2]\,\mathrm{d}t\\&=E[\,|X(t)|^2]=R_X(0)\,.\end{aligned} \tag{4.147}$$

由式（4.147）和式（4.144）看出，平稳过程的平均功率等于该过程的均方值，或等于它的谱密度在频域上的积分，即

$$\psi^2=\frac{1}{2\pi}\int_{-\infty}^{\infty}s_X(\omega)\,\mathrm{d}\omega, \tag{4.148}$$

上式是平稳过程 $X(t)$ 的平均功率的频谱展开式，$s_X(\omega)$ 描述了各种频率成分所具有的能量大小.

例 4.3.1 设有随机过程 $X(t)=a\cos(\omega_0 t+\Theta)$，$a$，$\omega_0$ 都是常数，在下列情况下，求 $X(t)$ 的平均功率.

（1）Θ 是在 $(0,\ 2\pi)$ 上服从均匀分布的随机变量；

（2）Θ 是在 $\left(0,\ \frac{\pi}{2}\right)$ 上服从均匀分布的随机变量.

解：（1）可验证 $X(t)$ 是平稳过程，且相关函数 $R_X(\tau)=\frac{a^2}{2}\cos(\omega_0\tau)$，于是由式（4.147）得 $X(t)$ 的平均功率为

$$\psi^2=R_X(0)=\frac{a^2}{2}. \tag{4.149}$$

（2）因为

$$\begin{aligned}E[X^2(t)]&=E[a^2\cos^2(\omega_0 t+\Theta)]=E\left[\frac{a^2}{2}+\frac{a^2}{2}\cos(2\omega_0 t+2\Theta)\right]\\&=\frac{a^2}{2}+\frac{a^2}{2}\int_0^{\frac{\pi}{2}}\cos(2\omega_0 t+2\theta)\,\frac{2}{\pi}\mathrm{d}\theta=\frac{a^2}{2}-\frac{a^2}{\pi}\sin(2\omega_0 t)\,.\end{aligned} \tag{4.150}$$

故此时 $X(t)$ 为非平稳过程. 由式 (4.145) 得 $X(t)$ 的平均功率为

$$\psi^2=\lim_{T\to\infty}\frac{1}{2T}\int_{-T}^{T}E[X^2(t)]\,\mathrm{d}t=\lim_{T\to\infty}\frac{1}{2T}\int_{-T}^{T}\left[\frac{a^2}{2}-\frac{a^2}{\pi}\sin(2\omega_0 t)\right]\mathrm{d}t=\frac{a^2}{2}. \quad (4.151)$$

对于平稳过程 $X(t)$ 的统计规律描述，从时域角度对相关函数 $R_X(\tau)$ 进行了讨论，谱密度是从频域的角度进行讨论. $R_X(\tau)$ 和 $s_X(\omega)$ 都是平稳过程 $X(t)$ 的特征，它们必定存在某种关系. 下面针对平稳过程进行讨论.

设 $\{X(t),\ -\infty<t<\infty\}$ 是均方连续平稳过程, $R_X(\tau)$ 为它的相关函数, $s_X(\omega)$ 为它的功率谱密度. $s_X(\omega)$ 具有下列性质:

(1) 若 $\int_{-\infty}^{\infty}|R_X(\tau)|<\infty$, 则 $s_X(\omega)$ 是 $R_X(\tau)$ 的傅里叶变换，即

$$s_X(\omega)=\int_{-\infty}^{\infty}R_X(\tau)\,\mathrm{e}^{-\mathrm{i}\omega t}\mathrm{d}\tau. \quad (4.152)$$

证明: 由谱密度的定义可知

$$s_X(\omega)=\lim_{T\to\infty}\frac{1}{2T}E\left[\left|\int_{-T}^{T}X(t)\,\mathrm{e}^{-\mathrm{i}\omega t}\mathrm{d}t\right|^2\right]. \quad (4.153)$$

由于

$$\begin{aligned}\frac{1}{2T}E\left[\left|\int_{-T}^{T}X(t)\,\mathrm{e}^{-\mathrm{i}\omega t}\mathrm{d}t\right|^2\right]&=\frac{1}{2T}E\left[\left|\int_{-T}^{T}X(t)\,\mathrm{e}^{-\mathrm{i}\omega t}\mathrm{d}t\overline{\int_{-T}^{T}X(s)\,\mathrm{e}^{-\mathrm{i}\omega s}\mathrm{d}s}\right|\right]\\&=\frac{1}{2T}E\left[\int_{-T}^{T}\int_{-T}^{T}X(t)\,\overline{X(s)}\,\mathrm{e}^{-\mathrm{i}\omega(t-s)}\,\mathrm{d}t\mathrm{d}s\right]\\&=\frac{1}{2T}\int_{-T}^{T}\int_{-T}^{T}E[X(t)\,\overline{X(s)}]\,\mathrm{e}^{-\mathrm{i}\omega(t-s)}\,\mathrm{d}t\mathrm{d}s\\&=\frac{1}{2T}\int_{-T}^{T}\int_{-T}^{T}R_X(t-s)\,\mathrm{e}^{-\mathrm{i}\omega(t-s)}\,\mathrm{d}t\mathrm{d}s,\end{aligned} \quad (4.154)$$

所以

$$\frac{1}{2T}E\left[\left|\int_{-T}^{T}X(t)\,\mathrm{e}^{-\mathrm{i}\omega t}\mathrm{d}t\right|^2\right]=\int_{-2T}^{2T}\left(1-\frac{|\tau|}{2T}\right)R_X(\tau)\,\mathrm{e}^{-\mathrm{i}\omega\tau}\mathrm{d}\tau, \quad (4.155)$$

于是有

$$s_X(\omega)=\lim_{T\to\infty}\int_{-2T}^{2T}\left(1-\frac{|\tau|}{2T}\right)R_X(\tau)\,\mathrm{e}^{-\mathrm{i}\omega\tau}\mathrm{d}\tau. \quad (4.156)$$

令

$$R_X(\tau,\ T)=\begin{cases}\left(1-\dfrac{|\tau|}{2T}\right)R_X(\tau), & |\tau|\leqslant 2T,\\ 0, & |\tau|>2T.\end{cases} \tag{4.157}$$

显然 $\lim\limits_{T\to\infty}R_X(\tau,\ T)=R_X(\tau)$ ，故

$$\begin{aligned}s_X(\omega)&=\lim_{T\to\infty}\int_{-2T}^{2T}\left(1-\frac{|\tau|}{2T}\right)R_X(\tau)\,\mathrm{e}^{-\mathrm{i}\omega\tau}\mathrm{d}\tau\\&=\lim_{T\to\infty}\int_{-\infty}^{\infty}R_X(\tau,\ T)\,\mathrm{e}^{-\mathrm{i}\omega\tau}\mathrm{d}\tau=\int_{-\infty}^{\infty}\lim_{T\to\infty}R_X(\tau,\ T)\,\mathrm{e}^{-\mathrm{i}\omega\tau}\mathrm{d}\tau\\&=\int_{-\infty}^{\infty}R_X(\tau)\,\mathrm{e}^{-\mathrm{i}\omega\tau}\mathrm{d}\tau.\end{aligned} \tag{4.158}$$

□

对式（4.152）作傅里叶反变换得

$$R_X(\tau)=\frac{1}{2\pi}\int_{-\infty}^{\infty}s_X(\omega)\,\mathrm{e}^{\mathrm{i}\omega\tau}\mathrm{d}\omega. \tag{4.159}$$

式（4.152）与式（4.159）说明了平稳过程的相关函数与谱密度之间构成一对傅里叶变换，在式（4.159）中令 $\tau=0$，得平均功率 $\frac{1}{2\pi}\int_{-\infty}^{\infty}s_X(\omega)\,\mathrm{d}\omega=R_X(0)$ ，只有当它有限时，式（4.159）才成立．

当 $X(t)$ 为实平稳过程时，

$$s_X(\omega)=2\int_0^{\infty}R_X(\tau)\cos(\omega\tau)\,\mathrm{d}\tau,\ R_X(\tau)=\frac{1}{\pi}\int_0^{\infty}s_X(\omega)\cos(\omega\tau)\,\mathrm{d}\omega. \tag{4.160}$$

事实上，因为 $R_X(\tau)$ 是偶函数，故

$$\begin{aligned}s_X(\omega)&=\int_{-\infty}^{\infty}R_X(\tau)\,\mathrm{e}^{-\mathrm{i}\omega\tau}\mathrm{d}\tau=\int_{-\infty}^{\infty}R_X(\tau)\,[\cos(\omega\tau)-\mathrm{i}\sin(\omega\tau)]\,\mathrm{d}\tau\\&=2\int_0^{\infty}R_X(\tau)\cos(\omega\tau)\,\mathrm{d}\tau.\end{aligned} \tag{4.161}$$

同理，因为 $s_X(\omega)$ 是 ω 的偶函数，故有

$$R_X(\tau)=\frac{1}{\pi}\int_0^{\infty}s_X(\omega)\cos(\omega\tau)\,\mathrm{d}\omega. \tag{4.162}$$

（2）$s_X(\omega)$ 是 ω 的实的、非负偶函数．

证明：因为 $\left|\int_{-T}^{T} X(t)\,\mathrm{e}^{-\mathrm{i}\omega t}\mathrm{d}t\right|^2$ 是 ω 的实的、非负偶函数，故其均值当 $T\to\infty$时的极限也必然是 ω 的实的、非负偶函数，由性质（1）得证．□

以上讨论了平稳过程的谱密度，对于平稳随机序列的谱分析，我们类似地给出以下结果．

设 $\{X_n,\ n=0,\ \pm1,\ \pm2,\ \cdots\}$ 为平稳随机序列，均值为零．若 τ 只取离散值，且相关函数 $R_X(\tau)$ 满足 $\sum\limits_{n=-\infty}^{\infty}|R_X(n)|<\infty$. 当 ω 在 $[-\pi,\ \pi]$ 上取值时，若

$$s_X(\omega)=\sum_{n=-\infty}^{\infty}R_X(n)\,\mathrm{e}^{-\mathrm{i}n\omega} \tag{4.163}$$

绝对一致收敛，则 $s_X(\omega)$ 是 $[-\pi,\ \pi]$ 上的连续函数，且对上式取绝对值再积分，有

$$\int_{-\pi}^{\pi}|s_X(\omega)|\mathrm{d}\omega\leqslant\sum_{n=-\infty}^{\infty}|R_X(n)|\int_{-\pi}^{\pi}|\mathrm{e}^{-\mathrm{i}n\omega}|\mathrm{d}\omega<\infty. \tag{4.164}$$

故 $\int_{-\pi}^{\pi}s_X(\omega)\,\mathrm{e}^{\mathrm{i}n\omega}\mathrm{d}\omega$ 存在．于是式（4.163）是以

$$R_X(n)=\frac{1}{2\pi}\int_{-\pi}^{\pi}s_X(\omega)\,\mathrm{e}^{\mathrm{i}n\omega}\mathrm{d}\omega,\ n=0,\ \pm1,\ \pm2,\ \cdots \tag{4.165}$$

为傅里叶系数的 $s_X(\omega)$ 的傅里叶级数．

定义 4.3.2　设 $\{X_n,\ n=0,\ \pm1,\ \pm2,\ \cdots\}$ 是平稳随机序列，若相关函数满足 $\sum\limits_{n=-\infty}^{\infty}|R_X(n)|<\infty$，则称

$$s_X(\omega)=\sum_{n=-\infty}^{\infty}R_X(n)\,\mathrm{e}^{-\mathrm{i}n\omega},\quad -\pi\leqslant\omega\leqslant\pi \tag{4.166}$$

为 $\{X_n,\ n=0,\ \pm1,\ \pm2,\ \cdots\}$ 的谱密度．

式（4.163）和式（4.165）给出了平稳随机序列的相关函数与谱密度之间的关系．

例 4.3.2　已知平稳过程的相关函数为 $R_X(\tau)=\mathrm{e}^{-a|\tau|}\cos(\omega_0\tau)$，其中 $a>0,\omega_0$ 为常数，求谱密度 $s_X(\omega)$．

解：

$$s_X(\omega)=2\int_0^{\infty}\mathrm{e}^{-a\tau}\cos(\omega\tau)\cos(\omega\tau)\,\mathrm{d}\tau$$

$$=\int_0^{\infty} e^{-a\tau}[\cos(\omega_0+\omega)\tau+\cos(\omega_0-\omega)\tau]\,d\tau$$

$$=\frac{a}{a^2+(\omega+\omega_0)^2}+\frac{a}{a^2+(\omega-\omega_0)^2}. \tag{4.167}$$

例 4.3.3 已知平稳过程的谱密度 $s_X(\omega)=\dfrac{2Aa^2}{\pi(\omega^2+a^2)}$，求相关函数 $R_X(\tau)$ 及平均功率 ψ^2.

解：

$$R_X(\tau)=\frac{Aa^3}{\pi^3}\int_{-\infty}^{\infty}\frac{e^{i\omega\tau}}{(\omega^2+a^2)^2}d\omega$$

$$=\frac{Aa^3}{\pi^3}2\pi i\left\{\frac{e^{i|\tau|z}}{(z^2+a^2)^2}\text{在 } z=\pm ai \text{ 处的留数}\right\}$$

$$=\frac{A(1+a|\tau|)}{2\pi}e^{-a|\tau|}, \tag{4.168}$$

$\psi^2=R_X(0)=\dfrac{A}{2\pi}$.

定理 4.3.1（维纳–辛钦定理） 均方连续平稳过程 $\{X(t),\ t\in T\}$ 的相关函数 $R_X(\tau)$ 可表示为

$$R_X(\tau)=\int_{+\infty}^{\infty}e^{i\omega\tau}dF_X(\omega),\ \tau\in(-\infty,\ \infty), \tag{4.169}$$

其中 $F_X(\omega)$ 是 $(-\infty,\ \infty)$ 上的非负、有界、单调不减、右连续的函数，且

$$F_X(-\infty)=0,\ F_X(+\infty)=2\pi R_X(0). \tag{4.170}$$

证明：若 $R_X(0)=0$，则 $R_X(\tau)\equiv 0$. 此时，$F_X(\omega)\equiv 0$ 即定理中所要求的 . 若 $R_X(0)>0$，令 $f(\tau)=\dfrac{R_X(\tau)}{R_X(0)}$，则 $f(\tau)$ 连续、非负定，且在 $\tau=0$ 处等于 1，由博赫纳（Bochner）–辛钦定理可知，$f(\tau)$ 一定是某一随机变量的特征函数，从而存在分布函数 $G(\omega)$，使得

$$f(\tau)=\frac{R_X(\tau)}{R_X(0)}=\int_{-\infty}^{\infty}e^{i\omega\tau}dG(\omega). \tag{4.171}$$

显然，$F_X(\omega)=2\pi R_X(0)\,G(\omega)$，即定理中所要求的 . □

定理 4.3.1 中的函数 $F_X(\omega)$ 称为平稳过程 $\{X(t),\ t\in T\}$ 的谱函数 .

以下定理给出谱密度存在的条件.

定理 4.3.2 如果平稳过程 $X=\{X(t), t\in T\}$ 的相关函数 $R_X(\tau)$ 绝对可积，则

$$\int_{-\infty}^{\infty}|R_X(\tau)|\mathrm{d}\tau<\infty, \tag{4.172}$$

则 X 存在谱密度 $S_X(\omega)$，且有维纳-辛钦公式

$$S_X(\omega)=\int_{-\infty}^{\infty}\mathrm{e}^{-\mathrm{i}\omega\tau}R_X(\tau)\mathrm{d}\tau,\quad -\infty<\omega<+\infty, \tag{4.173}$$

$$R_X(\tau)=\frac{1}{2\pi}\int_{-\infty}^{\infty}\mathrm{e}^{\mathrm{i}\omega\tau}S_X(\omega)\mathrm{d}\omega,\quad -\infty<\tau<+\infty. \tag{4.174}$$

可见，$S_X(\omega)$ 是相关函数 $R_X(\tau)$ 傅里叶变换，$R_X(\tau)$ 是 $S_X(\omega)$ 的傅里叶逆变换.

利用特征函数与分布函数之间的关系不难证得以上定理.

例 4.3.4 设 $\{X(t), t\in T\}$ 是平稳过程，相关函数 $R_X(\tau)=\alpha\mathrm{e}^{-\beta|\tau|}$，其中 α，β 是正数，求 $\{X(t), t\in T\}$ 的谱密度和谱函数.

解：由于 $\mathrm{e}^{-\alpha|\tau|}$ 的傅里叶变换是 $\dfrac{2\alpha}{\alpha^2+\omega^2}$，故

$$S_X(\omega)=\int_{-\infty}^{\infty}\mathrm{e}^{-\mathrm{i}\omega\tau}\alpha\mathrm{e}^{-\beta|\tau|}\mathrm{d}\tau=\frac{2\alpha\beta}{\beta^2+\omega^2}, \tag{4.175}$$

$$F_X(\omega)=\int_{-\infty}^{\omega}S_X(u)\mathrm{d}u=2\alpha\beta\int_{-\infty}^{\omega}\frac{1}{\beta^2+u^2}\mathrm{d}u$$

$$=2\alpha\left(\arctan\frac{\omega}{\beta}+\frac{\pi}{2}\right),\quad \omega\in(-\infty,\infty). \tag{4.176}$$

对于平稳序列有类似于定理 4.3.1 的结论.

定理 4.3.3（平稳时间序列的相关函数的谱分解定理） 平稳时间序列 $\{X(n), n\in Z\}$ 的相关函数 $R_X(m)$ 可表示为

$$R_X(m)=\frac{1}{2\pi}\int_{-\pi}^{\pi}\mathrm{e}^{\mathrm{i}\omega m}\mathrm{d}F_X(\omega),\quad m=0,\ \pm1,\ \pm2,\ \cdots, \tag{4.177}$$

其中 $F_X(\omega)$ 是 $(-\pi,\pi]$ 上的非负、有界、单调不减的右连续的函数，且 $F_X(-\pi)=0$，$F_X(\pi)=2\pi R_X(0)$.

定理 4.3.3 中的函数 $F_X(\omega)$，$\omega \in (-\pi, \pi]$ 称为平稳时间序列 $\{X(n), n \in Z\}$ 的谱函数．进而，如果存在函数 $S_X(\omega)$，使

$$F_X(\omega) = \int_{-\pi}^{\omega} S_X(\omega') \mathrm{d}\omega', \quad \omega \in (-\pi, \pi], \tag{4.178}$$

则称 $S_X(\omega)$ 为 $\{X(n), n \in Z\}$ 的谱密度．如果相关函数绝对可和，即

$$\sum_{m=-\infty}^{\infty} |R_X(m)| < +\infty, \tag{4.179}$$

则可以证明 $F_X(\omega)$ 可微，且这时有

$$F_X'(\omega) = S_X(\omega) = \sum_{m=-\infty}^{\infty} \mathrm{e}^{-\mathrm{i}\omega m} R_X(m), \quad -\pi \leqslant \omega \leqslant \pi, \tag{4.180}$$

$$R_X(m) = \frac{1}{2\pi}\int_{-\pi}^{\pi} \mathrm{e}^{\mathrm{i}\omega m} S_X(\omega) \mathrm{d}\omega, \quad m = 0, \pm 1, \pm 2, \cdots. \tag{4.181}$$

4.3.2 互谱密度及其性质

定义 4.3.3 设 $\{X(t), -\infty < t < +\infty\}$ 和 $\{Y(t), -\infty < t < +\infty\}$ 是联合平稳过程，如果互相关函数 $R_{XY}(\tau)$ 绝对可积，即 $\int_{-\infty}^{+\infty} |R_{XY}(\tau)| \mathrm{d}\tau < +\infty$，则称

$$S_{XY}(\omega) = \int_{-\infty}^{+\infty} \mathrm{e}^{-\mathrm{i}\omega\tau} R_{XY}(\tau) \mathrm{d}\tau, \quad -\infty < \omega < +\infty \tag{4.182}$$

为平稳过程 $\{X(t), -\infty < t < +\infty\}$ 和 $\{Y(t), -\infty < t < +\infty\}$ 的互谱密度．

类似于式（4.182），有以下定理．

定理 4.3.4 设 $\{X(t), -\infty < t < +\infty\}$ 和 $\{Y(t), -\infty < t < +\infty\}$ 是联合平稳过程，如果 $R_{XY}(\tau)$ 绝对可积，则

$$S_{XY}(\omega) = \lim_{T \to +\infty} \frac{1}{2T} E[\overline{F_X(\omega, T)} F_Y(\omega, T)], \tag{4.183}$$

其中

$$F_X(\omega, T) = \int_{-T}^{T} \mathrm{e}^{-\mathrm{i}\omega t} X(t) \mathrm{d}t, \quad F_Y(\omega, T) = \int_{-T}^{T} \mathrm{e}^{-\mathrm{i}\omega t} Y(t) \mathrm{d}t. \tag{4.184}$$

互谱密度一般是 ω 的复函数，不能像谱密度那样有物理意义．它的作用在于把在时域上描述平稳过程 $\{X(t), -\infty < t < +\infty\}$ 和 $\{Y(t), -\infty < t < +\infty\}$ 相互关系的互相关函数，转换到频域上来研究它们的相互关系．

定理 4.3.5　互谱密度具有以下简单的性质：

(1) $\overline{S_{XY}(\omega)}=S_{YX}(\omega)$；

(2) $R_{XY}(\tau)$ 和 $S_{XY}(\tau)$ 是一对傅里叶变换，即

$$S_{XY}(\omega)=\int_{-\infty}^{+\infty}\mathrm{e}^{-\mathrm{i}\omega\tau}R_{XY}(\tau)\,\mathrm{d}\tau,\quad -\infty<\omega<+\infty, \tag{4.185}$$

$$R_{XY}(\tau)=\frac{1}{2\pi}\int_{-\infty}^{+\infty}\mathrm{e}^{\mathrm{i}\omega\tau}S_{XY}(\omega)\,\mathrm{d}\omega,\quad -\infty<\tau<+\infty. \tag{4.186}$$

(3) 若 $\{X(t),\ -\infty<t<+\infty\}$ 和 $\{Y(t),\ -\infty<t<+\infty\}$ 是实的联合平稳的平稳过程，则 $S_{XY}(\omega)$ 的实部 $\mathrm{Re}[S_{XY}(\omega)]$ 是偶函数，虚部 $\mathrm{Im}[S_{XY}(\omega)]$ 是奇函数；

(4) $|S_{XY}(\omega)|^2\leqslant S_X(\omega)S_Y(\omega)$，$|S_{YX}(\omega)|^2\leqslant S_X(\omega)S_Y(\omega)$.

证明：(1)(2) 显然. (3) 由于

$$\begin{aligned}S_{XY}(\omega)&=\int_{-\infty}^{+\infty}\mathrm{e}^{-\mathrm{i}\omega\tau}R_{XY}(\tau)\,\mathrm{d}\tau\\&=\int_{-\infty}^{+\infty}[R_{XY}(\tau)\cos(\omega\tau)-\mathrm{i}R_{XY}(\tau)\sin(\omega\tau)]\,\mathrm{d}\tau\\&=\int_{-\infty}^{+\infty}R_{XY}(\tau)\cos(\omega\tau)\,\mathrm{d}\tau-\mathrm{i}\int_{-\infty}^{+\infty}R_{XY}(\tau)\sin(\omega\tau)\,\mathrm{d}\tau,\end{aligned} \tag{4.187}$$

故

$$\mathrm{Re}[S_{XY}(\omega)]=\int_{-\infty}^{+\infty}R_{XY}(\tau)\cos(\omega\tau)\,\mathrm{d}\tau, \tag{4.188}$$

$$\mathrm{Im}[S_{XY}(\omega)]=-\int_{-\infty}^{+\infty}R_{XY}(\tau)\sin(\omega\tau)\,\mathrm{d}\tau. \tag{4.189}$$

显然 $\mathrm{Re}(S_{XY}(\omega))$ 是偶函数，$\mathrm{Im}(S_{XY}(\omega))$ 是奇函数.

(4)
$$\begin{aligned}|S_{XY}(\omega)|^2&=\left|\lim_{T\to+\infty}\frac{1}{2T}E[\overline{F_X(\omega,T)}F_Y(\omega,T)]\right|^2\\&=\lim_{T\to+\infty}\frac{1}{4T^2}|E[\overline{F_X(\omega,T)}F_Y(\omega,T)]|^2\\&\leqslant\lim_{T\to+\infty}\frac{1}{4T^2}E[|F_X(\omega,T)|^2]E[|F_Y(\omega,T)|^2]\\&=\lim_{T\to+\infty}\frac{1}{2T}E[|F_X(\omega,T)|^2]\lim_{T\to+\infty}\frac{1}{2T}E[|F_Y(\omega,T)|^2]\end{aligned}$$

$$=S_X(\omega)\ S_Y(\omega)\ . \tag{4.190}$$

同理，可证 $|S_{YX}(\omega)|^2 \leqslant S_X(\omega)\ S_Y(\omega)$. □

例 4.3.5 设 $\{X(t),\ -\infty < t < +\infty\}$ 和 $\{Y(t),\ -\infty < t < +\infty\}$ 是联合平稳的平稳过程，其互谱密度为

$$S_{XY}(\omega) = \begin{cases} a + \dfrac{ib\omega}{c}, & |\omega| < c, \\ 0, & \text{其他}. \end{cases} \tag{4.191}$$

其中 $c > 0$, a 和 b 为实常数，求互相关函数 $R_{XY}(\tau)$.

解：
$$R_{XY}(\tau) = \frac{1}{2\pi}\int_{-\infty}^{+\infty} \mathrm{e}^{\mathrm{i}\omega\tau} S_{XY}(\omega)\ \mathrm{d}\omega = \frac{1}{2\pi}\int_{-c}^{c} \mathrm{e}^{\mathrm{i}\omega\tau}\left(a + \frac{\mathrm{i}b\omega}{c}\right) \mathrm{d}\omega$$
$$= \frac{1}{\pi c\tau^2}[(ac\tau - b)\sin(c\tau) + bc\tau\cos(c\tau)]\ . \tag{4.192}$$

例 4.3.6 设 $\{X(t),\ -\infty < t < +\infty\}$ 和 $\{Y(t),\ -\infty < t < +\infty\}$ 是联合平稳的平稳过程，它们的谱密度和互谱密度分别为 $S_X(\omega)$，$S_Y(\omega)$ 和 $S_{XY}(\omega)$，令 $Z(t) = X(t) + Y(t)$，$-\infty < t < \infty$，试求 $\{Z(t),\ -\infty < t < +\infty\}$ 的谱密度 .

解：可证 $\{Z(t),\ -\infty < t < +\infty\}$ 是平稳过程，且相关函数为

$$R_Z(\tau) = R_X(\tau) + R_{XY}(\tau) + R_{YX}(\tau) + R_Y(\tau)\ , \tag{4.193}$$

所以

$$\begin{aligned} S_Z(\omega) &= \mathcal{F}[R_Z(\tau)] = \mathcal{F}[R_X(\tau)] + \mathcal{F}[R_{XY}(\tau)] + \mathcal{F}[R_{YX}(\tau)] + \mathcal{F}[R_Y(\tau)] \\ &= S_X(\omega) + S_{XY}(\omega) + S_{YX}(\omega) + S_Y(\omega) \\ &= S_X(\omega) + 2\mathrm{Re}[S_{XY}(\omega)] + S_Y(\omega)\ . \end{aligned} \tag{4.194}$$

4.4 平稳过程的谱分解

在上一节研究谱密度的物理意义时我们曾经指出，如果一个确定性信号 $x(t)$，$-\infty < t < +\infty$，满足狄利克雷（Dirichlet）条件且绝对可积，那么 $x(t)$ 存在频谱

$$F_x(\omega) = \int_{-\infty}^{\infty} \mathrm{e}^{-\mathrm{i}\omega t} x(t)\ \mathrm{d}t, \tag{4.195}$$

从而 $x(t) = \dfrac{1}{2\pi}\displaystyle\int_{-\infty}^{\infty} \mathrm{e}^{\mathrm{i}\omega t} F_x(\omega)\ \mathrm{d}\omega$.

此式说明 $x(t)$ 是复谐分量 $F_x(\omega)\,\mathrm{d}\omega \mathrm{e}^{\mathrm{i}\omega t}$ 的无限叠加和，对于平稳过程 $\{X(t), -\infty < t < +\infty\}$ 是否也有类似的结论呢？为此，我们来讨论平稳过程的谱分解．不失一般性，本节假设平稳过程 $\{X(t), -\infty < t < +\infty\}$ 是零均值，即 $m_X = 0$.

定理 4.4.1（复平稳过程的谱分解）　设 $\{X(t), -\infty < t < +\infty\}$ 是零均值均方连续的平稳过程，其谱函数为 $F_X(\omega)$，则 $X(t)$ 可以表示为

$$X(t) = \int_{-\infty}^{\infty} \mathrm{e}^{\mathrm{i}\omega t} \mathrm{d}Z(\omega), \quad -\infty < t < +\infty, \tag{4.196}$$

其中

$$Z(\omega) = \underset{T\to\infty}{\mathrm{l.i.m}} \frac{1}{2\pi}\int_{-T}^{T} \frac{\mathrm{e}^{-\mathrm{i}\omega t} - 1}{-\mathrm{i}t} X(t)\,\mathrm{d}t, \quad -\infty < \omega < +\infty. \tag{4.197}$$

称为 $\{X(t), -\infty < t < +\infty\}$ 的随机谱密度．其具有如下性质：

（1）$E[Z(\omega)] = 0$;

（2）$\forall \omega_1 < \omega_2 \leqslant \omega_3 < \omega_4$，$E[\overline{[Z(\omega_2) - Z(\omega_1)]}[Z(\omega_4) - Z(\omega_3)]] = 0$;

（3）$\forall \omega_1 < \omega_2$，$E[|Z(\omega_2) - Z(\omega_1)|^2] = \dfrac{1}{2\pi}[F_X(\omega_2) - F_X(\omega_1)]$.

此定理的证明很复杂，在此省略．下面说明这个定理的实际意义．由于

$$X(t) = \int_{-\infty}^{\infty} \mathrm{e}^{\mathrm{i}\omega t} \mathrm{d}Z(\omega), \tag{4.198}$$

即

$$X(t) = \underset{T\to\infty}{\mathrm{l.i.m}} \int_{-T}^{T} \mathrm{e}^{\mathrm{i}\omega t} \mathrm{d}Z(\omega). \tag{4.199}$$

把区间 $[-T, T]$ 等分为 $2N$ 个子区间，均方积分的定义

$$X(t) \xlongequal{\mathrm{def}} \underset{T\to\infty}{\mathrm{l.i.m}}\, \underset{N\to\infty}{\mathrm{l.i.m}} \sum_{k=-N+1}^{N} \mathrm{e}^{\mathrm{i}t\frac{k}{N}T}\left\{Z\left(\frac{kT}{N}\right) - Z\left[\frac{(k-1)T}{N}\right]\right\}, \tag{4.200}$$

说明均方连续的平稳过程 $\{X(t), -\infty < t < +\infty\}$ 可以看成振幅为 $Z\left(\dfrac{kT}{N}\right) - Z\left[\dfrac{(k-1)T}{N}\right]$，角频率为 $\dfrac{kT}{N}$ 的谐分量的有限次叠加和的均方极限．简单来说，$X(t)$ 是谐分量 $\mathrm{d}Z(\omega)\,\mathrm{e}^{\mathrm{i}t\omega}$，$-\infty < \omega < +\infty$ 的无限叠加和．

定理 4.4.2（实平稳过程的谱分解）　设 $\{X(t), -\infty < t < +\infty\}$ 是零均值均

方连续的实平稳过程，其谱函数为 $F_X(\omega)$ ，则 $X(t)$ 可以表示为

$$X(t)=\int_0^{\infty}\cos(\omega t)\,\mathrm{d}Z_1(\omega)+\int_0^{\infty}\sin(\omega t)\,\mathrm{d}Z_2(\omega)\ ,\quad -\infty<t<\infty, \tag{4.201}$$

其中

$$Z_1(\omega)=\underset{T\to\infty}{\mathrm{l.i.m}}\frac{1}{\pi}\int_{-T}^{T}\frac{\sin(\omega t)}{t}X(t)\,\mathrm{d}t,\quad -\infty<\omega<+\infty, \tag{4.202}$$

$$Z_2(\omega)=\underset{T\to\infty}{\mathrm{l.i.m}}\frac{1}{\pi}\int_{-T}^{T}\frac{\cos(\omega t)}{t}X(t)\,\mathrm{d}t,\quad -\infty<\omega<+\infty \tag{4.203}$$

称为实平稳过程 $\{X(t),\ -\infty<t<+\infty\}$ 的随机谱函数．其具有如下性质：

(1) $E[Z_1(\omega)]=E[Z_2(\omega)]=0$；

(2) 若 $i\neq j$ 或 $i=j$，则 $\forall\,\omega_1<\omega_2\leqslant\omega_3<\omega_4$，有 $E[[Z_i(\omega_2)-Z_i(\omega_1)][Z_i(\omega_4)-Z_i(\omega_3)]]=0$，$i, j=1, 2$；

(3) 任意 $\omega_1<\omega_2$，$E[|Z_1(\omega_2)-Z_1(\omega_1)|^2]=E[|Z_2(\omega_2)-Z_2(\omega_1)|^2]=\frac{1}{\pi}[F_X(\omega_2)-F_X(\omega_1)]$.

证明：由定理4.4.1，仅需证平稳过程 $\{X(t),\ -\infty<t<+\infty\}$ 及随机谱函数 $Z_1(\omega)$，$Z_2(\omega)$ 具有定理给出的表达式．

由于

$$\begin{aligned}Z(\omega)&=\underset{T\to\infty}{\mathrm{l.i.m}}\frac{1}{2\pi}\int_{-T}^{T}\frac{\mathrm{e}^{(-\mathrm{i}\omega t)}-1}{-\mathrm{i}t}X(t)\,\mathrm{d}t\\&=\underset{T\to\infty}{\mathrm{l.i.m}}\frac{1}{2\pi}\int_{-T}^{T}\frac{\cos(\omega t)-\mathrm{i}\sin(\omega t)-1}{-\mathrm{i}t}X(t)\,\mathrm{d}t\\&=\underset{T\to\infty}{\mathrm{l.i.m}}\frac{1}{2\pi}\int_{-T}^{T}\left[\frac{\sin(\omega t)}{t}X(t)+\mathrm{i}\frac{\cos(\omega t)-1}{t}X(t)\right]\mathrm{d}t\\&=\underset{T\to\infty}{\mathrm{l.i.m}}\frac{1}{2\pi}\int_{-T}^{T}\frac{\sin(\omega t)}{t}X(t)\,\mathrm{d}t+\mathrm{i}\underset{T\to\infty}{\mathrm{l.i.m}}\frac{1}{2\pi}\int_{-T}^{T}\frac{\cos(\omega t)-1}{t}X(t)\,\mathrm{d}t\\&\overset{\mathrm{def}}{=\!=}\mathrm{Re}[Z(\omega)]+\mathrm{i}\,\mathrm{Im}[Z(\omega)]\ ,\end{aligned} \tag{4.204}$$

显然 $\mathrm{Re}[Z(\omega)]$ 为奇函数，$\mathrm{Im}[Z(\omega)]$ 为偶函数，又

$$X(t)=\int_{-\infty}^{\infty}\mathrm{e}^{\mathrm{i}\omega t}\,\mathrm{d}Z(\omega)$$

$$=\int_{-\infty}^{\infty}[\cos(\omega t)+\mathrm{i}\sin(\omega t)]\{\mathrm{dRe}[Z(\omega)]\}+\mathrm{idIm}[Z(\omega)]$$

$$=\int_{-\infty}^{\infty}\cos(\omega t)\mathrm{dRe}[Z(\omega)]-\int_{-\infty}^{\infty}\sin(\omega t)\mathrm{dIm}[Z(\omega)]$$

$$=2\int_{0}^{\infty}\cos(\omega t)\mathrm{dRe}[Z(\omega)]-2\int_{0}^{\infty}\sin(\omega t)\mathrm{dIm}[Z(\omega)]$$

$$=\int_{0}^{\infty}\cos(\omega t)\mathrm{d}Z_1(\omega)+\int_{0}^{\infty}\sin(\omega t)\mathrm{d}Z_2(\omega)\,, \tag{4.205}$$

其中

$$Z_1(\omega)=2\mathrm{Re}[Z(\omega)]=2\underset{T\to\infty}{\mathrm{l.i.m}}\frac{1}{2\pi}\int_{-T}^{T}\frac{\sin(\omega t)}{t}X(t)\mathrm{d}t$$

$$=\underset{T\to\infty}{\mathrm{l.i.m}}\frac{1}{\pi}\int_{-T}^{T}\frac{\sin(\omega t)}{t}X(t)\mathrm{d}t,\ X \tag{4.206}$$

$$Z_2(\omega)=-2\mathrm{Im}[Z(\omega)]=2\underset{T\to\infty}{\mathrm{l.i.m}}\frac{1}{2\pi}\int_{-T}^{T}\frac{\cos(\omega t)-1}{t}X(t)\mathrm{d}t$$

$$=\underset{T\to\infty}{\mathrm{l.i.m}}\frac{1}{\pi}\int_{-T}^{T}\frac{1-\cos(\omega t)}{t}X(t)\mathrm{d}t. \tag{4.207}$$

□

对于平稳时间序列也有类似的谱分解.

定理 4.4.3（复平稳时间序列的谱分解）　设 $\{X_n,\ n=0,\ \pm1,\ \pm2,\ \cdots\}$ 是零均值的复平稳时间序列，其谱函数为 $F_X(\omega)$，则 X_n 可表示为

$$X_n=\int_{-\pi}^{\pi}\mathrm{e}^{\mathrm{i}\omega t}\mathrm{d}Z(\omega)\,,\ n=0,\ \pm1,\ \pm2,\ \cdots, \tag{4.208}$$

其中

$$Z(\omega)=\frac{1}{2\pi}\left(\omega X_0-\sum_{n\neq0}\frac{\mathrm{e}^{-\mathrm{i}\omega n-1}}{\mathrm{i}n}X_n\right),\ -\pi\leqslant\omega\leqslant\pi, \tag{4.209}$$

称为平稳时间序列 $\{X_n,\ n=0,\ \pm1,\ \pm2,\ \cdots\}$ 的随机谱函数. 其具有如下性质:

（1）$E[Z(\omega)]=0$;

（2）$\forall\omega_1<\omega_2\leqslant\omega_3<\omega_4$，有 $E[\overline{[Z(\omega_2)-Z(\omega_1)]}[Z(\omega_4)-Z(\omega_3)]]=0$，$i$，$j=1$，2;

(3) 对任意 $\omega_1 < \omega_2$, $E[|Z(\omega_2) - Z(\omega_1)|^2] = \frac{1}{\pi}[F_X(\omega_2) - F_X(\omega_1)]$.

定理 4.4.4 (实平稳时间序列的谱分解) 设 $\{X_n, n=0, \pm1, \pm2, \cdots\}$ 是零均值的实平稳时间序列，其谱函数为 $F_X(\omega)$，则 X_n 可表示为

$$X_n = \int_0^{\pi} \cos(\omega n) \mathrm{d}Z_1(\omega) + \int_0^{\pi} \sin(\omega n) \mathrm{d}Z_2(\omega), \quad n = 0, \pm1, \pm2, \cdots, \tag{4.210}$$

其中

$$Z_1(\omega) = \frac{1}{\pi}\left[\omega X_0 - \sum_{n \neq 0} \frac{\sin(\omega n)}{n} X_n\right], \quad -\pi \leqslant \omega \leqslant \pi, \tag{4.211}$$

$$Z_2(\omega) = \frac{1}{\pi}\sum_{n \neq 0} \frac{1 - \cos(\omega n)}{n} X_n, \quad -\pi \leqslant \omega \leqslant \pi \tag{4.212}$$

称为实平稳时间序列 $\{X_n, n=0, \pm1, \pm2, \cdots\}$ 的随机谱函数. 其具有如下性质：

(1) $E[Z_1(\omega)] = E[Z_2(\omega)] = 0$;

(2) 若 $i \neq j$ 或 $i = j$，则 $\forall\ \omega_1 < \omega_2 \leqslant \omega_3 < \omega_4$，有 $E[[Z_i(\omega_2) - Z_i(\omega_1)][Z_i(\omega_4) - Z_i(\omega_3)]] = 0$, $i, j = 1, 2$;

(3) 对任意 $\omega_1 < \omega_2$, $E[[Z_1(\omega_2) - Z_1(\omega_1)]^2] = E[[Z_2(\omega_2) - Z_2(\omega_1)]^2] = \frac{1}{\pi}[F_X(\omega_2) - F_X(\omega_1)]$.

4.5 线性系统中的平稳过程

在通信技术中，需要研究一个通信系统输入的随机信号的统计特性与该系统输出的随机信号的统计特性之间的关系. 对于线性时不变系统，如果输入（或激励）是一随机过程，则其输出（或响应）也是随机过程. 这时，我们自然会提出下列问题：

(1) 若输入实平稳过程，其输出是否为平稳过程?

(2) 若已知输入的统计特性，如何求出输出的统计特性?

(3) 输入与输出的统计关系如何?

4.5.1　线性时不变系统的基本概念

为了便于本节内容的叙述，首先简要地介绍一下线性系统的基本理论．在这里仅限于讨论单输入单输出的线性系统情形．

一般地，系统的输出响应与输入响应之间的关系可表示为

$$y(t)=L[x(t)], \tag{4.213}$$

式中：$x(t)$ 代表系统的输入；$y(t)$ 表示系统的输出；符号 L 是对输入信号进行某种运算的标志，称为算子，它代表着各种数学运算方法，如加法、乘法、微分、积分等．值得指出的是，上式中的 x 是一个函数，y 是一个函数，L 是以函数 x 为变量的函数，故严格来写有 $y(t)=L(x)(t)$，但为简单起见，我们仍用式（4.213）来表示．

设 $x_1(t)$，$x_2(t)$ 表示两个输入信号，$y_1(t)$，$y_2(t)$ 是与之相对应的两个输出信号，即 $y_1(t)=L[x_1(t)]$，$y_2(t)=L[x_2(t)]$，若对任意的常数 α，β 有

$$L[\alpha x_1(t)+\beta x_2(t)]=\alpha L[x_1(t)]+\beta L[x_2(t)]=\alpha y_1(t)+\beta y_2(t), \tag{4.214}$$

则称 L 是线性系统．若对任意的常数 τ，有

$$y(t+\tau)=L[x(t+\tau)], \tag{4.215}$$

则称 L 是时不变系统．

设 L 是线性时不变系统，$\{x_n(t)\}_{n=1}^{\infty}$ 是一列信号，且 $y_n(t)=L[x_n(t)]\ (n=1,2,\cdots)$，若当 $\lim\limits_{n\to\infty}x_n(t)=x(t)$ 时有

$$\lim_{n\to\infty}L[x_n(t)]=L[x(t)], \tag{4.216}$$

则称 L 是保持连续性的线性时不变系统．本节研究保持连续性的线性时不变系统．

定理 4.5.1　设 L 是线性时不变系统，若其输入为 $x(t)=\mathrm{e}^{\mathrm{i}\omega t}$，则其输出 $y(t)$ 为

$$y(t)=H(\omega)\,\mathrm{e}^{\mathrm{i}\omega t}, \tag{4.217}$$

其中 $H(\omega)=[L(\mathrm{e}^{\mathrm{i}\omega t})]|_{t=0}$ 称为系统 L 的频率响应函数．

证明：$L(\mathrm{e}^{\mathrm{i}\omega t})=y(t)$，则由 L 的时不变性得

$$L[\mathrm{e}^{\mathrm{i}\omega(t+\tau)}]=y(t+\tau). \tag{4.218}$$

另一方面由线性知，对固定的 τ，有

$$y(t+\tau)=L[\mathrm{e}^{\mathrm{i}\omega(t+\tau)}]=L[\mathrm{e}^{\mathrm{i}\omega t}\cdot\mathrm{e}^{\mathrm{i}\omega\tau}]=\mathrm{e}^{\mathrm{i}\omega\tau}L[\mathrm{e}^{\mathrm{i}\omega t}], \tag{4.219}$$

取 $t=0$，可得

$$y(\tau)=\mathrm{e}^{\mathrm{i}\omega\tau}L[\mathrm{e}^{\mathrm{i}\omega t}]\mid_{t=0}H(\omega)\,\mathrm{e}^{\mathrm{i}\omega\tau}. \tag{4.220}$$

□

若 $\int_{-\infty}^{\infty}H(\omega)\,\mathrm{d}\omega<+\infty$，则

$$h(t)=\frac{1}{2\pi}\int_{-\infty}^{\infty}H(\omega)\,\mathrm{e}^{\mathrm{i}\omega t}\mathrm{d}\omega \tag{4.221}$$

存在，称之为系统 L 的脉冲响应函数 .

由上述可知，若对每一个系统均以 $x(t)=\mathrm{e}^{\mathrm{i}\omega t}$ 作为标准的输入信号，这样 $H(\omega)$ 就仅与系统 L 有关，因此一个系统的频率响应函数 $H(\omega)$ 或脉冲响应函数 $h(t)$ 完全表达了保持连续性的线性时不变系统的数量特征 . 因此当给定了 $H(\omega)$ [或 $h(t)$] 就表示给定了一个保持连续性的线性时不变系统 L. 反之，若 L 已知，也就是说 $H(\omega)$ 是已知的，由于 $H(\omega)$ 不一定是绝对可积的，故 $h(t)$ 不一定存在，因此当 L 已知时，并不能说 $h(t)$ 是已知的 .

4.5.2 线性时不变系统对随机输入的响应

现在我们对保持连续性的线性时不变系统 L，输入 X 是平稳过程时，定理 4.5.1 中的结论是否还成立?

定理 4.5.2 设输入 $X=\{X(t),\ t\in(-\infty,\infty)\}$ 是平稳过程，$R_X(\tau)$ 和 $S_X(\omega)$ 分别为其相关函数和谱函数，且 $R_X(\tau)$ 绝对可积，L 是线性时不变系统，其脉冲响应为 $h(t)$，频率响应为 $H(\omega)$，且满足:

(1) $\int_{-\infty}^{\infty}|h(t)|\,\mathrm{d}t<+\infty$;

(2) $\int_{-\infty}^{\infty}\int_{-\infty}^{\infty}\overline{h(s)}\,h(t)\,R_X(t-s)\,\mathrm{d}s\mathrm{d}t<+\infty$.

则有

(a) L 的输出 $Y=\{y(t),\ t\in(-\infty,\ +\infty)\}$ 为

$$\begin{aligned}Y(t)&=\lim_{\substack{a\to-\infty\\ b\to+\infty}}\int_a^b h(t-s)X(s)\,\mathrm{d}s=\int_{-\infty}^{\infty}h(t-s)X(s)\,\mathrm{d}s\\&=\int_{-\infty}^{\infty}h(s)X(t-s)\,\mathrm{d}s=h(t)X(t),\end{aligned} \tag{4.222}$$

(均方积分) 也是平稳过程;

(b) Y 的均值函数和相关函数分别为

$$m_Y = m_X \int_{-\infty}^{\infty} h(t)\,\mathrm{d}t, \tag{4.223}$$

$$R_Y(\tau) = \int_{-\infty}^{\infty}\int_{-\infty}^{\infty} \overline{h(s)}\,h(t)\,R_X(s+\tau-t)\,\mathrm{d}s\mathrm{d}t = \overline{h(\tau)}\,h(\tau)\,R_X(\tau)\ ; \tag{4.224}$$

(c) Y 存在谱密度, 且

$$S_Y(\omega) = |H(\omega)|^2 S_X(\omega)\ . \tag{4.225}$$

证明: 由条件 (2), 根据均方可积准则可知, $Y(t)$ 存在, 且

$$m_Y(t) = E[Y(t)] = E\left[\int_{-\infty}^{\infty} h(s)\,X(t-s)\,\mathrm{d}s\right],$$

$$= \int_{-\infty}^{\infty} h(s)\,E[X(t-s)]\,\mathrm{d}s = m_X \int_{-\infty}^{\infty} h(t)\,\mathrm{d}t, \tag{4.226}$$

$$\begin{aligned} R_Y(t,\ t+\tau) &= E[\overline{Y(t)}\,Y(t+\tau)] \\ &= E\left[\overline{\int_{-\infty}^{\infty} h(u)\,X(t-u)\,\mathrm{d}u}\int_{-\infty}^{\infty} h(\nu)\,X(t+\tau-\nu)\,\mathrm{d}\nu\right] \\ &= E\left[\int_{-\infty}^{\infty}\int_{-\infty}^{\infty} \overline{h(u)}\,h(\nu)\,\overline{X(t-u)}\,X(t+\tau-\nu)\,\mathrm{d}u\mathrm{d}\nu\right] \\ &= \int_{-\infty}^{\infty}\int_{-\infty}^{\infty} \overline{h(u)}\,h(\nu)\,E[\overline{X(t-u)}\,X(t+\tau-\nu)]\,\mathrm{d}u\mathrm{d}\nu \\ &= \int_{-\infty}^{\infty}\int_{-\infty}^{\infty} \overline{h(u)}\,h(\nu)\,R_X(u+\tau-\nu)\,\mathrm{d}u\mathrm{d}\nu \\ &= \int_{-\infty}^{\infty}\int_{-\infty}^{\infty} \overline{h(s)}\,h(t)\,R_X(s+\tau-t)\,\mathrm{d}s\mathrm{d}t, \end{aligned} \tag{4.227}$$

由此可见, 输出 Y 也是平稳过程. 且 (2) 同时获证. 由于

$$\int_{-\infty}^{\infty} |R_Y(\tau)|\,\mathrm{d}\tau \leqslant \int_{-\infty}^{\infty}\int_{-\infty}^{\infty} |h(s)|\,|h(t)|\left[\int_{-\infty}^{\infty} |R_X(s+\tau-t)|\,\mathrm{d}\tau\right]\mathrm{d}s\mathrm{d}t < +\infty, \tag{4.228}$$

故 Y 的谱密度存在, 且

$$S_Y(\omega) = \int_{-\infty}^{\infty} \mathrm{e}^{-\mathrm{i}\omega t} R_Y(\tau)\,\mathrm{d}\tau = \int_{-\infty}^{\infty} \mathrm{e}^{-\mathrm{i}\omega\tau}\left[\int_{-\infty}^{\infty}\int_{-\infty}^{\infty} \overline{h(s)}h(t)R_X(s+\tau-t)\,\mathrm{d}s\mathrm{d}t\right]\mathrm{d}\tau$$

$$= \int_{-\infty}^{\infty}\int_{-\infty}^{\infty}\overline{h(s)}h(t)\int_{-\infty}^{\infty}\mathrm{e}^{-\mathrm{i}\omega t}R_X(s+\tau-t)\,\mathrm{d}\tau\mathrm{d}s\mathrm{d}t$$

$$\xlongequal{u=s+\tau-t}\int_{-\infty}^{\infty}\int_{-\infty}^{\infty}\overline{h(s)}h(t)\mathrm{e}^{-\mathrm{i}\omega(t-s)}\left[\int_{-\infty}^{\infty}\mathrm{e}^{-\mathrm{i}\omega u}R_X(u)\,\mathrm{d}u\right]\mathrm{d}s\mathrm{d}t$$

$$= S_X(\omega)\overline{\int_{-\infty}^{\infty}\mathrm{e}^{-\mathrm{i}\omega s}h(s)\,\mathrm{d}s}\int_{-\infty}^{\infty}\mathrm{e}^{-\mathrm{i}\omega t}h(t)\,\mathrm{d}t = |H(\omega)|^2 S_X(\omega). \tag{4.229}$$

□

例 4.5.1（R–C 电路系统） 如果输入电压 $X=\{X(t), t\in[0,\infty)\}$ 是实平稳过程，其均值为 0，相关函数为 $R_X(\tau)=\sigma^2\mathrm{e}^{-\beta|\tau|}$，$\beta>0$，$\beta\neq\alpha=\frac{1}{RC}$，$Y(t)$ 表示输出电压，它们之间的关系由随机微分方程 $Y'(t)+\alpha Y(t)=\alpha X(t)$ 给出，其中 $\alpha=\frac{1}{RC}$ 为常数，求输出过程 Y 及其相关函数 $R_Y(\tau)$ 与谱密度 $S_Y(\omega)$。

解：（1）将 $X(t)=\mathrm{e}^{\mathrm{i}\omega t}$ 代入 $Y'(t)+\alpha Y(t)=\alpha X(t)$ 得频率响应函数 $H(\omega)=\frac{\alpha}{(\mathrm{i}\omega+\alpha)}$，从而脉冲响应函数为

$$h(t)=\frac{1}{2\pi}\int_{-\infty}^{\infty}\frac{\alpha}{\mathrm{i}\omega+\alpha}\mathrm{e}^{\mathrm{i}\omega t}\mathrm{d}\omega=\mathcal{F}^{-1}\left[\frac{\alpha}{\mathrm{i}\omega+\alpha}\right]=\alpha\mathrm{e}^{-\alpha t}U(t). \tag{4.230}$$

因此

$$Y(t)=\int_{-\infty}^{\infty}h(t-s)X(s)\,\mathrm{d}s=\int_{-\infty}^{t}\alpha\mathrm{e}^{-\alpha(t-s)}X(s)\,\mathrm{d}s=\alpha\mathrm{e}^{-\alpha t}\int_{-\infty}^{t}\mathrm{e}^{\alpha s}X(s)\,\mathrm{d}s,\ t\geqslant 0. \tag{4.231}$$

（2）输入过程的谱密度为

$$S_X(\omega)=\mathcal{F}[R_X(\tau)]=\mathcal{F}[\sigma^2\mathrm{e}^{-\beta|\tau|}]=\frac{2\sigma^2\beta}{\beta^2+\omega^2}. \tag{4.232}$$

输出过程 $Y(t)$ 的谱密度为

$$S_Y(\omega)=|H(\omega)|^2S_X(\omega)=\frac{2\alpha^2\sigma^2\beta}{(\omega^2+\alpha^2)(\omega^2+\beta^2)}. \tag{4.233}$$

（3）因为

$$\frac{1}{(\omega^2+\alpha^2)(\omega^2+\beta^2)}=\frac{1}{\alpha^2-\beta^2}\frac{(\omega^2+\alpha^2)-(\omega^2+\beta^2)}{(\omega^2+\alpha^2)(\omega^2+\beta^2)}=\frac{1}{\alpha^2-\beta^2}\left(\frac{1}{\omega^2+\beta^2}-\frac{1}{\omega^2+\alpha^2}\right),\tag{4.234}$$

从而 Y 的相关函数和平均功率分别为

$$R_Y(\tau)=\mathcal{F}[S_Y(\omega)]=\frac{\alpha\sigma^2}{\alpha^2-\beta^2}(\alpha e^{-\beta|\tau|}-\beta e^{\alpha|\tau|}),\tag{4.235}$$

$$R_Y(0)=\frac{\alpha\sigma^2}{\alpha+\beta}.\tag{4.236}$$

4.5.3 线性时不变系统的输入、输出的互相关函数与互谱密度

定理 4.5.3 设线性时不变系统 L 的输入和输出分别为平稳过程 $X=\{X(t),\ t\in(-\infty,\infty)\}$ 和 $Y=\{Y(t),\ t\in(-\infty,\infty)\}$，且 X 存在谱密度 $S_X(\omega)$，则系统的输入 X 与输出 Y 平稳相关，且它们的互谱密度函数为

$$S_{XY}(\omega)=H(\omega)S_X(\omega),\quad S_{YX}(\omega)=\overline{H(\omega)S_X(\omega)},\tag{4.237}$$

其中 $H(\omega)$ 为 L 的频率响应.

证明： 由定理 4.5.2 的条件（1）可得

$$\begin{aligned}R_{XY}(t,\ t+\tau)&=E[\overline{X(t)}Y(t+\tau)]=E\left[\overline{X(t)}\int_{-\infty}^{\infty}h(s)X(t+\tau-s)\mathrm{d}s\right]\\&=E\left[\int_{-\infty}^{\infty}h(s)X(t+\tau-s)\overline{X(t)}\mathrm{d}s\right]\\&=\int_{-\infty}^{\infty}h(s)E[\overline{X(t)}X(t+\tau-s)]\mathrm{d}s\\&=\int_{-\infty}^{\infty}h(s)R_X(\tau-s)\mathrm{d}s=R_{XY}(\tau),\end{aligned}\tag{4.238}$$

与 t 无关，所以，X 与 Y 是平稳相关的. 又因为 $R_{XY}(\tau)$ 是 X 的相关函数 $R_X(\tau)$ 与脉冲响应函数 $h(t)$ 的卷积，所以，$R_{XY}(\tau)$ 的傅里叶变换是 $R_X(\tau)$ 的傅里叶变换与 $h(t)$ 的傅里叶变换的乘积，即 X 与 Y 的互谱密度 $S_{XY}(\omega)$ 是 X 的谱密度 $S_X(\omega)$ 与系统的频率响应函数 $H(\omega)$ 之积，故定理 4.5.3 中的式（4.237）成立. □

例 4.5.2 求例 4.5.1 中的输入过程 X 与输出过程 Y 互相关函数与互谱密度.

解：(1)

$$S_{XY}(\omega)=H(\omega)S_X(\omega)=\frac{\alpha}{\mathrm{i}\omega+\alpha}\cdot\frac{2\alpha^2\beta}{\beta^2+\omega^2}=\frac{2\sigma^2\alpha^2\beta}{(\beta^2+\omega^2)(\mathrm{i}\omega+\alpha)}. \quad (4.239)$$

(2) 当 $\tau>0$ 时，

$$R_{XY}(\tau)=\int_{-\infty}^{\infty}h(s)R_X(\tau-s)\,\mathrm{d}s=\int_0^{\infty}\alpha\mathrm{e}^{-\alpha s}\sigma^2\mathrm{e}^{-\beta|\tau-s|}\mathrm{d}s=\alpha\sigma^2\int_0^{\infty}\mathrm{e}^{-\alpha s-\beta|\tau-s|}\mathrm{d}s$$

$$=\alpha\sigma^2\left[\int_0^{\tau}\mathrm{e}^{-\alpha s-\beta(\tau-s)}\,\mathrm{d}s+\int_{\tau}^{\infty}\mathrm{e}^{-\alpha s-\beta(s-\tau)}\,\mathrm{d}s\right]=\alpha\sigma^2\frac{(\alpha+\beta)\mathrm{e}^{-\beta\tau}-2\beta\mathrm{e}^{-\alpha\tau}}{\alpha^2-\beta^2}. \quad (4.240)$$

当 $\tau\leqslant 0$ 时，

$$R_{XY}(\tau)=\alpha\sigma^2\int_0^{\infty}\mathrm{e}^{-\alpha s-\beta|\tau-s|}\mathrm{d}s=\alpha\sigma^2\int_0^{\infty}\mathrm{e}^{-\alpha s-\beta(s-\tau)}\,\mathrm{d}s=\alpha\sigma^2\frac{\mathrm{e}^{\beta\tau}}{\alpha+\beta}. \quad (4.241)$$

故

$$R_{XY}(\tau)=\begin{cases}\alpha\sigma^2\dfrac{(\alpha+\beta)\mathrm{e}^{-\beta\tau}-2\beta\mathrm{e}^{-\alpha\tau}}{\alpha^2-\beta^2}, & \tau>0,\\ \alpha\sigma^2\dfrac{\mathrm{e}^{\beta\tau}}{\alpha+\beta}, & \tau\leqslant 0.\end{cases} \quad (4.242)$$

习题四

1. 设 $\{X_n, n=0, \pm1, \pm2, \cdots\}$ 是实的互不相关随机变量序列，且 $E[X_n]=0$，$D(X_n)=\sigma^2$. 试讨论随机序列的平稳性.

2. 设 $\{Z_n, n=0, \pm1, \pm2, \cdots\}$ 为复随机序列，且 $E[Z_n]=0$，$E[Z_n\overline{Z_m}]=\sigma_n^2\delta_{nm}$，$\sum_{n=-\infty}^{\infty}\sigma_n^2<\infty$，$\omega_n(n=0, \pm1, \pm2, \cdots)$ 为实数序列. 对于每一个 t，可以证明级数 $\sum_{n=-\infty}^{\infty}Z_n\mathrm{e}^{\mathrm{i}\omega_n t}$ 在均方意义下收敛. 令

$$X(t)=\sum_{n=-\infty}^{\infty}Z_n\mathrm{e}^{\mathrm{i}\omega_n t},$$

试证明 $X(t)$ 是平稳过程.

3. 设 $\{U_n, 1\leqslant n\leqslant N\}$，$\{V_n, 1\leqslant n\leqslant N\}$ 为互不相关的实随机变量序列，且

$E[U_n]=E[V_n]=0, E[U_nV_m]=0$，$1\leqslant m$，$n\leqslant N$，$E[U_mU_n]=E[V_mV_n]=\sigma_n^2\delta_{mn}$，令

$$X(t)=\sum_{n=1}^{N}[U_n\cos(\omega_n t)+V_n\sin(\omega_n t)],\quad -\infty<t<+\infty,$$

其中 ω_k，$k=1, 2\cdots, N$ 为常数．证明 $\{X(t), -\infty<t<+\infty\}$ 是平稳过程．

4. 设 $X(t)=\sin(2\pi\alpha t)$，$t=1, 2, \cdots$，其中 α 在区间 $(0, 1)$ 上服从均匀分布，试说明 $\{X(t), t=1, 2, \cdots\}$ 是平稳过程，但不是严平稳过程．

5. 设 $s(t)$ 是周期为 T 的可积函数，令 $\{X(t)=s(t+\Theta), -\infty<t<\infty\}$，其中 $\Theta\sim U[0, T]$，称 $\{X(t), -\infty<t<\infty\}$ 为随机相位周期过程，试讨论它的平稳性.

6. 设 $\{Y(t), t\geqslant 0\}$ 是正态过程，且 $m_Y(t)=\alpha+\beta t$，$C_Y(t, t+\tau)=\mathrm{e}^{-a|\tau|}$，其中 α，β，$a>0$，令 $X(t)=Y(t+b)-Y(t)$，$t\geqslant 0$，其中 $b>0$，试证明 $\{X(t), t\geqslant 0\}$ 是一严平稳过程．

7. 设 $X(t)=X\cos(\alpha t)+Y\sin(\alpha t)$，$-\infty<t<+\infty$，$Y(t)=Y\cos(\alpha t)+X\sin(\alpha t)$，$-\infty<t<+\infty$，其中 α 为实常数，X 和 Y 是不相关的实随机变量，且 $E[X]=E[Y]=0$，$D(X)=D(Y)=\sigma^2$，试证明 $\{X(t), -\infty<t<\infty\}$ 和 $\{Y(t), -\infty<t<\infty\}$ 是联合平稳的平稳过程．

8. 设 $\{X(t), t\in T\}$ 和 $\{Y(t), t\in T\}$ 为联合平稳的平稳过程，证明对于任意复常数 α 和 β，$\{\alpha X(t)+\beta Y(t), t\in T\}$ 也是平稳过程，且其相关函数为

$$R_{\alpha X+\beta Y}(\tau)=|\alpha|^2R_X(\tau)+\alpha\overline{\beta}R_{XY}(\tau)+\overline{\alpha}\beta R_{YX}(\tau)+|\beta|^2R_Y(\tau).$$

9. 设随机过程 $\{N(t), t\geqslant 0\}$ 是具有参数 λ 的泊松过程，随机过程 $\{X(t), t\geqslant 0\}$ 定义为：若随机点在 $[0, t]$ 内出现偶数次（0 也看作偶数），则 $X(t)=1$；若出现奇数次，则 $X(t)=-1$.

（1）讨论随机过程 $X(t)$ 的平稳性；

（2）设随机变量 V 具有概率分布

$$P(V=1)=P(V=-1)=\frac{1}{2},$$

且 V 与 $X(t)$ 独立，令 $Y(t)=VX(t)$，试讨论随机过程 $Y(t)$ 的平稳性．

10. 设 $X_n(n=1, 2, \cdots)$ 是相互独立且都服从正态分布 $N(0, 1)$ 的随机变量

序列，$Y_n(n=1, 2, \cdots)$ 是相互独立且都服从 $(-\sqrt{3}, \sqrt{3})$ 上均匀分布的随机变量序列，$\{X_n, n \geqslant 1\}$ 与 $\{Y_n, n \geqslant 1\}$ 相互独立．令

$$Z_n = \begin{cases} X_n, & n \text{ 为奇数}, \\ Y_n, & n \text{ 为偶数}. \end{cases}$$

证明 $\{Z_n, n \geqslant 1\}$ 是宽平稳过程，但不是严平稳过程．

11. 设 $X(t) = Xf(t)$ 为复随机过程，其中 X 是均值为 0 的实随机变量，$f(t)$ 是 t 的确定函数，试证 $X(t)$ 是平稳过程的充要条件是 $f(t) = c\mathrm{e}^{\mathrm{i}(\omega t+\theta)}$，其中 $\mathrm{i} = \sqrt{-1}$，c，ω，θ 为常数．

12. 随机过程 $X(t) = A\cos(\omega t) + B\sin(\omega t)$，$t \in (-\infty, \infty)$，其中 ω 是常数，A，B 是相互独立的随机变量，且 $E[A] = E[B] = 0$，$D(A) = D(B) = \sigma^2 > 0$，试讨论其各态历经性．

13. 设 $X(t) = A\cos t + B\sin t$，$t \in (-\infty, \infty)$，其中 A，B 是相互独立的随机变量，且 $E[A] = E[B] = 0$，$D(A) = D(B) = \sigma^2 > 0$，试讨论其各态历经性．

14. 设 $X(t) = A\cos(\omega t + \Theta)$，$-\infty < t < +\infty$，其中 ω 是常数，A 与 Θ 是相互独立的随机变量，且 $\Theta \sim U[0, 2\pi]$，A 的概率密度函数为

$$f(x) = \begin{cases} \dfrac{x}{\sigma^2}\mathrm{e}^{-\frac{x^2}{2\sigma^2}}, & x \geqslant 0, \\ 0, & x < 0, \end{cases} \quad \sigma > 0.$$

试讨论 $\{X(t), -\infty < t < \infty\}$ 的各态历经性．

15. 设有随机过程 $X(t) = a\cos(\omega_0 t + \Theta)$，$a$，$\omega_0$ 为常数，在下列情况下，求 $X(t)$ 的平均功率．

(1) Θ 是在 $(0, 2\pi)$ 内服从均匀分布的随机变量；

(2) Θ 是在 $\left(0, \dfrac{\pi}{2}\right)$ 内服从均匀分布的随机变量．

16. 已知平稳过程的相关函数为 $R_X(\tau) = \mathrm{e}^{-a|\tau|\cos(\omega_0\tau)}$，其中 $a > 0$，ω_0 为常数，求谱密度 $G_X(\omega)$．

17. 已知平稳过程的谱密度 $G_X(\omega)=\dfrac{2Aa^3}{\pi^2(\omega^2+a^2)}$，求相关函数 $R_X(\tau)$ 及平均功率 P.

18. 设系统的输入为实平稳过程 $\{X(t),\ t\geqslant 0\}$，其均值函数 $m_X=0$，相关函数为 $R_X(\tau)=\sigma^2\mathrm{e}^{-\beta|\tau|}$，$\beta>0$，$\{Y(t),\ t\geqslant 0\}$ 为输出，且输入与输出满足线性微分方程为

$$Y'(t)+\alpha Y(t)=\alpha X(t),\ \alpha>0,\ \alpha\neq\beta.$$

试求输出 $\{Y(t),\ t\geqslant 0\}$ 的均值函数与相关函数.

19. 在上题中求互相关函数和互谱密度.

20. 设 $\{X(t),\ -\infty<t<\infty\}$ 是平稳过程，其协方差函数 $C_X(\tau)$ 绝对可积，即 $\int_{-\infty}^{\infty}|C_X(\tau)|\mathrm{d}\tau<+\infty$，试证明 $\{X(t),\ -\infty<t<\infty\}$ 的均值具有各态历经性.

21. 设平稳过程 $\{X(t),\ -\infty<t<\infty\}$ 的均值函数 $m_X=0$，相关函数为 $R_X(\tau)=\sigma^2\mathrm{e}^{-\alpha|\tau|}$，其中 σ^2，$\alpha>0$ 为常数，试证明 $\{X(t),\ -\infty<t<+\infty\}$ 的均值具有各态历经性.

22. 设平稳过程的期望为 m，自相关函数为 $R(\tau)$，协方差函数为 $C(\tau)$.

（1）若 $\int_{-\infty}^{\infty}|C(\tau)|\mathrm{d}\tau<\infty$，试证明 X 的均值各态历经性；

（2）若 $C(0)<\infty$，且当 $|\tau|\to\infty$ 时，$C(\tau)\to 0$，试证明 X 的均值各态历经性.

23. 设平稳过程 $X=\{X(t),\ -\infty<t<\infty\}$ 的均值 $m_X=0$，相关函数 $R_X(\tau)=A\mathrm{e}^{-a|\tau|}(1+a|\tau|)$，$(a>0)$，其中 A，a 是常数. 问 X 的均值是否具有各态历经性.

24. 设平稳过程 $\{X(t),\ -\infty<t<\infty\}$ 的均值函数 $m_X=0$，相关函数 $R_X(\tau)=\mathrm{e}^{-|\tau|}$，平稳过程 $\{Y(t),\ -\infty<t<+\infty\}$ 满足

$$Y'(t)+Y(t)=X(t).$$

（1）求 $\{Y(t),\ -\infty<t<+\infty\}$ 的均值函数、相关函数和功率谱密度；

（2）求 $\{X(t),\ -\infty<t<+\infty\}$ 与 $\{Y(t),\ -\infty<t<\infty\}$ 的互相关函数和互谱密度.

25. 已知平稳过程 $\{X(t), -\infty < t < +\infty\}$ 的相关函数如下，试求 $\{X(t), -\infty < t < +\infty\}$ 的谱密度.

(1) $R_X(\tau) = e^{-a|\tau|\cos(\omega_0\tau)}$, $\alpha > 0$;

(2) $R_X(\tau) = e^{-|\tau|}\cos(\pi\tau) + \cos(3\pi\tau)$;

(3) $R_X(\tau) = \sigma^2 e^{-\alpha|\tau|}\left[\cos(\beta\tau) + \dfrac{\alpha}{\beta}\sin(\beta|\tau|)\right]$, $\alpha > 0$;

(4) $R_X(\tau) = \begin{cases} 1 - \dfrac{|\tau|}{T_0}, & |\tau| \leqslant T_0, \\ 0, & |\tau| > T_0. \end{cases}$

26. 已知平稳过程 $\{X(t), -\infty < t < \infty\}$ 的功率谱密度如下，试求 $\{X(t), -\infty < t < +\infty\}$ 的相关函数.

(1) $S_X(\omega) = \dfrac{\omega^2 + 1}{\omega^4 + 5\omega^2 + 6}$;

(2) $S_X(\omega) = \begin{cases} 1, & |\omega| \leqslant a, \\ 0, & 其他; \end{cases}$

(3) $S_X(\omega) = \begin{cases} b^2, & a \leqslant |\omega| \leqslant 2a, \\ 0, & 其他; \end{cases}$

(4) $S_X(\omega) = \dfrac{1}{(1+\omega^2)^2}$.

27. 下列函数中哪些是谱密度的正确表达式，为什么？

(1) $s(\omega) = \dfrac{\omega^2 + 9}{(\omega^2 + 4)(\omega^2 + 1)^2}$; (2) $s(\omega) = \dfrac{\omega^2 + 1}{\omega^4 + 5\omega^2 + 6}$;

(3) $s(\omega) = \dfrac{\omega^2 + 4}{\omega^4 - 4\omega^2 + 3}$; (4) $s(\omega) = \dfrac{\omega^2}{\omega^4 + 3\omega^2 + 2}$;

(5) $s(\omega) = \dfrac{-e^{i\omega^2}}{\omega^2 + 2}$.

28. 设 X, Y 是两平稳相关过程，且 $E[X(t)] = E[Y(t)] = 0$, $R_X(\tau) = R_Y(\tau)$, $R_{XY}(\tau) = -R_{XY}(-\tau)$，试证 $Z(t) = X(t)\cos(\omega_0 t) + Y(t)\sin(\omega_0 t)$ 也是平稳过程. 又若 X, Y 的谱密度函数存在，试用 X, Y 的谱密度及互谱密度表示出 Z 的谱密度.

29. 设$X(t)=\cos(\omega t+\Theta)$，其中$\omega>0$为常数，$\Theta$是特征函数为$f(t)$的实随机变量，证明 X 为平稳过程的充要条件为$f(1)=f(2)$.

30. 设 X 为平稳正态过程，$E[X(t)]=0$，$R(\tau)$ 是相关函数，试证 $\{Y(t)=\sin[X(t)]\}$ 是一平稳过程，且其标准相关函数为

$$\rho_Y(\tau)=\frac{R_Y(\tau)}{R_Y(0)}=\frac{2}{\pi}\arcsin\frac{R(\tau)}{R(0)}.$$

31. 设$X(t)=a\cos(\Omega t+\Theta)$，$-\infty<t<\infty$，其中$a>0$为常数，$\Omega$是概率密度函数，$f(\omega)$为偶函数的随机变量，$\Theta\sim U(0,2\pi)$，且 Ω 与 Θ 相互独立，试证明 $\{X(t),\ -\infty<t<\infty\}$ 的谱密度$S_X(\omega)=\pi a^2 f(\omega)$.

32. 设$\{X(t),-\infty<t<\infty\}$是平稳过程，令$Y(t)=X(t)\cos(\omega_0 t+\Theta)$，$-\infty<t<\infty$，其中 ω_0 是实常数，$\Theta\sim U(0,2\pi)$，且$\{X(t),-\infty<t<\infty\}$与$\Theta$相互独立，$R_X(\tau)$ 和 $S_X(\omega)$ 分别是$\{X(t),-\infty<t<\infty\}$的相关函数和功率谱密度．试证明：

（1）$\{Y(t),-\infty<t<\infty\}$是平稳过程，且相关函数为

$$R_Y(\tau)=\frac{1}{2}R_X(\tau)\cos(\omega_0\tau);$$

（2）$\{Y(t),-\infty<t<\infty\}$的功率谱密度为

$$S_Y(\omega)=\frac{1}{4}[S_X(\omega-\omega_0)+S_X(\omega+\omega_0)].$$

33. 设$\{X(t),-\infty<t<\infty\}$和$\{Y(t),-\infty<t<\infty\}$是联合平稳的平稳过程，且$E[X(t)]=E[Y(t)]=0$，$R_X(\tau)=R_Y(\tau)$，$R_{YX}(\tau)=-R_{XY}(\tau)$，令$W(t)=X(t)\cos(\omega_0 t)+Y(t)\sin(\omega_0 t)$，$-\infty<t<\infty$，$\omega_0$ 是实常数.

试证明$\{W(t),\ -\infty<t<\infty\}$是平稳过程，若$\{X(t),\ -\infty<t<\infty\}$和$\{Y(t),\ -\infty<t<\infty\}$的谱密度存在，试用$\{X(t),\ -\infty<t<\infty\}$和$\{Y(t),\ -\infty<t<\infty\}$的谱密度和互谱密度表示$\{W(t),\ -\infty<t<\infty\}$的谱密度.

34. 设$\{X(t),\ -\infty<t<\infty\}$是均方可导的平稳过程，$S(\omega)$是其谱密度，已知：

(1) $Y(t)=\int_{-\infty}^{t}\mathrm{e}^{-\beta(t-s)}X(s)\,\mathrm{d}s$，($\beta>0$，常数)；

(2) $Z(t)=\int_{-\infty}^{t}\mathrm{e}^{-\alpha(t-s)}\dfrac{\sin[\omega(t-s)]}{\omega}X(s)\,\mathrm{d}s$，($\alpha>0$，$\omega>0$ 均常数)．

试证两者均为平稳过程，并求它们的谱密度．

35. 设 $\{X(t),\ -\infty<t<\infty\}$ 平稳过程，其谱密度为 $S_X(\omega)$，令 $Y(t)=X(t+a)-X(t)$，$-\infty<t<\infty$，其中 $a>0$ 是常数，试证明 $\{Y(t),\ -\infty<t<\infty\}$ 是平稳过程，并求其谱密度．

36. $\{X(t),\ -\infty<t<\infty\}$ 是平稳过程，其谱密度为 $S_X(\omega)$，令 $Y(t)=X(t)+X(t-T)$，$-\infty<t<\infty$，其中 $T>0$ 是常数．试证明：

(1) $\{Y(t),\ -\infty<t<\infty\}$ 是平稳过程；

(2) $\{Y(t),\ -\infty<t<\infty\}$ 的谱密度 $S_Y(\omega)=2S_X(\omega)\,[1+\cos(\omega T)]$．

37. 设 $\{X(t),\ -\infty<t<\infty\}$ 和 $\{Y(t),\ -\infty<t<\infty\}$ 是两个相互独立的平稳过程，均值函数 m_X 和 m_Y 都不为零，令 $Z(t)=X(t)+Y(t)$，$-\infty<t<\infty$. 试计算 $S_{XY}(\omega)$ 和 $S_{XZ}(\omega)$．

38. 设 $\{X(t),\ -\infty<t<\infty\}$ 是平稳过程，均值函数 $m_X=0$，谱密度为 $S_X(\omega)$，将其输入脉冲响应函数为

$$h(t)=\begin{cases}\alpha\mathrm{e}^{-\alpha t}, & 0\leqslant t<T,\\ 0, & \text{其他},\end{cases}\quad \alpha>0$$

的线性滤波器，试求它的输出 $\{Y(t),\ -\infty<t<\infty\}$ 的功率谱密度．

39. 设 $\{X(t),\ -\infty<t<\infty\}$ 是平稳过程，其谱密度为 $S_X(\omega)$，通过一个微分器，输出过程为 $\{Y(t),\ -\infty<t<\infty\}$，其中 $Y(t)=\dfrac{\mathrm{d}X(t)}{\mathrm{d}t}$，$-\infty<t<\infty$. 试求：

(1) 系统的频率响应函数；

(2) 输入与输出的互谱密度；

(3) 输出的功率谱密度．

40. 设 $\{X(t),\ -\infty<t<\infty\}$ 是谱密度为 $S_X(\omega)$ 的平稳过程，输入积分电路，其输入和输出满足如下关系：

$$Y(t)=\int_{t-T}^{t}X(s)\,\mathrm{d}s,\quad -\infty<t<\infty,$$

其中 T 为积分时间，试求输出过程 $\{Y(t),\ -\infty<t<\infty\}$ 的功率谱密度 $S_Y(\omega)$.

41. 设 $\{X(t),\ -\infty<t<\infty\}$ 是二阶均方可导的平稳过程，$\{Y(t),\ -\infty<t<\infty\}$ 是均方连续的平稳过程，谱密度为 $S_Y(\omega)$，且

$$X''(t)+\beta X'(t)+\omega_0^2X(t)=Y(t),$$

其中 β，ω_0 为常数，试求 $S_X(\omega)$ 和 $S_{YX}(\omega)$.

42. 已知平稳过程 $X(t)$ 的谱密度为

$$s_X(\omega)=\begin{cases}0, & 0\leqslant|\omega|<\omega_0,\\ c^2, & \omega_0\leqslant|\omega|<2\omega_0,\\ 0, & |\omega|\geqslant 2\omega_0.\end{cases}$$

求相关函数 $R_X(\tau)$.

43. 设线性时不变系统的脉冲响应 $h(t)=U(t)\exp\{-\beta t\}$，其中 $\beta>0$ 为常数，$U(t)$ 为单位阶跃函数，系统的输入 X 是自相关函数为 $R_X(\tau)=\exp\{-\alpha|\tau|\}(\alpha>0)$ 的平稳过程 . 试求：

（1）系统输入与输出的互相关函数；

（2）输出的功率谱密度和自相关函数 .

第 5 章　马尔可夫过程

在概率论中我们学习了独立同分布的随机变量序列，其相互独立性为数学处理提供了便利，但独立的条件却与很多实际的随机现象不相符合．

1906 年，苏联数学家马尔可夫开始研究并建立了一种新的随机过程——马尔可夫过程．当过程在 t_0 时刻所处的状态已知的情况下，过程在 $t(t>t_0)$ 时刻所处的状态与过程在 t_0 之前的状态无关．这种已知“现在”的条件下，“将来”与“过去”无关的性质，就是直观意义下的**马尔可夫性**，也称为**无后效性**．具有无后效性的过程称为**马尔可夫过程**．马尔可夫过程至今已成为内容丰富、理论完善的一门数学分支，其在自然科学、社会科学及工程技术的各领域中有着广泛的应用，比如经济管理和市场预测，通信网络和输送现象的模拟，工程系统中的噪声和信号分析．

近年来，马尔可夫链在动态蒙特卡洛（MCMC）计算中也发挥着非常重要的作用．通过模拟特定的马尔可夫链来得到一些复杂概率分布的样本，从而在数据分析、统计计算中设计相关算法，称为**马尔可夫链蒙特卡洛方法**，其在统计计算、生物计算、算法分析、图像建模等很多领域都有着重要的应用．

5.1　马尔可夫过程的定义

定义 5.1.1　$(\Omega,\ \mathcal{F},\ P)$ 为给定的概率空间，$\{X(t),\ t\in T\}$ 为其上的随机过程，如果对参数中任意 n 个时刻 t_i，$i=1,\ 2,\ \cdots,\ n$，$t_1<t_2<\cdots<t_n$ 有

$$\begin{aligned}&P(X(t_n)\leqslant x_n \mid X(t_1)=x_1,\ X(t_2)=x_2,\ \cdots,\ X(t_{n-1})=x_{n-1})\\&=P(X(t_n)\leqslant x_n \mid X(t_{n-1})=x_{n-1}),\end{aligned}\tag{5.1}$$

则称随机过程 $\{X(t),\ t\in T\}$ 为**马尔可夫过程**，简称**马氏过程**，称式（5.1）为**马尔可夫性**，简称为**马氏性**，也称为**无后效性**．

无后效性表示在已知系统现在所处的状态下，系统将来的演变与过去无关．很

多实际问题都具有无后效性．例如：生物基因遗传从这一代到下一代的转移，仅依赖于这一代，而与以往各代均无关；公司的经营状况等也常常具有或近似具有无后效性．

根据条件分布函数的定义，式（5.1）等价于

$$F(x_n;\ t_n \mid x_1,\ x_2,\ \cdots,\ x_{n-1};\ t_1,\ t_2,\ \cdots,\ t_{n-1}) = F(x_n;\ t_n \mid x_{n-1};\ t_{n-1}). \tag{5.2}$$

如果密度函数存在，则式（5.1）等价于

$$f(x_n;\ t_n \mid x_1,\ x_2,\ \cdots,\ x_{n-1};\ t_1,\ t_2,\ \cdots,\ t_{n-1}) = f(x_n;\ t_n \mid x_{n-1};\ t_{n-1}). \tag{5.3}$$

定义 5.1.2　$\{X(t),\ t \in T\}$ 为马尔可夫过程，称条件概率

$$p(s,\ t;\ x,\ y) = P(X(t) \leqslant y \mid X(s) \leqslant x) \tag{5.4}$$

为马氏过程的**转移概率函数**．

马尔可夫过程 $\{X(t),\ t \in T\}$ 在 t 时刻的取值 x 称为**状态**，过程所有取值的全体

$$E = \{x:\ X(t) = x,\ t \in T\} \tag{5.5}$$

称为马尔可夫过程 $\{X(t),\ t \in T\}$ 的**状态空间**．

马尔可夫过程按照时间参数集 T 和状态空间 E 是离散的或连续的，有如表 5.1 所示的分类．

表 5.1　马尔可夫过程的分类

状态空间 E 的性质	参数集 T	
	离散	连续
离散	离散参数马氏链	连续参数马氏链
连续	离散参数马氏序列	连续参数马氏过程

例 5.1.1（一维随机游动）　一个质点在直线上的非负整数点做随机游动：当时刻 n 时质点处于位置 i（$i \geqslant 0$），下一时刻 $n+1$ 处于 $i+1$ 的概率为 p_i，处于 $i-1$ 的概率为 q_i，仍处于 i 不动的概率为 $r_i(p_i + q_i + r_i = 1)$．记 $X(n)$ 表示 n 时刻质点的位置，则 $\{X(n),\ n = 0,\ 1,\ 2,\ \cdots\}$ 是离散参数马氏链：n 时刻之后的状态 $X(n+1),\ X(n+2),\ \cdots$ 只与 $X(n) = i$ 有关，与 n 之前的状态无关，其状态空间 $E = \{0,\ 1,\ 2,\ \cdots\}$.

例 5.1.2 独立过程是马尔可夫过程.

证明： 设 $\{X(t), t \in T\}$ 为独立过程，取 $t_1 < t_2 < \cdots < t_n \in T$，则 $X(t_1)$，$X(t_2)$，…，$X(t_n)$ 相互独立，取实数 x_1，x_2，…，x_n 有

$$
\begin{aligned}
& P(X(t_n) \leqslant x_n \mid X(t_1) = x_1, X(t_2) = x_2, \cdots, X(t_{n-1}) = x_{n-1}) \\
= & P(X(t_n) \leqslant x_n \mid X(t_{n-1}) = x_{n-1}),
\end{aligned} \tag{5.6}
$$

即满足马氏性，也就是独立过程 $\{X(t), t \in T\}$ 是马尔可夫过程.

例 5.1.3 独立增量过程 $\{X(t), t \geqslant 0\}(X(0) = 0)$ 是马尔可夫过程.

证明： 对独立增量过程 $\{X(t), t \geqslant 0\}$，$X(0) = 0$，取 $0 < t_1 < \cdots < t_n$，有

$$
\begin{aligned}
& P(X(t_n) \leqslant x_n \mid X(t_1) = x_1, X(t_2) = x_2, \cdots, X(t_{n-1}) = x_{n-1}) \\
= & P(X(t_n) - X(t_{n-1}) \leqslant x_n - x_{n-1} \mid X(t_1) - X(0) = x_1, \\
& X(t_2) - X(t_1) = x_2 - x_1, \cdots, X(t_{n-1}) - X(t_{n-2}) = x_{n-1} - x_{n-2}) \\
= & P(X(t_n) - X(t_{n-1}) \leqslant x_n - x_{n-1}) \\
= & P(X(t_n) \leqslant x_n \mid X(t_{n-1}) = x_{n-1}),
\end{aligned} \tag{5.7}
$$

即满足马氏性，也就是独立增量过程 $\{X(t), t \geqslant 0\}(X(0) = 0)$ 是马尔可夫过程.

例 5.1.4 维纳过程 $\{W(t), t \geqslant 0\}$ 是平稳的独立增量过程，且 $W(0) = 0$，则维纳过程是马尔可夫过程.

例 5.1.5 泊松过程 $\{N(t), t \geqslant 0\}$ 是平稳的独立增量过程，且 $N(0) = 0$，则泊松过程是马尔可夫过程.

5.2 离散参数马尔可夫链

5.2.1 离散时间马尔可夫链的定义

状态空间 E 和参数集 T 都是离散的马尔可夫过程，称为离散参数马氏链.

定义 5.2.1 设随机序列 $\{X(n), n = 0, 1, 2, \cdots\}$ 的状态空间为 $E = \{0, 1, 2, \cdots, \}$. 如果对于任意非负整数 k，$n_1 < n_2 < \cdots < n_l < m$，及 i_{n_1}，i_{n_2}，…，i_{n_l}，i_m，$i_{m+k} \in E$，有

$$
\begin{aligned}
& P(X(m+k) = i_{m+k} \mid X(n_1) = i_1, \cdots, X(n_l) = i_{n_l}, X(m) = i_m) \\
= & P(X(m+k) = i_{m+k} \mid X(m) = i_m),
\end{aligned} \tag{5.8}
$$

即马尔可夫性成立，则称 $\{X(n), n=0, 1, 2, \cdots\}$ 为**离散参数马尔可夫链**，简称**马氏链**.

定义 5.2.2　设 $\{X(n), n=0, 1, 2, \cdots\}$ 为马氏链，状态空间 $E=\{0, 1, 2, \cdots\}$，称条件概率

$$p_{ij}(m, k)=P(X(m+k)=j \mid X(m)=i) \tag{5.9}$$

为马氏链 $\{X(n), n=0, 1, 2, \cdots\}$ 在 m 时刻的 k **步转移概率**，则有

$$p_{ij}(m, k) \geqslant 0, \quad \sum_{j \in E} p_{ij}(m, k)=1. \tag{5.10}$$

特别地，当 $k=1$ 时，$p_{ij}(m, 1)=P(X(m+1)=j \mid X(m)=i)$ 称为**一步转移概率**，简称**转移概率**.

k 步转移概率 $p_{ij}(m, k)$ 的直观理解：质点在时刻 m 时处于状态 i，再经过 k 步（k 个单位时间）处于状态 j 的条件概率.

定义 5.2.3　称矩阵

$$\boldsymbol{P}(m, k)=(p_{ij}(m, k))_{i, j \in E}=\begin{pmatrix} p_{00}(m, k) & p_{01}(m, k) & \cdots & p_{0n}(m, k) & \cdots \\ p_{10}(m, k) & p_{11}(m, k) & \cdots & p_{1n}(m, k) & \cdots \\ \vdots & \vdots & & \vdots & \\ p_{n0}(m, k) & p_{n1}(m, k) & \cdots & p_{nn}(m, k) & \cdots \end{pmatrix} \tag{5.11}$$

为马氏链 $\{X(n), n=0, 1, 2, \cdots\}$ 在时刻 m 时的 $\boldsymbol{k}$ **步转移概率矩阵**. 一步转移矩阵 $\boldsymbol{P}(m, 1)$ 简称**转移矩阵**.

5.2.2　齐次马尔可夫链

定义 5.2.4　若马氏链 $\{X(n), n=0, 1, 2, \cdots\}$ 的转移概率 $p_{ij}(m, k)$ 与状态 m 无关，即

$$p_{ij}(m, k)=P(X(m+k)=j \mid X(m)=i)=p_{ij}(k), \tag{5.12}$$

$$p_{ij}(m, 1)=P(X(m+1)=j \mid X(m)=i)=p_{ij}(1), \tag{5.13}$$

则称 $\{X(n), n=0, 1, 2, \cdots\}$ 为**齐次马尔可夫链**，简称**齐次马氏链**.

记齐次马氏链的 $\boldsymbol{k}$ **步转移矩阵为**

$$\boldsymbol{P}(m, k) = \boldsymbol{P}(k) = (p_{ij}(k)), \quad i, j \in E, \tag{5.14}$$

特别地，当 $k = 1$ 时为齐次马氏链的**一步转移矩阵**：

$$\boldsymbol{P}(m, 1) = \boldsymbol{P}(1) = \boldsymbol{P} = (p_{ij}(1)), \quad i, j \in E. \tag{5.15}$$

齐次马氏链的转移概率具有如下性质：

$$0 \leqslant p_{ij}(k) \leqslant 1, \quad \sum_{j \in E} p_{ij}(k) = 1; \tag{5.16}$$

$$0 \leqslant p_{ij} \leqslant 1, \quad \sum_{j \in E} p_{ij} = 1. \tag{5.17}$$

5.2.3 齐次马氏链的应用

例 5.2.1（伯努利序列） 设 $\{X(n), n = 1, 2, \cdots\}$ 是相互独立同分布的伯努利随机变量，且有

$X(n)$	0	1
P	q	p

，其中 $0 < p < 1$，$p + q = 1$，则其转移概率矩阵为

$$\boldsymbol{P} = \begin{pmatrix} q & p \\ q & p \end{pmatrix}, \tag{5.18}$$

即伯努利序列 $\{X(n), n = 1, 2, \cdots\}$ 为齐次马氏链.

一般地，独立同分布的离散型随机变量序列 $\{X(n), n = 1, 2, \cdots\}$ 是齐次马氏链.

我们进一步讨论上节例 5.1.1 中的随机游动问题.

例 5.2.2（随机游动） 一质点在数轴上的整点数上做随机游动. $X(n)$ 表示时刻 n 时质点的位置，$X(m) = i$ 表示质点在某一时刻 m 处于状态 i. 则下一步以概率 q 左移到状态 $i - 1$，即 $p_{i, i-1}(m, 1) = q$；以概率 p 右移到状态 $i + 1$，即 $p_{i, i+1}(m, 1) = p$. 则质点未来的状态 $X(m+1), X(m+2), \cdots, X(m+k), \cdots$ 仅与现在的状态 $X(m) = i$ 有关，与过去所处的状态无关，即随机游动 $\{X(n), n = 1, 2, \cdots\}$ 是齐次马氏链.

随机游动的统计特征与质点在边界的特点有关，下面给出几个特殊的情况.

1. 自由随机游动

状态空间 $E = \{\cdots, -2, -1, 0, 1, 2, \cdots\}$，转移概率为

$$p_{i,\ i-1} = q,\ p_{i,\ i+1} = p; \tag{5.19}$$

$$p_{ij} = 0,\ 当 j \neq i-1,\ i+1, \tag{5.20}$$

转移概率矩阵为

$$\boldsymbol{P} = \begin{pmatrix} \cdots & \cdots & \cdots & \cdots & \cdots & \cdots & \cdots & \cdots & \cdots \\ \cdots & 0 & q & 0 & p & 0 & 0 & 0 & \cdots \\ \cdots & 0 & 0 & q & 0 & p & 0 & 0 & \cdots \\ \cdots & 0 & 0 & 0 & q & 0 & p & 0 & \cdots \\ \cdots & \cdots & \cdots & \cdots & \cdots & \cdots & \cdots & \cdots & \cdots \end{pmatrix}. \tag{5.21}$$

2. 带两个吸收壁的随机游动

状态空间 $E = \{1,\ 2,\ 3,\ 4,\ 5\}$，转移概率为

$$p_{11} = p_{55} = 1; \tag{5.22}$$

$$p_{i,\ i-1} = q,\ p_{i,\ i+1} = p,\ 其中 i = 2,\ 3,\ 4; \tag{5.23}$$

$$p_{1j} = 0,\ 当 j \neq 1; \tag{5.24}$$

$$p_{5j} = 0,\ 当 j \neq 5; \tag{5.25}$$

$$p_{ij} = 0,\ 当 j \neq i-1,\ i+1, \tag{5.26}$$

即质点运动到状态 1 或 5 时，将永远地停留在那里，称状态 1 和 5 为吸收壁，转移概率矩阵为

$$\boldsymbol{P} = \begin{pmatrix} 1 & 0 & 0 & 0 & 0 \\ q & 0 & p & 0 & 0 \\ 0 & q & 0 & p & 0 \\ 0 & 0 & q & 0 & p \\ 0 & 0 & 0 & 0 & 1 \end{pmatrix}. \tag{5.27}$$

3. 带两个反射壁的随机游动

状态空间 $E = \{1,\ 2,\ 3,\ 4,\ 5\}$，转移概率为

$$p_{11} = 0,\ p_{12} = 1,\ p_{1j} = 0,\ 其中 j = 3,\ 4,\ 5; \tag{5.28}$$

$$p_{55} = 0,\ p_{54} = 1,\ p_{5j} = 0,\ 其中 j = 1,\ 2,\ 3; \tag{5.29}$$

$$p_{i,\ i-1} = q,\ p_{i,\ i+1} = p,\ 其中 i = 2,\ 3,\ 4; \tag{5.30}$$

$$p_{ij}=0,\ 当 j\neq i-1,\ i+1,\ 其中 i=2,\ 3,\ 4, \tag{5.31}$$

即质点运动到状态 1 和 5 时，下一刻永远不能停留在那里，称状态 1 和 5 为反射壁，转移概率矩阵为

$$\boldsymbol{P}=\begin{pmatrix} 0 & 1 & 0 & 0 & 0 \\ q & 0 & p & 0 & 0 \\ 0 & q & 0 & p & 0 \\ 0 & 0 & q & 0 & p \\ 0 & 0 & 0 & 1 & 0 \end{pmatrix}. \tag{5.32}$$

4. 带两个弹性壁的随机游动

状态空间 $E=\{1,\ 2,\ 3,\ 4,\ 5\}$，转移概率为

$$p_{11}=q,\ p_{12}=p,\ p_{1j}=0,\ 其中 j=3,\ 4,\ 5; \tag{5.33}$$

$$p_{55}=p,\ p_{54}=q,\ p_{5j}=0,\ 其中 j=1,\ 2,\ 3; \tag{5.34}$$

$$p_{i,\ i-1}=q,\ p_{i,\ i+1}=p,\ 其中 i=2,\ 3,\ 4; \tag{5.35}$$

$$p_{ij}=0,\ 当 j\neq i-1,\ i+1,\ 其中 i=2,\ 3,\ 4, \tag{5.36}$$

称状态 1 和 5 为弹性壁，转移概率矩阵为

$$\boldsymbol{P}=\begin{pmatrix} q & p & 0 & 0 & 0 \\ q & 0 & p & 0 & 0 \\ 0 & q & 0 & p & 0 \\ 0 & 0 & q & 0 & p \\ 0 & 0 & 0 & q & p \end{pmatrix}. \tag{5.37}$$

5.2.4 齐次马氏链的性质

下面我们总结几个齐次马氏链的性质.

性质 1 [查普曼-科尔莫戈罗夫（Chapman-Kolmogorov）方程] 齐次马氏链 $\{X(n),\ n=0,\ 1,\ 2\cdots\}$ 的转移概率 $p_{ij}(k)$，满足

$$p_{ij}(k+l)=\sum_{r\in E}p_{ir}(k)\cdot p_{rj}(l), \tag{5.38}$$

称上式为查普曼-科尔莫戈罗夫方程，简称为 C-K 方程，采用矩阵形式记为

$$\boldsymbol{P}(k+l)=\boldsymbol{P}(k)\cdot\boldsymbol{P}(l). \tag{5.39}$$

证明： 对任意的 i，$j\in E$，m，k，$l=0$，1，2⋯，由转移概率的定义、全概率公式及马氏性，可得

$$
\begin{aligned}
& p_{ij}(k+l) \\
&= P(X(m+k+l)=j \mid X(m)=i) \\
&= \sum_{r\in E} P(X(m+k+l)=j,\ X(m+k)=r \mid X(m)=i) \\
&= \sum_{r\in E} P(X(m+k)=r \mid X(m)=i)\cdot P(X(m+k+l)=j \mid X(m)=i,\ X(m+k)=r) \\
&= \sum_{r\in E} p_{ir}(k)\cdot P(X(m+k+l)=j \mid X(m+k)=r) \\
&= \sum_{r\in E} p_{ir}(k)\cdot p_{rj}(l).
\end{aligned} \tag{5.40}
$$

□

性质 2　齐次马氏链的 n 步转移概率由一步转移矩阵决定，且有

$$\boldsymbol{P}(n)=\boldsymbol{P}^n. \tag{5.41}$$

证明： 由 C-K 方程，对任意的 k，$l=0$，1，2⋯ 有 $\boldsymbol{P}(k+l)=\boldsymbol{P}(k)\boldsymbol{P}(l)$，则当 $k=l=1$ 时有

$$\boldsymbol{P}(2)=\boldsymbol{P}(1)\boldsymbol{P}(1)=\boldsymbol{P}^2. \tag{5.42}$$

当 $k=2$，$l=1$ 时有

$$\boldsymbol{P}(3)=\boldsymbol{P}(2)\boldsymbol{P}(1)=\boldsymbol{P}^3. \tag{5.43}$$

则由数学归纳法可得

$$\boldsymbol{P}(n)=\boldsymbol{P}^n. \tag{5.44}$$

□

定义 5.2.5　$\{X(n),\ n=0,1,2\cdots\}$ 为齐次马氏链，称 $X(0)$ 的概率分布

$$p_i=P(X(0)=i),\ i\in E, \tag{5.45}$$

为齐次马氏链的**初始概率**，且称 $\{p_i,\ i\in E\}$ 为齐次马氏链的**初始分布**，简记为 $\{p_i\}$，记 $\boldsymbol{p}_0=\{p_i,\ i\in E\}$.

定义 5.2.6　$\{X(n),\ n=0,1,2\cdots\}$ 为齐次马氏链，称 $X(n)$ 的概率分布

$$p_i(n)=P(X(n)=i),\ i\in E \tag{5.46}$$

为齐次马氏链的**绝对概率**，且称 $\{p_i(n),\ i\in E\}$ 为齐次马氏链的**绝对分布**，简记为

$\{p_i(n)\}$，记 $\boldsymbol{p}_n=\{p_i(n), i\in E\}$.

性质 3 绝对分布由初始分布和转移概率确定，且有

$$p_j(n)=\sum_{i\in E}p_ip_{ij}(n), \tag{5.47}$$

或记为

$$\boldsymbol{p}_n=\boldsymbol{p}_0\cdot\boldsymbol{P}^n. \tag{5.48}$$

证明：

$$\begin{aligned}p_j(n)&=P(X(n)=j)\\&=\sum_{i\in E}P(X(0)=i)P(X(n)=j\mid X(0)=i)\\&=\sum_{i\in E}p_ip_{ij}(n), \quad j\in E.\end{aligned} \tag{5.49}$$

□

性质 4 齐次马氏链的有限维分布由初始分布和转移概率确定，且有

$$\begin{aligned}&P(X(n_1)=i_1, X(n_2)=i_2, \cdots, X(n_k)=i_k)\\&=\sum_{i\in E}p_ip_{ii_1}(n_1)p_{i_1i_2}(n_2-n_1)\cdots p_{i_{k-1}i_k}(n_k-n_{k-1}),\end{aligned} \tag{5.50}$$

其中 $P(X(n_1)=i_1, X(n_2)=i_2, \cdots, X(n_k)=i_k)$ 为齐次马氏链的 k 维概率分布.

证明：由转移概率、全概率公式及齐次性可得

$$\begin{aligned}&P(X(n_1)=i_1, X(n_2)=i_2, \cdots, X(n_k)=i_k)\\&=\sum_{i\in E}P(X(0)=i, X(n_1)=i_1, X(n_2)=i_2, \cdots, X(n_k)=i_k)\\&=\sum_{i\in E}P(X(0)=i)P(X(n_1)=i_1\mid X(0)=i)P(X(n_2)=i_2\mid X(0)=i, X(n_1)=i_1)\\&\quad\cdots P(X(n_k)=i_k\mid X(0)=i, X(n_1)=i_1, \cdots, X(n_{k-1})=i_{k-1})\\&=\sum_{i\in E}P(X(0)=i)P(X(n_1)=i_1\mid X(0)=i)P(X(n_2)=i_2\mid X(n_1)=i_1)\\&\quad\cdots P(X(n_k)=i_k\mid X(n_{k-1})=i_{k-1})\\&=\sum_{i\in E}p_ip_{ii_1}(n_1)p_{i_1i_2}(n_2-n_1)\cdots p_{i_{k-1}i_k}(n_k-n_{k-1}).\end{aligned} \tag{5.51}$$

□

转移概率是齐次马氏链的一个重要的研究内容，当 $n\to\infty$ 时，n 步转移概率 $p_{ij}(n)$ 的极限也是我们关心的一个问题. 如果极限存在，则应与状态 i，j 有关. 大

量的现实现象是，当 n 充分大时，系统位于状态 j 的概率几乎不依赖于开始所处的位置，这种性质我们称为**遍历性**.

定义 5.2.7　$\{X(n), n=0, 1, 2\cdots\}$ 为齐次马氏链，对任意状态 $i, j \in E$，如果存在与 i 无关的极限

$$\lim_{n\to\infty} p_{ij}(n) = \pi_j > 0, \tag{5.52}$$

则称马氏链 $\{X(n), n=0, 1, 2\cdots\}$ 具有**遍历性**.

如果对任意 $j\in E$，$\pi_j>0$ 且 $\sum\limits_{j\in E}\pi_j=1$，则称 $\{\pi_j, j\in E\}$ 为齐次马氏链 $\{X(n), n=0, 1, 2\cdots\}$ 的**极限分布**，或**最终分布**，记为

$$\boldsymbol{\pi} = \{\pi_j, j \in E\}. \tag{5.53}$$

下面给出马氏链具有遍历性的条件及如何求其极限分布.

性质 5　$\{X(n), n=0, 1, 2\cdots\}$ 为齐次马氏链，其状态空间 $E=\{1, 2, 3, \cdots, k\}$ 有限，对任意的状态 $i, j \in E$，若存在正整数 m 有 $p_{ij}(m) > 0$，则此马氏链是遍历的，且极限分布 $\pi_j, j \in E$ 是在条件

$$\pi_j > 0,\ \sum_{j=1}^{k}\pi_j = 1 \tag{5.54}$$

下，方程组

$$\pi_j = \sum_{i=1}^{k}\pi_i p_{ij},\ j=1, 2, \cdots, k \tag{5.55}$$

的唯一解.

推论 5.2.1　设齐次马氏链 $\{X(n), n=0, 1, 2\cdots\}$ 具有遍历性，则

$$\lim_{n\to\infty} p_j(n) = \pi_j,\ j \in E, \tag{5.56}$$

即遍历的齐次马氏链的绝对分布与转移概率有相同的极限.

证明： 由性质 3 绝对分布的性质可得

$$\begin{aligned}\lim_{n\to\infty} p_j(n) &= \lim_{n\to\infty}\sum_{i\in E} p_i p_{ij}(n) = \sum_{i\in E} p_i \lim_{n\to\infty} p_{ij}(n) = \sum_{i\in E} p_i\pi_j \\ &= \pi_j\sum_{i\in E} p_i = \pi_j,\ j \in E.\end{aligned} \tag{5.57}$$

□

定义 5.2.8　设 $\{X(n), n=0, 1, 2\cdots\}$ 是齐次马氏链，如果存在 $\{v_j, j \in E\}$ 满足如下条件：

(1) $v_j \geqslant 0, \ j \in E$;

(2) $\sum_{j \in E} v_j = 1$;

(3) $v_j = \sum_{i \in E} v_i p_{ij}$.

则称此马氏链是**平稳的**, $\{v_j, \ j \in E\}$ 为此马氏链的**平稳分布**. 若记 $\boldsymbol{V} = \{v_j, \ j \in E\}$, 则 $\boldsymbol{V} = \boldsymbol{VP}$.

下面研究: 平稳分布 $\{v_j, \ j \in E\}$ 是否存在? 若存在, 如何求解平稳分布?

性质 6 遍历的齐次马氏链的极限分布是平稳分布.

证明: 设齐次马氏链 $\{X(n), \ n = 0, 1, 2\cdots\}$ 具有遍历性, 即

$$\lim_{n \to \infty} p_{ij}(n) = \pi_j, \tag{5.58}$$

则 $\{\pi_j, \ j \in E\}$ 为马氏链 $\{X(n), \ n = 0, 1, 2\cdots\}$ 的极限分布, 由 C-K 方程可得

$$p_{ij}(n+1) = \sum_{l \in E} p_{il}(n) p_{lj}. \tag{5.59}$$

令 $n \to \infty$, 有

$$\pi_j = \sum_{l \in E} \pi_l p_{lj}, \tag{5.60}$$

则 $\{\pi_j, \ j \in E\}$ 为马氏链 $\{X(n), \ n = 0, 1, 2\cdots\}$ 的平稳分布. □

性质 7 设齐次马氏链 $\{X(n), \ n = 0, 1, 2\cdots\}$ 的平稳分布为 $\{v_j, \ j \in E\}$, 则有 $\boldsymbol{V} = \boldsymbol{VP}^n$, $n = 0, 1, 2\cdots$.

证明: 由平稳分布的定义和 C-K 方程可得

$$v_j = \sum_{i \in E} v_i p_{ij} = \sum_{i \in E} \Big(\sum_{l \in E} v_l p_{li} \Big) p_{ij} = \sum_{l \in E} v_l \sum_{i \in E} p_{li} p_{ij} = \sum_{l \in E} v_l p_{lj}(2), \tag{5.61}$$

即有 $\boldsymbol{V} = \boldsymbol{VP}^2$.

由数学归纳法可得

$$v_j = \sum_{i \in E} v_i p_{ij}(n), \tag{5.62}$$

即 $\boldsymbol{V} = \boldsymbol{VP}^n$. □

性质 8 设齐次马氏链 $\{X(n), \ n = 0, 1, 2\cdots\}$ 的初始分布为 $\{p_j, \ j \in E\}$, 如果初始分布恰好是平稳分布, 则对一切 n, 有

$$p_j(n) = \sum_{i \in E} p_i p_{ij}(n) = p_j, \ n = 0, 1, 2\cdots, \ j \in E, \tag{5.63}$$

即 $\boldsymbol{P}_n=\boldsymbol{P}_0$.

证明：设初始分布 $\{p_j, j\in E\}$ 为平稳分布，则对任意的 $n=0, 1, 2\cdots$，$j\in E$，由性质 3 和性质 7 可得

$$p_j(n)=\sum_{i\in E}p_ip_{ij}(n)=p_j. \tag{5.64}$$

□

性质 8 表明，如果齐次马氏链的初始分布是平稳分布，则绝对分布始终等于初始分布，不随时间的推移而改变，也就是**系统具有平稳性**.

下面我们给出一个求解平稳分布的重要结论.

定理 5.2.1　设 $\{X(n), n=0, 1, 2\cdots\}$ 为齐次马氏链，其状态空间 $E=\{1, 2, \cdots, k\}$ 有限，如果存在正整数 m，使得对任意的 $i, j\in E$，m 步转移概率 $p_{ij}(m)>0$，则此马氏链是遍历的，且其极限分布 $\boldsymbol{\pi}=\{\pi_j, j\in E\}$ 为其平稳分布

$$\begin{cases}\boldsymbol{\pi}=\boldsymbol{\pi P}，即\ \pi_j=\sum\limits_{i\in E}\pi_ip_{ij},\ j\in E,\\ \sum\limits_{j\in E}\pi_j=1,\ \pi_j>0.\end{cases} \tag{5.65}$$

下面我们通过几个例子来看一下平稳分布的求解.

例 5.2.3　在传送数字 0 和 1 的通信系统中，每次传送数字必须经过若干级. 第 i 级正确传送的概率为 p_i，$X(0)$ 表示进入系统第一级的数字，$X(n)$ 表示离开通信系统第 n 级的数字. $\{X(n), n=0, 1, 2\cdots\}$ 是状态空间为 $E=\{0, 1\}$ 的齐次马氏链. 假设传送概率与状态无关，即 $p_i=p$，则有

(1) 转移概率矩阵

$$\boldsymbol{P}=\begin{pmatrix}p & q\\ q & p\end{pmatrix},\ p+q=1,\ 0<p<1. \tag{5.66}$$

(2) n 步转移概率矩阵

为了求 $\boldsymbol{P}^n$，先求 $\boldsymbol{P}$ 的特征值和特征向量，由

$$|\lambda\boldsymbol{I}-\boldsymbol{P}|=\begin{vmatrix}\lambda-p & -q\\ -q & \lambda-p\end{vmatrix}=0, \tag{5.67}$$

可知特征值 $\lambda_1=1$，$\lambda_2=p-q$，相应的特征向量 $\xi_1=(1\quad 1)'$ 与 $\xi_2=(-1\quad 1)'$ 正交，

则将其单位化 $\eta_1=\begin{pmatrix}\frac{1}{\sqrt{2}} & \frac{1}{\sqrt{2}}\end{pmatrix}'$，$\eta_2=\begin{pmatrix}-\frac{1}{\sqrt{2}} & \frac{1}{\sqrt{2}}\end{pmatrix}'$，正交矩阵 $\boldsymbol{B}=\begin{pmatrix}\frac{1}{\sqrt{2}} & -\frac{1}{\sqrt{2}}\\ \frac{1}{\sqrt{2}} & \frac{1}{\sqrt{2}}\end{pmatrix}$，

$\boldsymbol{B}^{-1}=\begin{pmatrix}\frac{1}{\sqrt{2}} & \frac{1}{\sqrt{2}}\\ -\frac{1}{\sqrt{2}} & \frac{1}{\sqrt{2}}\end{pmatrix}$. 又

$$\boldsymbol{B}^{-1}\boldsymbol{P}\boldsymbol{B}=\boldsymbol{\Lambda}=\begin{pmatrix}1 & 0\\ 0 & p-q\end{pmatrix},\ \boldsymbol{P}=\boldsymbol{B}\boldsymbol{\Lambda}\boldsymbol{B}^{-1}, \tag{5.68}$$

则可得

$$\begin{aligned}\boldsymbol{P}^n&=\boldsymbol{B}\boldsymbol{\Lambda}^n\boldsymbol{B}^{-1}\\&=\begin{pmatrix}\frac{1}{\sqrt{2}} & -\frac{1}{\sqrt{2}}\\ \frac{1}{\sqrt{2}} & \frac{1}{\sqrt{2}}\end{pmatrix}\begin{pmatrix}1 & 0\\ 0 & (p-q)^n\end{pmatrix}\begin{pmatrix}\frac{1}{\sqrt{2}} & -\frac{1}{\sqrt{2}}\\ -\frac{1}{\sqrt{2}} & \frac{1}{\sqrt{2}}\end{pmatrix}\\&=\begin{pmatrix}\frac{1}{2}+\frac{1}{2}(p-q)^n & \frac{1}{2}-\frac{1}{2}(p-q)^n\\ \frac{1}{2}-\frac{1}{2}(p-q)^n & \frac{1}{2}+\frac{1}{2}(p-q)^n\end{pmatrix}.\end{aligned} \tag{5.69}$$

（3）遍历性、极限分布和平稳分布

由于 $|p-q|<1$，当 $n\to\infty$时，对 $i=0$，1 有

$$\pi_0=\lim_{n\to\infty}p_{i0}(n)=\lim_{n\to\infty}\left[\frac{1}{2}+\frac{(-1)^i}{2}(p-q)^n\right]=\frac{1}{2}, \tag{5.70}$$

$$\pi_1=\lim_{n\to\infty}p_{i1}(n)=\lim_{n\to\infty}\left[\frac{1}{2}-\frac{(-1)^i}{2}(p-q)^n\right]=\frac{1}{2}. \tag{5.71}$$

由遍历性定义可知，齐次马氏链遍历，则平稳分布等于极限分布，可得

$$\begin{cases}\pi_0=p\pi_0+q\pi_1,\\ \pi_1=q\pi_0+p\pi_1,\\ \pi_0+\pi_1=1,\end{cases} \tag{5.72}$$

即 $(\pi_0, \pi_1) = \left(\frac{1}{2}, \frac{1}{2}\right)$.

例 5.2.4　设有 6 个球（其中红球 2 个，白球 4 个）分别装在甲、乙两个盒子里，每个盒子放 3 个．现每次从两个盒子中各取一个球，并进行交换．以 $X(0)$ 表示开始时甲盒中红球的个数，$X(n)$ 表示经过 n 次交换后甲盒中红球的个数，$n=1, 2\cdots$，则 $\{X(n), n=0, 1, 2\cdots\}$ 是齐次马氏链，状态空间 $E=\{0, 1, 2\}$.

（1）初始分布

$X_{(0)}$	0	1	2
P	$\frac{1}{5}$	$\frac{3}{5}$	$\frac{1}{5}$

(5.73)

（2）转移概率矩阵

$$\boldsymbol{P}=\begin{pmatrix} \frac{1}{3} & \frac{2}{3} & 0 \\ \frac{2}{9} & \frac{5}{9} & \frac{2}{9} \\ 0 & \frac{2}{3} & \frac{1}{3} \end{pmatrix}. \tag{5.74}$$

（3）遍历性、极限分布及平稳分布

$$\boldsymbol{P}^2=\begin{pmatrix} \frac{7}{27} & \frac{16}{27} & \frac{4}{27} \\ \frac{16}{81} & \frac{49}{81} & \frac{16}{81} \\ \frac{4}{27} & \frac{16}{27} & \frac{7}{27} \end{pmatrix}, \tag{5.75}$$

其中 $p_{ij}(2)>0$，对任意的 i，$j\in E=\{0, 1, 2\}$，则齐次马氏链 $\{X(n), n=0, 1, 2\cdots\}$ 有遍历性，其极限分布等于平稳分布，由 $\boldsymbol{\pi}=\boldsymbol{\pi}P$，即

$$\begin{cases}\pi_0=\dfrac{1}{3}\pi_0+\dfrac{2}{9}\pi_1,\\ \pi_1=\dfrac{2}{3}\pi_0+\dfrac{5}{9}\pi_1+\dfrac{2}{3}\pi_2,\\ \pi_2=\dfrac{2}{9}\pi_1+\dfrac{1}{3}\pi_2,\\ \pi_0+\pi_1+\pi_2=1,\end{cases}\tag{5.76}$$

则有 $(\pi_0,\ \pi_1,\ \pi_2)=\left(\dfrac{1}{5},\ \dfrac{3}{5},\ \dfrac{1}{5}\right)$.

（4）绝对分布

由初始分布为平稳分布 $\boldsymbol{p}_0=\boldsymbol{\pi}=\left(\dfrac{1}{5},\ \dfrac{3}{5},\ \dfrac{1}{5}\right)$，则绝对分布也为初始分布，即

$$\boldsymbol{p}_n=\boldsymbol{p}_0=\boldsymbol{\pi}=\left(\frac{1}{5},\ \frac{3}{5},\ \frac{1}{5}\right).\tag{5.77}$$

例 5.2.5 若顾客的购买记录是无记忆的，即已知顾客现在的购买情况，顾客将来购买的情况不受过去购买历史情况影响，而只与现在的购买情况有关．现在市场上供应甲、乙、丙三个不同厂生产的 50g 袋装食盐．$X(n)=1$，$X(n)=2$，$X(n)=3$ 分别表示顾客第 n 次购买甲、乙、丙厂的食盐，则 $\{X(n),\ n=0,\ 1,\ 2\cdots\}$ 是一个齐次马氏链，状态空间 $E=\{1,\ 2,\ 3\}$．若已知第 1 次顾客购买三个厂食盐的概率分布，即初始分布：$\boldsymbol{p}_1=(P(X(1)=1),\ P(X(1)=2),\ P(X(1)=3))=(0.2,\ 0.4,\ 0.4)$，又一般顾客的购买倾向，即转移矩阵为

$$\boldsymbol{P}=\begin{pmatrix}0.8 & 0.1 & 0.1\\ 0.5 & 0.1 & 0.4\\ 0.5 & 0.3 & 0.2\end{pmatrix}.\tag{5.78}$$

（1）求顾客第 2 次购买各厂食盐的概率：

$$\boldsymbol{P}_2=\boldsymbol{p}_1\boldsymbol{P}=(0.2,\ 0.4,\ 0.4)\begin{pmatrix}0.8 & 0.1 & 0.1\\ 0.5 & 0.1 & 0.4\\ 0.5 & 0.3 & 0.2\end{pmatrix}=(0.56,\ 0.18,\ 0.26).\tag{5.79}$$

（2）求第 1 次购买各厂食盐的顾客，经过 3 次购买，第 4 次购买各厂食盐的概率：

$$\boldsymbol{p}_4=\boldsymbol{p}_1\boldsymbol{P}^3=(0.2,\ 0.4,\ 0.4)\begin{pmatrix}0.722 & 0.128 & 0.150\\ 0.695 & 0.134 & 0.171\\ 0.695 & 0.142 & 0.163\end{pmatrix}\approx(0.7004,\ 0.136,\ 0.1636).\tag{5.80}$$

（3）预测经过长期多次购买之后，顾客购买倾向，即各厂食盐市场占有率.

由转移概率可知齐次马氏链 $\{X(n),\ n=0,\ 1,\ 2\cdots\}$ 具有遍历性，则极限分布等于平稳分布，则由

$$\begin{cases}\pi_1=0.8\pi_1+0.5\pi_2+0.5\pi_3,\\ \pi_2=0.1\pi_1+0.1\pi_2+0.3\pi_3,\\ \pi_3=0.1\pi_1+0.4\pi_2+0.2\pi_3,\\ \pi_1+\pi_2+\pi_3=1,\end{cases}\tag{5.81}$$

可得平稳分布为

$$(\pi_1,\ \pi_2,\ \pi_3)=\left(\frac{5}{7},\ \frac{11}{84},\ \frac{13}{84}\right).\tag{5.82}$$

例 5.2.6　具有两个弹性壁的随机游动，状态空间 $E=\{1,\ 2,\ 3\}$，转移概率矩阵

$$\boldsymbol{P}=\begin{pmatrix}q & p & 0\\ q & 0 & p\\ 0 & q & p\end{pmatrix},\ p+q=1,\ 0<p<1.\tag{5.83}$$

可得二步转移矩阵

$$\boldsymbol{P}(2)=\boldsymbol{P}^2=\begin{pmatrix}q^2+pq & pq & p^2\\ q^2 & 2pq & p^2\\ q^2 & pq & p^2+pq\end{pmatrix}.\tag{5.84}$$

又 $p_{ij}(2)>0$，$i,\ j\in E$，即齐次马氏链具有遍历性，则极限分布等于平稳分布：

$$\begin{cases}\pi_1 = q\pi_1 + q\pi_2, \\ \pi_2 = p\pi_1 + q\pi_3, \\ \pi_3 = p\pi_2 + q\pi_3, \\ \pi_1 + \pi_2 + \pi_3 = 1,\end{cases} \tag{5.85}$$

则平稳分布为

$$\pi_j = \frac{1 - \dfrac{p}{q}}{1 - \left(\dfrac{p}{q}\right)^3}\left(\frac{p}{q}\right)^{j-1}, \ j = 1, 2, 3. \tag{5.86}$$

若 $p = q = \frac{1}{2}$，则平稳分布 $(\pi_1, \pi_2, \pi_3) = \left(\frac{1}{3}, \frac{1}{3}, \frac{1}{3}\right)$；若 $p = 2q$，则平稳分布 $(\pi_1, \pi_2, \pi_3) = \left(\frac{1}{7}, \frac{2}{7}, \frac{4}{7}\right)$.

5.3 齐次马尔可夫链状态的分类

本节讨论齐次马尔可夫链状态的分类及其基本关系，其在考虑 $p_{ij}(n)$ 的渐近性态及物理意义的解释中起着重要的作用．下面我们介绍由科尔莫戈罗夫提出来的一种分类方法，该方法可以有效地揭示统计规律．首先引入状态的可达和互通．

5.3.1 可达、互通

定义 5.3.1 若存在某 $n \geqslant 1$，使得 $p_{ij}(n) > 0$，$i, j \in E$，则称**从状态** i **可到达状态** j（简称**状态** i **可达状态** j），记为 $i \to j$；否则称**从状态** i **不能到达状态** j，记为 $i \nrightarrow j$，此时对任意的 n，有 $p_{ij}(n) = 0$.

定义 5.3.2 若 $i \to j$，且 $j \to i$，则称状态 i 和状态 j **互通**，或称**相通**，记为 $i \leftrightarrow j$.

所谓状态 i 可达状态 j，即从齐次马氏链的转移概率图来说，是指从节点 i 出发存在一条路可以到达节点 j；状态 i 和状态 j 互通则是指从节点 i 出发存在一条路可到达节点 j，同时从节点 j 出发也存在一条路可到达节点 i（对于有向图，这两条路一般是不同的）.

可达和互通有如下性质.

定理 5.3.1　若状态 i 和状态 j 互通，则有：

(1)（**互通的自返性**）$i \leftrightarrow i$，$j \leftrightarrow j$；

(2)（**互通的对称性**）若 $i \leftrightarrow j$，则 $j \leftrightarrow i$；

(3)（**互通的传递性**）若 $i \leftrightarrow k$ 且 $k \leftrightarrow j$，则 $i \leftrightarrow j$.

证明： 互通的自返性和对称性由互通的定义显然可得，下面仅证明互通的传递性.

若 $i \to k$ 且 $k \to j$，则由定义可知存在 $m \geqslant 1$，$n \geqslant 1$ 使得 $p_{ik}(m) > 0$，$p_{kj}(n) > 0$，由 C-K 方程可得

$$p_{ij}(m+n) = \sum_{r \in E} p_{ir}(m) p_{rj}(n) \geqslant p_{ik}(m) p_{kj}(n) > 0, \tag{5.87}$$

即存在 $m+n \geqslant 1$，使得 $p_{ij}(m+n) > 0$，则可得 $i \to j$. 同理可证，若 $j \to k$，$k \to i$，则可得 $j \to i$，故有 $i \leftrightarrow j$. □

特别地，定理 5.3.1 中的（3）包含了可达的传递性：若 $i \to k$ 且 $k \to j$，则 i→j.

我们也可以用首达概率来刻画可达与互通.

定义 5.3.3　从状态 i 出发经过 n 步首次到达状态 j 的时刻

$$T_{ij} = \min\{n: X(m) = i, X(m+n) = j\} \tag{5.88}$$

称为**首达时刻**.

首达时刻是一个随机变量，其取值是从状态 i 出发，使得 $X(n) = j$ 的最小正整数.

定义 5.3.4. 从状态 i 出发经过 n 步首次到达状态 j 的概率

$$\begin{aligned} f_{ij}(n) &= P(T_{ij} = n \mid X(m) = i) \\ &= P(X(m+n) = j, X(m+k) \neq j, 1 \leqslant k < n \mid X(m) = i) \end{aligned} \tag{5.89}$$

称为**首达概率**.

定义 5.3.5　从状态 i 出发**迟早（最终）到达状态** j 的概率定义为

$$f_{ij} = \sum_{n=1}^{\infty} f_{ij}(n) = \sum_{n=1}^{\infty} P(T_{ij} = n \mid X(m) = i) = P(T_{ij} < +\infty). \tag{5.90}$$

当 $j=i$ 时, T_{ii} 表示从状态 i 出发**首次返回** i **的时刻**; $f_{ii}(n)$ 表示从状态 i 出发经过 n 步**首次返回** i **的概率**; f_{ii} 表示从状态 i 出发**迟早返回** i **的概率**,

$$f_{ii}=\sum_{n=1}^{\infty}f_{ii}(n)=P(T_{ii}<+\infty). \tag{5.91}$$

定理 5.3.2 对任意的状态 $i, j\in E$ 及 $n\geqslant 1$, 有

$$p_{ij}(n)=\sum_{m=1}^{n}f_{ij}(m)\,p_{jj}(n-m). \tag{5.92}$$

证明: 若从状态 i 出发经过 n 步到达状态 j, 即 $T_{ij}\leqslant n$, 则可得

$$\begin{aligned}
p_{ij}(n)&=P(X(n)=j\mid X(0)=i)\\
&=P\Big(\bigcup_{m=1}^{n}T_{ij}=m,\ X(n)=j\mid X(0)=i\Big)\\
&=\sum_{m=1}^{n}P(T_{ij}=m,\ X(n)=j\mid X(0)=i)\\
&=\sum_{m=1}^{n}P(T_{ij}=m\mid X(0)=i)\,P(X(n)=j\mid X(0)=i,\ T_{ij}=m)\\
&=\sum_{m=1}^{n}P(T_{ij}=m\mid X(0)=i)P(X(n)=j\mid X(0)=i,\ X(1)\neq j,\\
&\quad\cdots,\ X(m-1)\neq j,\ X(m)=j)\\
&=\sum_{m=1}^{n}P(T_{ij}=m\mid X(0)=i)\,P(X(n)=j\mid X(m)=j)\\
&=\sum_{m=1}^{n}f_{ij}(m)\,p_{jj}(n-m).
\end{aligned} \tag{5.93}$$

□

定理 5.3.3 $f_{ij}>0$ 的充要条件是 $i\to j$.

证明: 首先证明充分性.

设 $i\to j$, 则存在 $n\geqslant 1$, 使得 $p_{ij}(n)>0$, 由定理 5.3.2 可得

$$p_{ij}(n)=\sum_{m=1}^{n}f_{ij}(m)\,p_{jj}(n-m)>0, \tag{5.94}$$

则可知 $f_{ij}(1)$, $f_{ij}(2)$, …, $f_{ij}(n)$ 中至少有一个大于 0, 所以

$$f_{ij}=\sum_{m=1}^{\infty}f_{ij}(m)>0. \tag{5.95}$$

其次证明必要性.

设 $f_{ij}>0$，由 $f_{ij}=\sum_{n=1}^{\infty}f_{ij}(n)$ 可知至少存在一个 $n\geqslant 1$，使得 $f_{ij}(n)>0$，则

$$p_{ij}(n)=\sum_{m=1}^{n}f_{ij}(m)\,p_{jj}(n-m)\geqslant f_{ij}(n)\,p_{jj}(0)=f_{ij}(n)>0, \tag{5.96}$$

故有 $i\to j$. □

推论 5.3.1　$i\leftrightarrow j$ 的充要条件是 $f_{ij}>0$ 且 $f_{ji}>0$.

定义 5.3.6　称

$$\mu_{ij}=E[T_{ij}]=\sum_{n=1}^{\infty}nf_{ij}(n) \tag{5.97}$$

为从状态 i 出发首次到达状态 j 的**平均时间（平均步数）**；称

$$\mu_i=\mu_{ii}=E[T_{ii}]=\sum_{n=1}^{\infty}nf_{ii}(n) \tag{5.98}$$

为从状态 i 出发首次返回状态 i 的**平均返回时间（平均返回步数）**.

5.3.2　常返

下面我们来讨论状态的划分.

定义 5.3.7　如果从状态 i 迟早返回 i 的概率 $f_{ii}=1$，称状态 i 是**常返状态**；如果 $f_{ii}<1$，称状态 i 是**非常返状态**，或称**瞬时状态**或**滑过的、瞬时的**.

由 f_{ii} 的定义可知，$f_{ii}=1$ 表示质点从状态 i 出发必定要返回状态 i. 实际上，可进一步验证，i 是常返状态是指从状态 i 出发将无穷多次地返回 i；而 i 是非常返状态意指从状态 i 出发，至多返回 i 有穷多次，这就分别是“常返”和“滑过”的含义.

定理 5.3.4（常返状态判别准则）　状态 i 常返的充要条件是 $\sum_{n=1}^{\infty}p_{ii}(n)=\infty$.

推论 5.3.2　状态 i 非常返的充要条件是 $\sum_{n=1}^{\infty}p_{ii}(n)<+\infty$.

推论 5.3.3　若状态 i 是非常返的，则 $\lim_{n\to\infty}p_{ii}(n)=0$.

下面我们讨论一下 $\lim_{n\to\infty}p_{ii}(n)$ 的意义，首先我们定义随机变量

$$Y(n)=\begin{cases}1, & X(n)=i,\\ 0, & X(n)\neq i,\end{cases} \tag{5.99}$$

随机变量 $Y=\sum_{n=1}^{\infty}Y(n)$ 表示质点到达状态 i 的次数，Y 的条件期望

$$E[Y \mid X(0)=i]=E[\sum_{n=1}^{\infty} Y(n) \mid X(0)=i]$$
$$=\sum_{n=1}^{\infty} E[Y(n) \mid X(0)=i]=\sum_{n=1}^{\infty} P(X(n)=i \mid X(0)=i)=\sum_{n=1}^{\infty} p_{ii}(n). \tag{5.100}$$

由上可知，$\lim_{n\to\infty} p_{ii}(n)$ 表示由状态 i 出发再返回 i 的平均次数．当状态 i 是常返时，返回 i 的次数是无穷多次；当 i 是非常返时，返回 i 的次数只能是有限多次．

定义 5.3.8 设 i 是常返状态，$f_{ii}=1$. 如果 $\mu_i=\sum_{n=1}^{\infty} nf_{ii}(n)<+\infty$，称状态 i 是一个**正常返状态**；如果 $\mu_i=\sum_{n=1}^{\infty} nf_{ii}(n)=+\infty$，称状态 i 是一个**零常返状态**或**消极常返状态**．

对于零常返状态 i，其平均返回时间为无穷大，因此称其为消极常返的．正常返和零常返这两种常返状态反映到 n 步转移概率的极限上，则分别为非零和零极限（可参见定理 5.3.7）．

定理 5.3.5 设 i 是常返状态，则 i 是零常返的充要条件是 $\lim_{n\to\infty} p_{ii}(n)=0$；如果 j 也是零常返状态，则 $\lim_{n\to\infty} p_{ij}(n)=0$.

定理 5.3.6 如果 $i\leftrightarrow j$，则它们同为常返状态或非常返状态；进一步，如果它们均为常返状态时，则它们同为正常返或零常返．

我们根据状态的首次返回概率和平均返回时间将状态进行了分类，但是由定义判断状态的类型是很困难的事情．下面我们通过不同类型状态所具有的不同性质来区别它们．我们把判别状态常返、非常返；正常返、零常返的判别法归纳如下：

定理 5.3.7 利用转移概率 $p_{ij}(n)$ 可得如下判别：

（1）状态 i 是非常返的 $\Leftrightarrow \sum_{n=1}^{\infty} p_{ii}(n)<+\infty$，此时 $\lim_{n\to\infty} p_{ii}(n)=0$；

（2）状态 i 是零常返的 $\Leftrightarrow \sum_{n=1}^{\infty} p_{ii}(n)=+\infty$，且 $\lim_{n\to\infty} p_{ii}(n)=0$；

（3）状态 i 是正常返的 $\Leftrightarrow \sum_{n=1}^{\infty} p_{ii}(n)=+\infty$，且 $\lim_{n\to\infty} p_{ii}(n)\neq 0$.

5.3.3 状态空间分解

定义 5.3.9 设 C 是状态空间 E 的一个子集，若 C 之外的任一状态都不能从 C

内任一状态到达，即对任意的 $i \in C$，$j \notin C$，总有 $p_{ij}(n)=0$，称 C 为一个**闭集**，且有：

（1）整个状态空间 E 是最大的闭集；

（2）$p_{ii}=1$ 的状态 i 称为**吸收状态**，也就是状态 i 构成的集 $\{i\}$ 是闭集，即任何一个吸收状态构成最小的单点闭集；

（3）如果闭集 C 中不再含有任何非空闭的真子集，则称此 C 是**不可约的**（或**不可分的、极小的、最小的**）；

（4）一个马氏链，如果状态空间 E 是不可约的，则称其为**不可约马氏链**，否则称为**可约的**.

定理 5.3.8　所有常返状态构成一个闭集.

也就是说，从常返状态出发，不可能转移到非常返状态上去.

定理 5.3.9（分解定理）　状态空间 E 一定可以分解为

$$E=N+C_1+C_2+\cdots+C_k+\cdots, \tag{5.101}$$

其中 N 是非常返状态集合，C_1，C_2，…，C_k，… 是互不相交的常返闭集.

定理 5.3.10　马氏链是不可约马氏链的充要条件是任何两个状态都是相通的.

定理 5.3.11　不可约马氏链是常返的充要条件是方程组

$$y_i=\sum_{j=1}^{\infty}p_{ij}y_j,\ j\in E \tag{5.102}$$

没有非零的有界解.

5.3.4　有限马尔可夫链

当一个马氏链的状态空间是一个有限集合时，我们称此马氏链为**有限马氏链**.

有限马氏链具有如下特点：

（1）所有非常返状态所组成的集合不可能是闭集；

（2）没有零常返状态；

（3）必有正常返状态；

（4）状态空间可分解为

$$E=N+C_1+C_2+\cdots+C_k+\cdots, \tag{5.103}$$

其中 N 是非常返状态集合，C_1，C_2，…，C_k，… 是互不相交的常返闭集．

5.3.5 状态的周期性

定义 5.3.10 对 $i \in E$，若正整数集 $\{n \mid n \geqslant 1, p_{ii}(n) > 0\}$ 非空，则定义其最大公约数为状态 i 的**周期**，记为 d_i，即

$$d_i = GCD\{n: p_{ii} > 0\}. \tag{5.104}$$

若不存在大于 1 的整数 d_i，则称状态 i 是**非周期**的．为方便起见，我们记为 $d = 1$.

若 $p_{ii}(n) > 0$，则存在正整数 k，使得 $n = kd_i$，且 d_i 是满足以上性质的最大整数．否则，当 n 不能被 d_i 整除时，$p_{ii}(n) = 0$.

对于不可约马氏链，若 $p_{ii} > 0$，则此马氏链是非周期的．

定理 5.3.12 *若 $i \leftrightarrow j$，则状态 i 和状态 j 或者有相同的周期，或者都是非周期的．*

推论 5.3.4 如果 C 是一个常返闭集，则 C 中每一个状态，或者都是非周期的，或者都是同周期的状态．

推论 5.3.5 如果马氏链是不可约常返链，那么只要有一个是周期为 $d(d > 1)$ 的状态，则状态空间 E 都是周期为 d 的状态．

我们从状态是否常返，如果常返是否正常返，如果正常返是否非周期等层次上将状态区分为以下的类型：

$$\text{状态}\begin{cases}\text{非常返}\\ \text{常返}\begin{cases}\text{零常返}\\ \text{正常返}\begin{cases}\text{有周期}\\ \text{非周期——遍历态}\end{cases}\end{cases}\end{cases}$$

5.3.6 极限定理

要讨论马氏链 $X = \{X_1, X_2, \cdots\}$ 的稳定性，即 $\lim\limits_{n\to\infty} P(X_n = j)$ 是否存在；若极限存在，那么极限是否为一个概率分布．为此，我们主要考虑：当 $n \to \infty$ 时，n 步转移概率 $p_{ij}(n)$ 的极限是否存在；若存在，则其极限是否与初始状态 i 无关；进而，若 $\pi_j = \lim\limits_{n\to\infty} p_{ij}(n)$ 存在且与初始状态 i 无关，则 $\{\pi_1, \pi_2, \cdots\}$ 是否构成一个概率分布．

对于以上问题，我们有如下结论：

定理 5.3.13　如果状态 j 是一个非周期常返状态，则

$$\lim_{n\to\infty} p_{ij}(n) = \frac{1}{\mu_j} f_{ij}. \tag{5.105}$$

如果马氏链是不可约非周期常返链，则

$$\lim_{n\to\infty} p_{jj}(n) = \frac{1}{\mu_j}, \tag{5.106}$$

其中 $\mu_j = E[T_{jj}]$.

由上述定理可得：

(1) 不可约非周期正常返状态的齐次马氏链是遍历马氏链，即

$$\lim_{n\to\infty} p_{ij}(n) = \pi_j,\ i,\ j \in E, \tag{5.107}$$

且有 (a) $\pi_j = \frac{1}{\mu_j}$，(b) 极限分布 $\{\pi_j,\ j \in E\}$ 是马氏链唯一的平稳分布，且 $\lim\limits_{n\to\infty} p_j(n) = \pi_j,\ j \in E$，即绝对分布的极限是平稳分布；

(2) 不可约非周期常返链是遍历的充要条件是存在平稳分布 $\{\frac{1}{\mu_j},\ j \in E\}$，即是极限分布；

(3) 不可约非周期有限马氏链必存在平稳分布，且平稳分布就是极限分布.

5.3.7 例子

例 5.3.1（两个吸收壁的随机游动问题）　状态空间 $E = \{1,\ 2,\ 3,\ 4\}$，状态转移概率矩阵为

$$\boldsymbol{P} = \begin{pmatrix} 1 & 0 & 0 & 0 \\ q & 0 & p & 0 \\ 0 & q & 0 & p \\ 0 & 0 & 0 & 1 \end{pmatrix},\ 0 < p < 1,\ p + q = 1. \tag{5.108}$$

解： 状态转移图如图 5.1 所示.

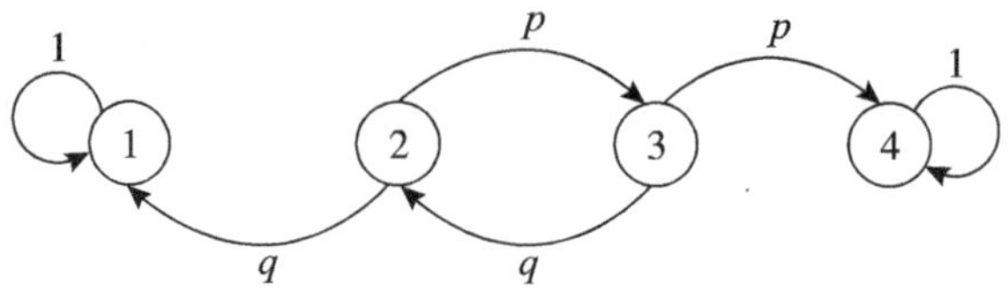

图 5.1　例 5.3.1 解图

由于 $p_{11}=1$，$f_{11}(1)=1$，$f_{11}(n)=0(n>1)$，$f_{11}=1$，$\mu_1=1$，故状态 1 为吸收状态、正常返状态；又 $p_{44}=1$，$f_{44}=1$，$f_{44}(n)=0(n>1)$，$f_{44}=1$，$\mu_4=1$，故状态 4 为吸收状态、正常返状态．

状态 2 和状态 3 互通，$2\leftrightarrow 3$，具有相同的状态性质：

$$f_{22}(1)=0,\ f_{22}(2)=pq,\ f_{22}(n)=0(n\geqslant 3)\ . \tag{5.109}$$

由于 $f_{22}=\sum_{n=1}^{\infty}f_{22}(n)=pq<1$，故状态 2 为非常返状态，从而集合 $N=\{2,3\}$ 为非常返，$C_1=\{1\}$，$C_2=\{4\}$ 均为正常返集．状态空间可分解为

$$E=N+C_1+C_2, \tag{5.110}$$

即 $E=\{1,2,3,4\}=\{2,3\}+\{1\}+\{4\}$.

例 5.3.2　设齐次马氏链的状态空间为 $E=\{1,2,3,4\}$，转移概率矩阵为

$$\boldsymbol{P}=\begin{pmatrix}\frac{1}{2} & \frac{1}{2} & 0 & 0\\ 1 & 0 & 0 & 0\\ 0 & \frac{1}{3} & \frac{2}{3} & 0\\ \frac{1}{2} & 0 & \frac{1}{2} & 0\end{pmatrix}. \tag{5.111}$$

解：状态转移图如图 5.2 所示．

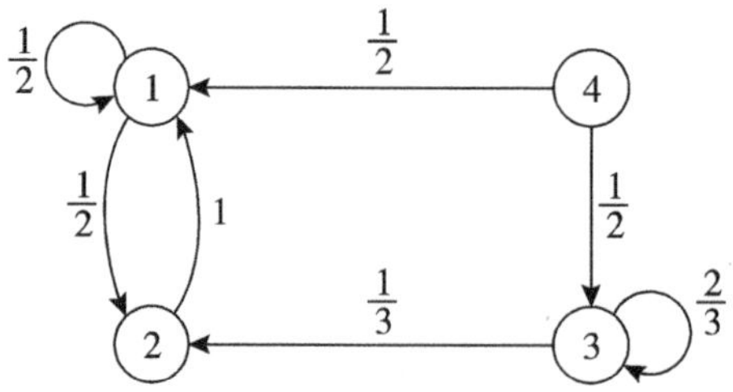

图 5.2　例 5.3.2 解图

由图可得

$$f_{11} = \sum_{n=1}^{\infty} f_{11}(n) = \frac{1}{2} + \frac{1}{2} = 1, \tag{5.112}$$

$$\mu_1 = \sum_{n=1}^{\infty} nf_{11}(n) = 1 \times \frac{1}{2} + 2 \times \frac{1}{2} = \frac{3}{2} < +\infty, \tag{5.113}$$

$$f_{22} = \sum_{n=1}^{\infty} f_{22}(n) = 0 + \frac{1}{2} + \frac{1}{2^2} + \cdots = 1, \tag{5.114}$$

$$\mu_2 = \sum_{n=1}^{\infty} nf_{22}(n) = 1 \times 0 + 2 \times \frac{1}{2} + 3 \times \frac{1}{2^2} + \cdots + n \times \frac{1}{2^{n-1}} + \cdots = 3 < +\infty, \tag{5.115}$$

故状态 1 和状态 2 都是正常返状态，又 $d = 1$，故都是遍历态；由图 5.2 可知，对一切 $n \geqslant 1$，$f_{44}(n) = 0$，从而 $f_{44} = \sum_{n=1}^{\infty} f_{44}(n) < 1$，故状态 4 是非常返状态；$f_{33}(1) = \frac{2}{3}$，$f_{33}(n) = 0(n \geqslant 2)$，从而 $f_{33} = \sum_{n=1}^{\infty} f_{33}(n) = \frac{2}{3} < 1$，故状态 3 是非常返状态 .

状态空间可分解为

$$E = N + C, \tag{5.116}$$

其中集合 $N = \{3, 4\}$ 为非常返，$C = \{1, 2\}$ 为正常返闭集 .

例 5. 3. 3　齐次马氏链状态空间 $E = \{0, 1, 2, \cdots\}$，转移概率为

$$p_{i,\ i+1} = \frac{1}{2},\ p_{i0} = \frac{1}{2},\ i \in E. \tag{5.117}$$

解： 状态转移图如图 5.3 所示 .

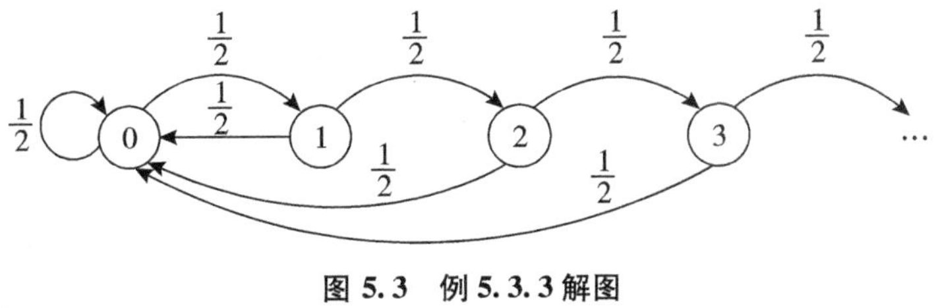

图 5.3　例 5.3.3 解图

由图可得状态转移矩阵

$$\boldsymbol{P}=\begin{pmatrix}\frac{1}{2}&\frac{1}{2}&0&0&0&\cdots\\\frac{1}{2}&0&\frac{1}{2}&0&0&\cdots\\\frac{1}{2}&0&0&\frac{1}{2}&0&\cdots\\\frac{1}{2}&0&0&0&\frac{1}{2}&\cdots\\\cdots&\cdots&\cdots&\cdots&\cdots&\cdots\end{pmatrix}. \tag{5.118}$$

对于状态 0,

$$f_{00}(1)=\frac{1}{2},\ f_{00}(2)=\frac{1}{2^2},\ \cdots,\ f_{00}(n)=\frac{1}{2^n}, \tag{5.119}$$

$$f_{00}=\sum_{n=1}^{\infty}f_{00}(n)=\sum_{n=1}^{\infty}\frac{1}{2^n}=1, \tag{5.120}$$

$$\mu_0=\sum_{n=1}^{\infty}nf_{00}(n)=\sum_{n=1}^{\infty}n\cdot\frac{1}{2^n}=\frac{\frac{1}{2}}{\left(1-\frac{1}{2}\right)^2}=2<+\infty, \tag{5.121}$$

$$p_{00}(1)=p_{00}=\frac{1}{2}>0, \tag{5.122}$$

故状态 0 为非周期、正常返、遍历状态. 又由于 $p_{i0}=\frac{1}{2}$, $i\in E\{0,1,2,\cdots\}$, 从而状态 $i(i=1,2,3,\cdots)$ 与状态 0 互通,故状态 $i=1,2,3,\cdots$ 与状态 0 有相同的状态性质,都是非周期、正常返、遍历状态,则该马氏链为不可约遍历的齐次马氏链,所有状态均为非周期、正常返、遍历状态.

例 5.3.4 设齐次马氏链 $\{X(n), n=0,1,2,\cdots\}$ 的状态空间为 $E=\{1,2,3,4,5,6\}$, 转移概率矩阵为

$$
\boldsymbol{P}=\begin{pmatrix}0 & 0 & 1 & 0 & 0 & 0\\0 & 0 & 0 & 0 & 0 & 1\\0 & 0 & 0 & 0 & 1 & 0\\\frac{1}{3} & \frac{1}{3} & 0 & \frac{1}{3} & 0 & 0\\1 & 0 & 0 & 0 & 0 & 0\\0 & \frac{1}{2} & 0 & 0 & 0 & \frac{1}{2}\end{pmatrix}. \tag{5.123}
$$

解： 状态转移图如图 5.4 所示 .

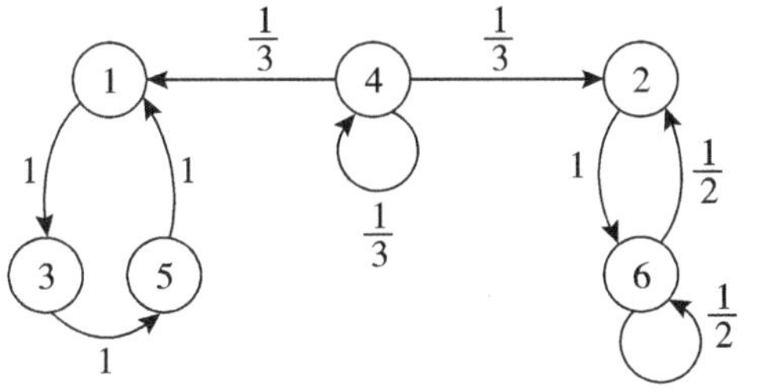

图 5.4　例 5.3.4 解图

对于状态 1，

$$
f_{11}(3)=1,\ f_{11}(n)=0(n\neq 3)\ , \tag{5.124}
$$

$$
f_{11}=\sum_{n=1}^{\infty}f_{11}(n)=1,\ \mu_1=\sum_{n=1}^{\infty}nf_{11}(n)=3<+\infty, \tag{5.125}
$$

故状态 1 为正常返状态，又 $f_{11}(3)>0$，$f_{11(n)}=0(n\neq 3)$，故状态 1 的周期 $d=3$；$1\leftrightarrow 3\leftrightarrow 5$，从而状态 3 和状态 5 与状态 1 有相同的状态性质，则可知 $C_1=\{1, 3, 5\}$ 为周期为 3 的正常返闭集 .

对于状态 2，

$$
f_{22}(1)=0,\ f_{22}(2)=\frac{1}{2},\ f_{22}(3)=\frac{1}{2^2},\ \cdots,\ f_{22}(n)=\frac{1}{2^{n-1}}(n\geqslant 2)\ , \tag{5.126}
$$

$$
f_{22}=\sum_{n=1}^{\infty}f_{22}(n)=\sum_{n=1}^{\infty}\frac{1}{2^{n-1}}=\frac{\frac{1}{2}}{1-\frac{1}{2}}=1, \tag{5.127}
$$

$$\mu_2 = \sum_{n=1}^{\infty} nf_{22}(n) = \sum_{n=1}^{\infty} n \cdot \frac{1}{2^{n-1}} = 4 < +\infty, \tag{5.128}$$

故状态 2 为正常返状态．又 $f_{66}(1) > 0$，故状态 6 为非周期状态；状态 6 和状态 2 有相同的状态性质，它们都是非周期、正常返、遍历状态，从而 $C_2 = \{2, 6\}$ 为非周期、正常返、遍历状态闭集．

分析状态 4，$f_{44}(1) = \frac{1}{3}$，$f_{44}(n) = 0 (n \geqslant 2)$，$f_{44} = \sum_{n=1}^{\infty} f_{44}(n) = \frac{1}{3} < 1$，故状态 4 为非常返状态；又 $f_{44}(1) = \frac{1}{3} > 0$，故状态 4 为非周期状态．$N = \{4\}$ 为非周期非常返集．

该齐次马氏链状态空间分解为

$$E = \{1, 2, 3, 4, 5, 6\} = N + C_1 + C_2, \tag{5.129}$$

其中 $N = \{4\}$ 为非常返集；$C_1 = \{1, 3, 5\}$ 为周期为 3 的正常返闭集；$C_2 = \{2, 6\}$ 为非周期、正常返、遍历的闭集．

5.4 连续时间马尔可夫链

前面我们讨论了时间和状态都离散的最简单的马尔可夫过程，本节我们将介绍另一类应用广泛的特殊类型的马尔可夫链，即时间连续、状态离散的马尔可夫过程．类似离散参数的马氏链，只要把离散的时间参数改为连续的时间参数，便可得到类似的结果．

5.4.1 转移概率函数

定义 5.4.1 设随机过程 $\{X(t), t \geqslant 0\}$，状态空间为 $E = \{0, 1, 2, \cdots\}$．若对 $0 < t_1 < t_2 < \cdots < t_n < t_{n+1}$ 及非负整数 $i_1, i_2, \cdots, i_n, i_{n+1}$，有

$$\begin{aligned} &P(X(t_{n+1}) = i_{n+1} \mid X(t_1) = i_1, X(t_2) = i_2, \cdots, X(t_n) = i_n) \\ &= P(X(t_{n+1}) = i_{n+1} \mid X(t_n) = i_n), \end{aligned} \tag{5.130}$$

即马尔可夫性成立，则称 $\{X(t), t \geqslant 0\}$ 为**连续参数马尔可夫链**．

由定义知，连续时间马尔可夫链是具有马尔可夫性的随机过程，即过程在已知

现在时刻 t_n 及一切过去时刻所处状态的条件下，将来时刻 t_{n+1} 的状态只依赖于现在的状态而与过去无关.

类似离散参数马氏链转移概率的定义，有如下几个：

定义 5.4.2　设 $\{X(t), t \geqslant 0\}$ 为连续参数马氏链，对任意的 $i, j \in E$，任意的非负实数 s, t，称条件概率

$$p_{ij}(s, t) = P(X(s+t) = j \mid X(s) = i), \tag{5.131}$$

为此马氏链的**转移概率函数**，显然

$$0 \leqslant p_{ij}(s, t) \leqslant 1, \quad \sum_{j \in E} p_{ij}(s, t) = 1. \tag{5.132}$$

我们称

$$P(s, t) = (p_{ij}(s, t)), \quad i, j \in E \tag{5.133}$$

为马氏链的**转移概率矩阵**.

这里，$p_{ij}(s, t)$ 的直观意义：系统（或质点）在时刻 s 处于状态 i 的情况下，经过时间 t 转到状态 j 的条件概率.

定义 5.4.3　如果连续参数马氏链 $\{X(t), t \geqslant 0\}$ 的转移概率 $p_{ij}(s, t)$ 与时间起点 s 无关，即

$$p_{ij}(s, t) = P(X(s+t) = j \mid X(s) = i) = p_{ij}(t), \tag{5.134}$$

则称 $\{X(t), t \geqslant 0\}$ 为**连续参数齐次马氏链**.

类似地，称

$$\boldsymbol{P}(t) = (p_{ij}(t)), \quad i, j \in E \tag{5.135}$$

为齐次马氏链的**转移概率矩阵**，且有

$$0 \leqslant p_{ij}(t) \leqslant 1, \quad \sum_{j \in E} p_{ij}(t) = 1. \tag{5.136}$$

一般地，我们要求齐次马氏链的转移概率函数满足如下的**连续性条件**（或**正则性条件**）：

$$\lim_{t \to 0^+} p_{ij}(t) = \delta_{ij} = \begin{cases} 1, & i = j, \\ 0, & i \neq j. \end{cases} \tag{5.137}$$

上述条件说明，过程刚进入某个状态时不可能立即又跳跃到另一状态，这正好

说明一个物理系统要在有限时间内发生无限多次跳跃，从而消耗无穷多的能量是不可能的 .

定义 5.4.4 设 $\{X(t), t \geqslant 0\}$ 为连续参数齐次马氏链，称 $p_j = P(X(0) = j)$，$j \in E$，为该马氏链的**初始分布**；称 $p_j(t) = P(X(t) = j)$，$j \in E$，为该马氏链的**绝对分布** .

定义 5.4.5 设 $\{X(t), t \geqslant 0\}$ 为连续参数齐次马氏链，如果转移概率极限存在

$$\lim_{t \to +\infty} p_{ij}(t) = \pi_j, \quad i, j \in E, \tag{5.138}$$

且与 i 无关，则称此连续参数齐次马氏链为**遍历的马氏链**，此时我们称该链具有**遍历性** .

若 $\pi_j > 0$，$\sum_{j \in E} \pi_j = 1$，则称 $\{\pi_j, j \in E\}$ 为齐次马氏链 $\{X(t), t \geqslant 0\}$ 的**极限分布** .

定义 5.4.6 如果 $\{v_j, j \in E\}$ 满足

$$\begin{cases} v_j \geqslant 0, \quad \sum_{j \in E} v_j = 1, \\ v_j = \sum_{i \in E} v_i p_{ij}(t), \end{cases} \tag{5.139}$$

则称 $\{v_j, j \in E\}$ 为连续参数齐次马氏链 $\{X(t), t \geqslant 0\}$ 的**平稳分布** .

例 5.4.1 证明：泊松过程 $\{X(t), t \geqslant 0\}$ 为连续时间齐次马尔可夫链 .

证明： 我们首先证明泊松过程具有马尔可夫性 . 由泊松过程的定义知 $\{X(t), t \geqslant 0\}$ 是独立增量过程，且 $X(0) = 0$，则对任意的 $0 < t_1 < t_2 < \cdots < t_n < t_{n+1}$，有

$$\begin{aligned} & P(X(t_{n+1}) = i_{n+1} \mid X(t_1) = i_1, \cdots, X(t_n) = i_n) \\ = & P(X(t_{n+1}) - X(t_n) = i_{n+1} - i_n \mid X(t_1) - X(0) = i_1, X(t_2) - X(t_1) = i_2 - i_1, \\ & \cdots, X(t_n) - X(t_{n-1}) = i_n - i_{n-1}) \\ = & P(X(t_{n+1}) - X(t_n) = i_{n+1} - i_n). \end{aligned} \tag{5.140}$$

又

$$\begin{aligned} & P(X(t_{n+1}) = i_{n+1} \mid X(t_n) = i_n) \\ = & P(X(t_{n+1}) - X(t_n) = i_{n+1} - i_n \mid X(t_n) - X(0) = i_n) \end{aligned}$$

$$= P(X(t_{n+1}) - X(t_n) = i_{n+1} - i_n). \tag{5.141}$$

则综上可得

$$P(X(t_{n+1}) = i_{n+1} \mid X(t_1) = i_1, \cdots, X(t_n) = i_n) = P(X(t_{n+1}) = i_{n+1} \mid X(t_n) = i_n), \tag{5.142}$$

即泊松过程是一个连续时间马尔可夫链.

下面证明齐次性. 当 $j \geqslant i$ 时, 由泊松过程的定义可得

$$\begin{aligned} P(X(s+t) = j \mid X(s) = i) &= P(X(s+t) - X(s) = j - i) \\ &= \mathrm{e}^{-\lambda t} \frac{(\lambda t)^{j-i}}{(j-i)!}. \end{aligned} \tag{5.143}$$

由于过程的增量只取非负整数值, 即当 $j < i$ 时, 有 $p_{ij}(s, t) = 0$, 则可得

$$p_{ij}(s, t) = p_{ij}(t) = \begin{cases} \mathrm{e}^{-\lambda t} \dfrac{(\lambda t)^{j-i}}{(j-i)!}, & j \geqslant i, \\ 0, & j < i, \end{cases} \tag{5.144}$$

即转移概率函数只与时间间隔 t 有关, 也就是说泊松过程具有齐次性.

5.4.2 转移概率函数的性质

$\{X(t), t \geqslant 0\}$ 为连续参数齐次马氏链, 状态空间 $E = \{0, 1, 2, \cdots\}$, 其转移概率函数

$$p_{ij}(t) = P(X(s+t) = j \mid X(s) = i) \tag{5.145}$$

满足如下性质:

性质1 对任意的 $i, j \in E$, 有 $0 \leqslant p_{ij} \leqslant 1$, $\sum_{j \in E} p_{ij}(t) = 1$.

连续性条件:

$$p_{ij}(+0) = \delta_{ij} = \begin{cases} 1, & i = j, \\ 0, & i \neq j. \end{cases} \tag{5.146}$$

性质2 转移概率函数 $p_{ij}(t)$ 满足 C-K 方程

$$p_{ij}(t+s) = \sum_{k \in E} p_{ik}(t) p_{kj}(s), \tag{5.147}$$

矩阵形式:

$$\boldsymbol{P}(t+s) = \boldsymbol{P}(t) \boldsymbol{P}(s). \tag{5.148}$$

证明：由全概率公式及马尔可夫性可得

$$
\begin{aligned}
p_{ij}(t+s) &= P(X(t+s)=j \mid X(0)=i) \\
&= \sum_{k\in E} P(X(t+s)=j,\ X(t)=k \mid X(0)=i) \\
&= \sum_{k\in E} P(X(t)=k \mid X(0)=i)\, P(X(t+s)=j \mid X(t)=k) \\
&= \sum_{k\in E} P(X(t)=k \mid X(0)=i)\, P(X(s)=j \mid X(0)=k) \\
&= \sum_{k\in E} p_{ik}(t)\, p_{kj}(s) .
\end{aligned} \tag{5.149}
$$

□

性质 3 绝对概率满足

$$
p_j(t) = \sum_{i\in E} p_i p_{ij}(t)\ ,\ j \in E. \tag{5.150}
$$

如果齐次马氏链 $\{X(t)\ ,\ t \geqslant 0\}$ 是遍历马氏链，则有

$$
\lim_{t\to+\infty} p_j(t) = \lim_{t\to+\infty} p_{ij}(t) = \pi_j,\ j \in E. \tag{5.151}
$$

性质 4 设齐次马氏链 $\{X(t)\ ,\ t \geqslant 0\}$ 的状态有限，即状态空间 $E=\{0,\ 1,\ \cdots,\ k\}$. 如果存在 $s>0$，使得对一切的 $i,\ j\in E$，都有 $p_{ij}(s)>0$，则齐次马氏链 $\{X(t)\ ,\ t \geqslant 0\}$ 为遍历的齐次马氏链，即

$$
\lim_{t\to+\infty} p_{ij}(t) = \pi_j,\ j \in E \tag{5.152}
$$

存在且与状态 i 无关，且极限分布 $\{\pi_j,\ j\in E\}$ 是唯一的平稳分布：

$$
\pi_j > 0,\ \sum_{j\in E}\pi_j = 1,\ \pi_j = \sum_{i\in E}\pi_i p_{ij}(t) . \tag{5.153}
$$

性质 5 对于固定的状态 $i,\ j\in E$，转移概率函数 $p_{ij}(t)$ 是关于 $t>0$ 的一致连续函数.

证明：设 $h>0$，则由性质 2 可得

$$
\begin{aligned}
p_{ij}(t+h) - p_{ij}(t) &= \sum_{k\in E} p_{ik}(h)\, p_{kj}(t) - p_{ij}(t) \\
&= p_{ii}(h)\, p_{ij}(t) - p_{ij}(t) + \sum_{k\neq i} p_{ik}(h)\, p_{kj}(t) \\
&= -[1 - p_{ii}(h)]\, p_{ij}(t) + \sum_{k\neq i} p_{ik}(h)\, p_{kj}(t)\ ,
\end{aligned} \tag{5.154}
$$

则有

$$
p_{ij}(t+h) - p_{ij}(t) \geqslant -[1 - p_{ii}(h)]\, p_{ij}(t) \geqslant -[1 - p_{ii}(h)]\ , \tag{5.155}
$$

$$p_{ij}(t+h)-p_{ij}(t) \leqslant \sum_{k \neq i} p_{ik}(h) p_{kj}(t) \leqslant \sum_{k \neq i} p_{ik}(h)=1-p_{ii}(h), \tag{5.156}$$

即可得

$$|p_{ij}(t+h)-p_{ij}(t)| \leqslant 1-p_{ii}(h). \tag{5.157}$$

对于任意的 $h<0$，同样可得

$$\begin{aligned} p_{ij}(t)-p_{ij}(t+h) &= \sum_{k \in E} p_{ik}(-h) p_{kj}(t+h)-p_{ij}(t+h) \\ &= p_{ii}(-h) p_{ij}(t+h)-p_{ij}(t+h)+\sum_{k \neq i} p_{ik}(-h) p_{kj}(t+h) \\ &= -[1-p_{ii}(-h)] p_{ij}(t+h)+\sum_{k \neq i} p_{ik}(-h) p_{kj}(t+h), \end{aligned} \tag{5.158}$$

则有

$$p_{ij}(t)-p_{ij}(t+h) \geqslant -[1-p_{ii}(-h)] p_{ij}(t+h) \geqslant -[1-p_{ii}(-h)], \tag{5.159}$$

$$p_{ij}(t)-p_{ij}(t+h) \leqslant \sum_{k \neq i} p_{ik}(-h) p_{kj}(t+h) \leqslant \sum_{k \neq i} p_{ik}(-h)=1-p_{ii}(-h), \tag{5.160}$$

即可得

$$|p_{ij}(t)-p_{ij}(t+h)| \leqslant 1-p_{ii}(-h). \tag{5.161}$$

综上可得

$$|p_{ij}(t+h)-p_{ij}(t)| \leqslant 1-p_{ii}(|h|). \tag{5.162}$$

由连续性条件可得

$$\lim_{h \to 0}|p_{ij}(t+h)-p_{ij}(t)|=0, \tag{5.163}$$

即 $p_{ij}(t)$ 关于 t 是一致连续函数. □

性质 6　满足连续性条件的连续参数齐次马氏链 $\{X(t), t \geqslant 0\}$，存在下列极限：

$$\lim_{t \to 0^+} \frac{1-p_{ii}(t)}{t}=q_{ii} \triangleq q_i ;\ \lim_{t \to 0^+} \frac{p_{ij}(t)}{t}=q_{ij},\ i \neq j, \tag{5.164}$$

其中，q_i 表示在时刻 t 时通过状态 i 的**通过速度**（或**通过强度**）；q_{ij} 表示时刻 t 时从状态 i 转移到状态 j 的**速度**（或**强度**）；q_i，q_{ij} 统称为**转移速度**.

性质 7　设齐次马氏链 $\{X(t), t \geqslant 0\}$，状态空间 $E=\{0, 1, 2, \cdots, n\}$ 有限，则其转移速度有

$$q_{ij} \geqslant 0,\ q_{ii} = \sum_{\substack{j \neq i \\ j \in E}} q_{ij}. \tag{5.165}$$

证明： 由性质 1 可知

$$\sum_{j \in E} p_{ij}(t) = 1,\ 即\ 1 - p_{ii}(t) = \sum_{\substack{j \neq i \\ j \in E}} p_{ij}(t). \tag{5.166}$$

由于状态空间有限，即在有限集中求和，则有

$$\lim_{t \to 0} \frac{1 - p_{ii}(t)}{t} = \lim_{t \to 0} \sum_{\substack{j \neq i \\ j \in E}} \frac{p_{ij}(t)}{t} = \sum_{\substack{j \neq i \\ j \in E}} q_{ij}, \tag{5.167}$$

即

$$q_{ii} = \sum_{\substack{j \neq i \\ j \in E}} q_{ij}. \tag{5.168}$$

□

对于状态空间无限的齐次马尔可夫过程，一般有

$$q_{ii} = \sum_{\substack{j \neq i \\ j \in E}} q_{ij}. \tag{5.169}$$

定义 5.4.7 设连续参数齐次马氏链 $\{X(t),\ t \geqslant 0\}$ 的状态空间为 $E = \{0,\ 1,\ \cdots,\ n\}$，则称如下 $n+1$ 阶方阵

$$\boldsymbol{Q} = \begin{pmatrix} -q_{00} & q_{01} & q_{02} & \cdots & q_{0n} \\ q_{10} & -q_{11} & q_{12} & \cdots & q_{1n} \\ q_{20} & q_{21} & -q_{22} & \cdots & q_{2n} \\ \vdots & \vdots & \vdots & & \vdots \\ q_{n0} & q_{n1} & q_{n2} & \cdots & -q_{nn} \end{pmatrix}_{(n+1)\times(n+1)} \tag{5.170}$$

为齐次马氏链 $\{X(t),\ t \geqslant 0\}$ 的**状态转移速度矩阵**，简称为 **$\boldsymbol{Q}$ 矩阵**.

由性质 7 可知，$\boldsymbol{Q}$ 矩阵的每一行元素之和为 0，对角线元素为负或者 0，其余当 $i \neq j$ 时，有 $q_{ij} \geqslant 0$.

由连续性条件和导数的定义，有

$$p'_{ij}(+0) = \begin{cases} -q_{ii}, & i = j, \\ q_{ij}, & i \neq j, \end{cases} \tag{5.171}$$

即

$$\boldsymbol{P}'(+0)=\boldsymbol{Q}. \tag{5.172}$$

利用 $\boldsymbol{Q}$ 矩阵可以推出任意时间间隔 t 的转移概率所满足的方程组，从而可以求解转移概率 .

由 C-K 方程可知

$$p_{ij}(t+h)=\sum_{k\in E}p_{ik}(h)\,p_{kj}(t)\ , \tag{5.173}$$

或等价地

$$p_{ij}(t+h)-p_{ij}(t)=\sum_{\substack{k\neq i\\ k\in E}}p_{ik}(h)\,p_{kj}(t)-[1-p_{ii}(h)]p_{ij}(t)\ , \tag{5.174}$$

两边同时除以 h 后，令 $h\to 0$ 取极限，由性质 6 可得

$$\lim_{h\to 0}\frac{p_{ij}(t+h)-p_{ij}(t)}{h}=\lim_{h\to 0}\sum_{\substack{k\neq i\\ k\in E}}\frac{p_{ik}(h)}{h}p_{kj}(t)-q_{ii}p_{ij}(t)\ . \tag{5.175}$$

若上式右侧可交换极限与求和，再运用性质 6 即可得到如下无穷小的结论 .

性质 8　设 $\{X(t)\ ,\ t\geqslant 0\}$ 为连续参数齐次马氏链，当 $q_j<+\infty$，$q_j<+\infty$，$\sum_{\substack{j\neq i\\ j\in E}}q_{ij}=q_i$ 时，转移概率函数满足**科尔莫戈罗夫后退微分方程**（或科尔莫戈罗夫向后方程）

$$\frac{\mathrm{d}p_{ij}(t)}{\mathrm{d}t}=-q_ip_{ij}(t)+\sum_{\substack{k\neq i\\ k\in E}}q_{ik}p_{kj}(t)\ , \tag{5.176}$$

即

$$\boldsymbol{P}'(t)=\boldsymbol{Q}\boldsymbol{P}(t)\ . \tag{5.177}$$

证明：我们只需要证明式（5.175）右侧极限与求和可交换次序 . 对任意固定的 N，有

$$\lim_{h\to 0}\inf\sum_{\substack{k\neq i\\ k\in E}}\frac{p_{ik}(h)}{h}p_{kj}(t)\geqslant\lim_{h\to 0}\inf\sum_{\substack{k\neq i\\ k<N}}\frac{p_{ik}(h)}{h}p_{kj}(t)=\sum_{\substack{k\neq i\\ k<N}}q_{ik}p_{kj}(t)\ , \tag{5.178}$$

又上式对一切 N 成立，则有

$$\lim_{h\to 0}\inf\sum_{\substack{k\neq i\\ k\in E}}\frac{p_{ik}(h)}{h}p_{kj}(t)\geqslant\sum_{\substack{k\neq i\\ k\in E}}q_{ik}p_{kj}(t)\ . \tag{5.179}$$

对于 $N>i$，由于 $p_{kj}(t)\leqslant 1$，则有

$$
\begin{aligned}
&\limsup_{h\to 0}\sum_{\substack{k\neq i\\ k\in E}}\frac{p_{ik}(h)}{h}p_{kj}(t)\\
\leqslant&\limsup_{h\to 0}\left[\sum_{\substack{k\neq i\\ k<N}}\frac{p_{ik}(h)}{h}p_{kj}(t)+\sum_{k\geqslant N}\frac{p_{ik}(h)}{h}\right]\\
\leqslant&\limsup_{h\to 0}\left[\sum_{\substack{k\neq i\\ k<N}}\frac{p_{ik}(h)}{h}p_{kj}(t)+\frac{1-p_{ii}(h)}{h}-\sum_{\substack{k\neq i\\ k<N}}\frac{p_{ik}(h)}{h}\right]\\
=&\sum_{\substack{k\neq i\\ k<N}}q_{ik}p_{kj}(t)+q_{ii}-\sum_{\substack{k\neq i\\ k<N}}q_{ik},
\end{aligned}
\tag{5.180}
$$

其中最后一步等式是由性质 6 所得．因上述不等式对一切 $N>i$ 均成立，则令 $N\to\infty$，且由 $\sum\limits_{k\neq i}q_{ik}=q_{ii}$ 可得

$$
\limsup_{h\to 0}\sum_{\substack{k\neq i\\ k\in E}}\frac{p_{ik}(h)}{h}p_{kj}(t)\leqslant\sum_{k\neq i}q_{ik}p_{kj}(t). \tag{5.181}
$$

结合式（5.179）可得

$$
\lim_{h\to 0}\sum_{\substack{k\neq i\\ k\in E}}\frac{p_{ik}(h)}{h}p_{kj}(t)=\sum_{k\neq i}q_{ik}p_{kj}(t). \tag{5.182}
$$

□

上述性质中 $p_{ij}(t)$ 满足的微分方程组称为向后方程，是因为在计算 $t+h$ 时刻的状态的概率分布时，我们对退后到时刻 h 的状态取条件，即从

$$
\begin{aligned}
p_{ij}(t+h)&=\sum_{k\in E}P(X(h)=k\mid X(0)=i)\cdot P(X(t+h)=j\mid X(0)=i,\ X(h)=k)\\
&=\sum_{k\in E}p_{ik}(h)\,p_{kj}(t)
\end{aligned}
\tag{5.183}
$$

开始计算．

对 t 时刻的状态取条件，可以得出另外一组方程，这组方程被称为**科尔莫戈罗夫前进微分方程**（或**科尔莫戈罗夫向前方程**），即

$$
p_{ij}(t+h)=\sum_{k\in E}p_{ik}(t)\,p_{kj}(h)\ , \tag{5.184}
$$

或

$$
\begin{aligned}
p_{ij}(t+h)-p_{ij}(t)&=\sum_{k\in E}p_{ik}(t)\,p_{kj}(h)-p_{ij}(t)\\
&=\sum_{k\neq j}p_{ik}(t)\,p_{kj}(h)-[1-p_{jj}(h)]\,p_{ij}(t)\ ,
\end{aligned}
\tag{5.185}
$$

则有

$$\lim_{h\to 0}\frac{p_{ij}(t+h)-p_{ij}(t)}{h}=\lim_{h\to 0}\left[\sum_{k\neq j}p_{ik}(t)\frac{p_{kj}(h)}{h}-\frac{1-p_{jj}(h)}{h}p_{ij}(t)\right]. \quad (5.186)$$

如果可以交换极限与求和次序，则由性质 6 可得

$$\frac{\mathrm{d}p_{ij}(t)}{\mathrm{d}t}=-p_{ij}(t)q_j+\sum_{\substack{k\neq j\\ k\in E}}p_{ik}(t)q_{kj}. \quad (5.187)$$

但上述极限与求和的次序并不是一定可交换的，因此上式并非总成立．然而在多数模型中上式是成立的，例如有限状态的模型及生灭过程，即有如下结论．

性质 9　设 $\{X(t),\ t\geqslant 0\}$ 为连续参数齐次马氏链，当 $q_j<+\infty$，$\lim\limits_{t\to 0^+}\frac{p_{ij}(t)}{t}=q_{ij}$ 对 i 一致成立，转移概率函数满足科尔莫戈罗夫前进微分方程：

$$\frac{\mathrm{d}p_{ij}(t)}{\mathrm{d}t}=-p_{ij}(t)q_j+\sum_{\substack{k\neq i\\ k\in E}}p_{ik}(t)q_{kj}, \quad (5.188)$$

即

$$\boldsymbol{P}'(\mathrm{t})=\boldsymbol{P}(\mathrm{t})\boldsymbol{Q}. \quad (5.189)$$

利用科尔莫戈罗夫后退方程和向前方程，及初始条件

$$\begin{cases}p_{ii}(0)=1,\\ p_{ij}(0)=0,\ i\neq j,\end{cases} \quad (5.190)$$

可以解出 $p_{ij}(t)$．科尔莫戈罗夫后退方程和向前方程虽然形式不同，但可以证明方程求得的解 $p_{ij}(t)$ 是相同的．在现实应用中，当固定最后的状态 j，研究 $p_{ij}(t)$，$i=0,1,\cdots$ 时，采用科尔莫戈罗夫后退方程较为方便；当固定状态 i，研究 $p_{ij}(t)$，$j=0,1,\cdots$ 时，采用科尔莫戈罗夫前进方程较为方便．

性质 10　绝对概率满足如下福克尔-普朗克（Fokker-Planck）方程：

$$p_j'(t)=-p_j(t)q_j+\sum_{\substack{k\neq j\\ k\in E}}p_k(t)q_{kj}. \quad (5.191)$$

证明：由性质 3 有

$$p_i(t)=\sum_{i\in E}p_ip_{ij}(t). \quad (5.192)$$

将科尔莫戈罗夫前进方程两边乘 p_i，并对 i 求和可得

$$\sum_{i\in E} p_i p'_{ij}(t) = \sum_{i\in E} [-p_i p_{ij}(t) q_j] + \sum_{i\in E} \sum_{k\neq j} p_i p_{ik}(t) q_{kj}, \tag{5.193}$$

即有

$$p'_j(t) = -p_j(t) q_j + \sum_{k\neq j} p_k(t) q_{kj}. \tag{5.194}$$

□

性质 11 设连续时间的齐次马氏链 $\{X(t), t \geq 0\}$ 是不可约的，则有如下性质：

(1) 若它是正常返的，则极限分布存在且等于平稳分布 $\{\pi_j, j \in E\}$，即

$$\lim_{t\to\infty} p_{ij}(t) = \pi_j, \ j \in E, \tag{5.195}$$

其中 π_j 是方程

$$\begin{cases} -\pi_j q_j + \sum\limits_{\substack{i\neq j\\ i\in E}} \pi_i q_{ij} = 0, \\ \sum\limits_{j\in E} \pi_j = 1 \end{cases} \tag{5.196}$$

的唯一非负解.

(2) 若它是零常返的或非常返的，则有

$$\lim_{t\to\infty} p_{ij}(t) = \lim_{t\to\infty} p_j(t) = 0, \ i, j \in E. \tag{5.197}$$

在实际应用中，有些问题可以用科尔莫戈罗夫方程直接求解，有些问题虽然不能直接求解，但可以用方程（5.196）求解. 下面看两个例子.

例 5.4.2 考虑两个状态的连续时间马氏链，在转移到状态 1 之前，马氏链在状态 0 停留的时间是参数为 λ 的指数变量，而在回到状态 0 之前它停留在状态 1 的时间是参数为 μ 的指数变量. 显然该马氏链是一个齐次马尔可夫过程，其状态转移概率为

$$\begin{cases} p_{01}(h) = \lambda h + o(h), \\ p_{10}(h) = \mu h + o(h). \end{cases} \tag{5.198}$$

由性质 6 可得

$$q_{00} = \lim_{h\to 0} \frac{1 - p_{00}(h)}{h} = \lim_{h\to 0} \frac{p_{01}(h)}{h} = \frac{\mathrm{d}}{\mathrm{d}h} p_{01}(h) \big|_{h=0} = \lambda = q_{01}, \tag{5.199}$$

$$q_{11}=\lim_{h\to 0}\frac{1-p_{11}(h)}{h}=\lim_{h\to 0}\frac{p_{10}(h)}{h}=\frac{\mathrm{d}}{\mathrm{d}h}p_{10}(h)\mid_{h=0}=\mu=q_{10}. \tag{5.200}$$

由科尔莫戈罗夫前进方程可得

$$p'_{00}(t)=\mu p_{01}(t)-\lambda p_{00}(t)=-(\lambda+\mu)p_{00}(t)+\mu, \tag{5.201}$$

其中第二个等式是因为 $p_{01}(t)=1-p_{00}(t)$．则有

$$\frac{\mathrm{d}}{\mathrm{d}t}[\mathrm{e}^{(\lambda+\mu)t}p_{00}(t)]=\mu\mathrm{e}^{(\lambda+\mu)t}, \tag{5.202}$$

即

$$\mathrm{e}^{(\lambda+\mu)t}[p'_{00}(t)+(\lambda+\mu)p_{00}(t)]=\mu\mathrm{e}^{(\lambda+\mu)t}, \tag{5.203}$$

于是有

$$\mathrm{e}^{(\lambda+\mu)t}p_{00}(t)=\frac{\mu}{\lambda+\mu}\mathrm{e}^{(\lambda+\mu)t}+C. \tag{5.204}$$

由 $p_{00}(0)=1$，有 $C=\dfrac{\lambda}{\lambda+\mu}$，则

$$p_{00}(t)=\frac{\mu}{\lambda+\mu}+\frac{\lambda}{\lambda+\mu}\mathrm{e}^{-(\lambda+\mu)t}, \tag{5.205}$$

若记 $\lambda_0=\dfrac{\lambda}{\lambda+\mu}$，$\mu_0=\dfrac{\mu}{\lambda+\mu}$，则有

$$p_{00}(t)=\mu_0+\lambda_0\mathrm{e}^{-(\lambda+\mu)t}. \tag{5.206}$$

用科尔莫戈罗夫前进方程类似可得

$$p'_{01}(t)=\lambda p_{00}(t)-\mu p_{01}(t), \tag{5.207}$$

其解为

$$p_{01}(t)=\lambda_0[1-e^{-(\lambda+\mu)t}]. \tag{5.208}$$

由对称性可得

$$p_{11}(t)=\lambda_0+\mu_0\mathrm{e}^{-(\lambda+\mu)t},\ p_{10}(t)=\mu_0[1-\mathrm{e}^{-(\lambda+\mu)t}]. \tag{5.209}$$

则转移概率的极限为

$$\lim_{t\to\infty}p_{00}(t)=\mu_0=\lim_{t\to\infty}p_{10}(t),\ \lim_{t\to\infty}p_{11}(t)=\lambda_0=\lim_{t\to\infty}p_{01}(t). \tag{5.210}$$

由此可知，当 $t\to\infty$时，$p_{ij}(t)$ 的极限存在，且与 i 无关．由性质 11 知，平稳分布为

$$\pi_0=\mu_0,\ \pi_1=\lambda_0. \tag{5.211}$$

若取初始分布为平稳分布，即

$$P(X(0)=0)=p_0=\mu_0,\ P(X(0)=1)=p_1=\lambda_0, \tag{5.212}$$

则过程在时刻的绝对概率分布为

$$p_0(t)=p_0p_{00}(t)+p_1p_{10}(t)=\mu_0[\lambda_0\mathrm{e}^{-(\lambda+\mu)t}+\mu_0]+\lambda_0\mu_0[1-\mathrm{e}^{-(\lambda+\mu)t}]=\mu_0, \tag{5.213}$$

$$p_1(t)=p_0p_{01}(t)+\lambda_0p_{11}(t)=\mu_0\lambda_0[1-\mathrm{e}^{-(\lambda+\mu)t}]+\lambda_0[\lambda_0+\mu_0\mathrm{e}^{-(\lambda+\mu)t}]=\lambda_0. \tag{5.214}$$

例 5.4.3 在机器维修问题中，考虑两个状态的连续时间马氏链，状态 0 表示机器正常工作，状态 1 表示机器出故障．在转移到状态 1 之前，马氏链在状态 0 停留的时间是参数为 λ 的指数变量，而在回到状态 0 之前它停留在状态 1 的时间是参数为 μ 的指数变量，即在时间 h 内，机器从正常工作变为出故障的概率为 $p_{01}(h)=\lambda h+o(h)$；在时间 h 内，机器从有故障变为经修复后正常工作的概率为 $p_{10}(h)=\mu h+o(h)$．试求在 $t=0$ 时正常工作的机器，在 $t=5$ 时仍为正常工作的概率．

解： 由例 5.4.2 可知该过程的 $\boldsymbol{Q}$ 矩阵为

$$\boldsymbol{Q}=\begin{pmatrix}-\lambda & \lambda \\ \mu & -\mu\end{pmatrix}. \tag{5.215}$$

则由题意可知，要求机器最后是正常工作状态，则只需计算 $p_{00}(t)$ 即可．

由例 5.4.2 可知

$$p_{00}(t)=\lambda_0\mathrm{e}^{-(\lambda+\mu)t}+\mu_0, \tag{5.216}$$

其中 $\lambda_0=\dfrac{\lambda}{\lambda+\mu}$，$\mu_0=\dfrac{\mu}{\lambda+\mu}$，则可得

$$p_{00}(5)=\mu_0+\lambda_0\mathrm{e}^{-5(\lambda+\mu)}. \tag{5.217}$$

又因 $P(X(0)=0)=p_0=1$，则

$$P(X(5)=0)=p_0(5)=p_0p_{00}(5)=\mu_0+\lambda_0\mathrm{e}^{-5(\lambda+\mu)}. \tag{5.218}$$

5.5 生灭过程

本节介绍广泛应用于计算机通信网络、系统的更换维修、生态学等问题中的一类重要的时间连续马氏链，即生灭过程．它的特点是在很短的时间内，从状态 i 只能转移到状态 $i-1$ 或 $i+1$ 或保持不变．

定义 5.5.1　设状态离散、参数连续的齐次马氏链 $\{X(t), t \geqslant 0\}$ 的状态空间为 $E=\{0, 1, 2, \cdots\}$，转移概率矩阵为 $p_{ij}(t), t \geqslant 0, i, j \in E$，若满足：

(1) $p_{i, i+1}(h)=\lambda_i h+o(h), \lambda_i>0$;

(2) $p_{i, i-1}(h)=\mu_i h+o(h), \mu_i>0, \mu_0=0$;

(3) $p_{ii}(h)=1-(\lambda_i+\mu_i) h+o(h)$;

(4) $p_{ij}(h)=o(h), |i-j| \geqslant 2$.

则称该马氏链 $\{X(t), t \geqslant 0\}$ 为**生灭过程**，λ_i 为出生率，μ_i 为死亡率．若 $\lambda_i=i\lambda$，$\mu_i=i\mu$（λ，μ 是正常数），则称 $\{X(t), t \geqslant 0\}$ 为**线性生灭过程**．

特别地，若 $\mu_i \equiv 0$，则称 $\{X(t), t \geqslant 0\}$ 为**纯生过程**；若 $\lambda_i \equiv 0$，则称 $\{X(t), t \geqslant 0\}$ 为**纯灭过程**．

由定义可知，生灭过程的所有状态都是互通的，对生灭过程可给出概率解释，即若将 $\{X(t), t \geqslant 0\}$ 表示为一个生物群体在 t 时刻的大小，则在很短的时间 h 内，忽略高阶无穷小，群体的变化有如下三种可能：

(1) 状态由 i 变成状态 $i+1$，即增加一个个体，其概率为 $\lambda_i h$;

(2) 状态由 i 变成状态 $i-1$，即减少一个个体，其概率为 $\mu_i h$;

(3) 状态由 i 变成状态 i，即群体大小不增不减，其概率为 $1-(\lambda_i+\mu_i) h$.

状态增加或者减少 2 个或 2 个以上的概率为 0.

由此可见，在极短时间内，只能状态无变化，或者在相邻两个状态内变化，即“生”一个或者“死”一个，故称为生灭过程．

下面考虑生灭过程的转移概率．

(1) 转移概率 $p_{ij}(t), t \geqslant 0, i, j \in E$ 的可微性：因

$$q_{ii}=\lim_{h \rightarrow 0^+} \frac{p_{ii}(h)-1}{h}=-(\lambda_i+\mu_i), \tag{5.219}$$

$$q_{ij}=\lim_{h \rightarrow 0^+} \frac{p_{ij}(h)}{h}=\begin{cases}\lambda_i, & j=i+1, i \geqslant 0, \\ \mu_i, & j=i-1, i \geqslant 1, \\ 0, & |i-j| \geqslant 2,\end{cases} \tag{5.220}$$

所以转移密度矩阵为

$$
\boldsymbol{Q}=\begin{pmatrix}
-\lambda_0 & \lambda_0 & 0 & 0 & \cdots \\
\mu_1 & -(\lambda_1+\mu_1) & \lambda_1 & 0 & \cdots \\
0 & \mu_2 & -(\lambda_2+\mu_2) & \lambda_2 & \cdots \\
0 & 0 & \mu_3 & -(\lambda_3+\mu_3) & \cdots \\
\vdots & \vdots & \vdots & \vdots & \vdots
\end{pmatrix}. \tag{5.221}
$$

(2) 科尔莫戈罗夫方程：由转移概率的可微性，可得科尔莫戈罗夫前进方程为

$$
\begin{aligned}
p'_{ij}(t) &= p_{ij}(t)\, q_{jj} + \sum_{k\neq j} p_{ik}(t)\, q_{kj} \\
&= \lambda_{j-1} p_{i,\,j-1}(t) - (\lambda_j+\mu_j)\, p_{ij}(t) + \mu_{j+1} p_{i,\,j+1}(t),\quad i,\ j\in E;
\end{aligned} \tag{5.222}
$$

科尔莫戈罗夫后退方程为

$$
\begin{aligned}
p'_{ij}(t) &= q_{ii} p_{ij}(t) + \sum_{k\neq i} q_{ik} p_{kj}(t) \\
&= \mu_i p_{i-1,\,j}(t) - (\lambda_i+\mu_i)\, p_{ij}(t) + \lambda_i p_{i+1,\,j}(t),\quad i,\ j\in E.
\end{aligned} \tag{5.223}
$$

一般情况下，求解科尔莫戈罗夫前进方程、后退方程比较困难，因此讨论其平稳分布 .

(3) 如果平稳分布存在，求此平稳分布 $\{\pi_i,\ i\in E\}$.

由 5.4 节的性质 11 有

$$
\begin{cases}
\lambda_0\pi_0 = \mu_1\pi_1, \\
(\lambda_i+\mu_i)\,\pi_i = \lambda_{i-1}\pi_{i-1} + \mu_{i+1}\pi_{i+1},\ i\geqslant 1.
\end{cases} \tag{5.224}
$$

则通过递推可得

$$
\pi_1 = \frac{\lambda_0}{\mu_1}\pi_0,\quad \pi_2 = \frac{\lambda_1}{\mu_2}\pi_1 = \frac{\lambda_0\lambda_1}{\mu_1\mu_2}\pi_0,\ \cdots \tag{5.225}
$$

$$
\pi_k = \frac{\lambda_{k-1}}{\mu_k}\pi_{k-1} = \frac{\lambda_0\lambda_1\cdots\lambda_{k-1}}{\mu_1\mu_2\cdots\mu_k}\pi_0,\ \cdots \tag{5.226}
$$

又由于 $\sum_{i\in E}\pi_i = 1$，则可得平稳分布

$$
\begin{cases}
\pi_0 = \left(1+\sum_{j=1}^{\infty}\dfrac{\lambda_0\lambda_1\cdots\lambda_{j-1}}{\mu_1\mu_2\cdots\mu_j}\right)^{-1}, \\
\pi_i = \dfrac{\lambda_0\lambda_1\cdots\lambda_{i-1}}{\mu_1\mu_2\cdots\mu_i}\left(1+\sum_{j=1}^{\infty}\dfrac{\lambda_0\lambda_1\cdots\lambda_{j-1}}{\mu_1\mu_2\cdots\mu_j}\right)^{-1},\ i\geqslant 1.
\end{cases} \tag{5.227}
$$

由上式可知，生灭过程存在平稳分布只要求 π_0 存在，即

$$\sum_{k=1}^{\infty}\frac{\lambda_0\lambda_1\cdots\lambda_{k-1}}{\mu_1\mu_2\cdots\mu_k}<\infty, \tag{5.228}$$

否则生灭过程不存在平稳分布 .

例 5.5.1 泊松过程 $\{N(t), t\geqslant 0\}$ 是出生率为 λ 的纯生过程 . 状态空间 $E=\{0, 1, 2, \cdots\}$，状态转移速度如图 5.5 所示 .

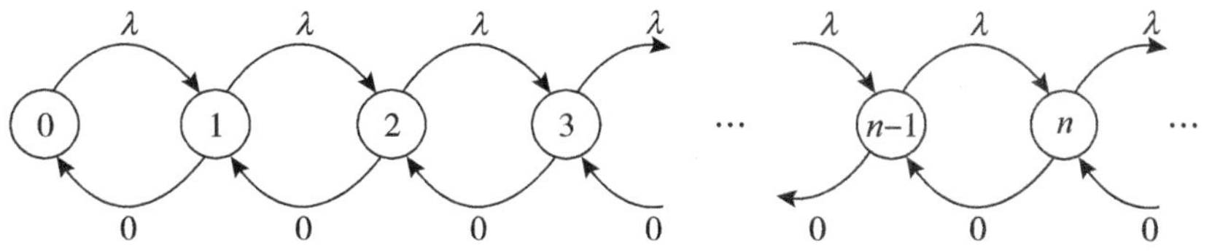

图 5.5 例 5.5.1 题图

状态转移速度矩阵为

$$\boldsymbol{Q}=\begin{pmatrix}-\lambda & \lambda & 0 & 0 & \cdots\\ 0 & -\lambda & \lambda & 0 & \cdots\\ 0 & 0 & -\lambda & \lambda & \cdots\\ \vdots & \vdots & \vdots & \vdots & \vdots\end{pmatrix}. \tag{5.229}$$

科尔莫戈罗夫前进方程为

$$\boldsymbol{P}'(t)=\boldsymbol{P}(t)\boldsymbol{Q},\ \boldsymbol{P}(+0)=\boldsymbol{I}, \tag{5.230}$$

即

$$\begin{cases}p'_{ij}(t)=-\lambda p_{ij}(t)+\lambda p_{i,j-1},\ j=1, 2, \cdots\\ p'_{i0}(t)=-\lambda p_{i0}(t),\\ p_{ij}(0)=\delta_{ij}.\end{cases} \tag{5.231}$$

可得转移概率

$$p_{ij}(t)=\begin{cases}\dfrac{(\lambda t)^{j-i}}{(j-i)!}\mathrm{e}^{-\lambda t}, & j=i, i+1, \cdots,\\ 0, & \text{其他}.\end{cases} \tag{5.232}$$

其实，例题中泊松过程 $\{N(t), t\geqslant 0\}$ 的转移概率，可以直接由其定义求得：

$$\begin{aligned}
p_{ij}(t) &= P(N(s+t)=j \mid N(s)=i) \\
&= P(N(s+t)-N(s)=j-i \mid N(s)=i) \\
&= P(N(s+t)-N(s)=j-i) \\
&= P(N(t)=j-i) \\
&= \begin{cases} \dfrac{(\lambda t)^{j-i}}{(j-i)\,!}, & j \geqslant i, \\ 0, & j < i. \end{cases}
\end{aligned} \tag{5.233}$$

例 5.5.2（传染模型） 考虑一群体有 m 个个体，在时刻 0 由 1 个已感染的个体与 $m-1$ 个未受到感染但可能被感染的个体组成．假设个体一旦受到感染将永远地处于此状态．在任意长为 h 的时间区间内，假设任意一个已感染的人以概率 $ah+o(h)$ 感染任一指定的未感染者．记 $X(t)$ 为 t 时刻群体中已感染的个体数，则过程 $\{N(t), t \geqslant 0\}$ 是一纯生过程．因若有 n 个已受感染的个体，则有 $m-n$ 个未受感染者，且其每个均以 na 的速率变成已感染者，即

$$\lambda_n = \begin{cases} (m-n)na, & n=1, 2, \cdots, m-1, \\ 0, & \text{其他}. \end{cases} \tag{5.234}$$

记 T 为直至整个群体被感染的时间，从 i 个已感染者到 $i+1$ 个已感染者的时间为 T_i，则有

$$T = \sum_{i=1}^{m-1} T_i. \tag{5.235}$$

又 T_i 是相互独立的指数随机变量，其参数分别为 $\lambda_i=(m-i)ia$，$i=1, 2, \cdots, m-1$，则可得

$$E[T] = \sum_{i=1}^{m-1} E[T_i] = \frac{1}{a}\sum_{i=1}^{m-1}\frac{1}{i(m-i)}, \tag{5.236}$$

$$D(T) = \sum_{i=1}^{m-1} D(T_i) = \frac{1}{a^2}\sum_{i=1}^{m-1}\frac{1}{i^2(m-i)^2}. \tag{5.237}$$

当群体规模合理时有

$$E[T] = \frac{1}{ma}\sum_{i=1}^{m-1}\left(\frac{1}{m-i}+\frac{1}{i}\right) \approx \frac{1}{ma}\int_1^{m-1}\left(\frac{1}{m-t}+\frac{1}{t}\right)\mathrm{d}t = \frac{2ln(m-1)}{ma}. \tag{5.238}$$

例 5.5.3（机器维修）　设有两台机器工作，每台机器正常工作的时间服从参数为 λ 的指数分布．机器之间是否出故障是独立的．若机器出故障，由两个维修人员独立维修．修理的时间服从参数为 μ 的指数分布．假设两台机器在 $t=0$ 时刻工作正常．令 $X(t)$ 表示 t 时刻出故障的机器个数，过程 $\{X(t), t \geqslant 0\}$ 是生灭过程，且其状态空间为 $E=\{0, 1, 2\}$．

（1）状态转移速度如图 5.6 所示．

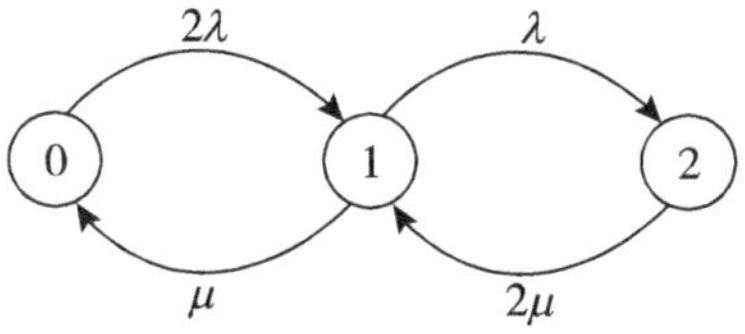

图 5.6　例 5.5.3 题图

（2）状态转移速度矩阵为

$$Q=\begin{pmatrix} -2\lambda & 2\lambda & 0 \\ \mu & -(\lambda+\mu) & \lambda \\ 0 & 2\mu & -2\mu \end{pmatrix}. \tag{5.239}$$

（3）由

$$(\pi_0, \pi_1, \pi_2)Q=(0, 0, 0), \quad \pi_0+\pi_1+\pi_2=1, \tag{5.240}$$

即

$$\begin{cases} -2\lambda\pi_0+\mu\pi_1=0, \\ 2\lambda\pi_0-(\lambda+\mu)\pi_1+2\mu\pi_2=0, \\ \lambda\pi_1-2\mu\pi_2=0, \\ \pi_0+\pi_1+\pi_2=1, \end{cases} \tag{5.241}$$

可解得

$$\pi_0=\frac{\mu^2}{(\lambda+\mu)^2}, \quad \pi_1=\frac{2\lambda\mu}{(\lambda+\mu)^2}, \quad \pi_2=\frac{\lambda^2}{(\lambda+\mu)^2}, \tag{5.242}$$

即平稳分布为

$$(\pi_0, \pi_1, \pi_2)=\left(\frac{\mu^2}{(\lambda+\mu)^2}, \frac{2\lambda\mu}{(\lambda+\mu)^2}, \frac{\lambda^2}{(\lambda+\mu)^2}\right). \tag{5.243}$$

例 5.5.4（电话问题） 电话交换台有 3 条线路，顾客的呼叫次数服从参数为 λ 的泊松分布；通话时长服从参数为 μ 的指数分布，且呼叫与接通电话相互独立；顾客不等待服务．令 $X(t)$ 表示 t 时刻的通话线路数，则 $\{X(t), t \geq 0\}$ 是生灭过程，且状态空间为 $E = \{0, 1, 2, 3\}$．

（1）状态转移速度如图 5.7 所示．

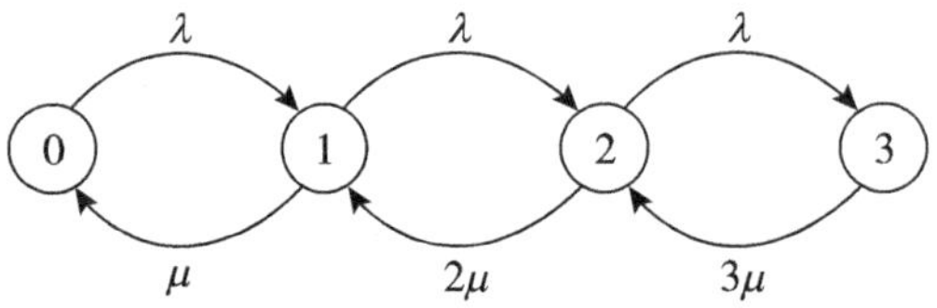

图 5.7 例 5.5.4 题图

（2）状态转移速度矩阵为

$$\boldsymbol{Q} = \begin{pmatrix} -\lambda & \lambda & 0 & 0 \\ \mu & -(\lambda+\mu) & \lambda & 0 \\ 0 & 2\mu & -(\lambda+2\mu) & \lambda \\ 0 & 0 & 3\mu & -3\mu \end{pmatrix}. \tag{5.244}$$

（3）由

$$(\pi_0, \pi_1, \pi_2)\boldsymbol{Q} = (0, 0, 0), \quad \pi_0 + \pi_1 + \pi_2 = 1, \tag{5.245}$$

即

$$\begin{cases} -\lambda\pi_0 + \mu\pi_1 = 0, \\ \lambda\pi_0 - (\lambda+\mu)\pi_1 + 2\mu\pi_2 = 0, \\ \lambda\pi_1 - (\lambda+2\mu)\pi_2 + 3\mu\pi_3 = 0, \\ \lambda\pi_2 - 3\mu\pi_3 = 0, \\ \pi_0 + \pi_1 + \pi_2 = 1, \end{cases} \tag{5.246}$$

可解得

$$\pi_1 = \frac{\lambda}{\mu}\pi_0, \quad \pi_2 = \frac{1}{2}\left(\frac{\lambda}{\mu}\right)^2\pi_0, \quad \pi_3 = \frac{1}{3!}\left(\frac{\lambda}{\mu}\right)^3\pi_0, \tag{5.247}$$

即平稳分布 $(\pi_0, \pi_1, \pi_2, \pi_3)$ 为

$$\begin{cases} \pi_0 = \left[\sum_{j=0}^{3} \frac{1}{j!} \left(\frac{\lambda}{\mu} \right)^j \right]^{-1}, \\ \pi_k = \dfrac{\frac{1}{k!} \left(\frac{\lambda}{\mu} \right)^k}{\sum_{j=0}^{3} \frac{1}{j!} \left(\frac{\lambda}{\mu} \right)^j}, \quad k = 1, 2, 3. \end{cases} \tag{5.248}$$

5.6　生灭过程在排队论中的应用

5.6.1　排队与服务问题

1. 排队问题与服务系统分类

日常生活和生产活动中，存在着许多随机服务系统，排队论是研究大量服务过程的数学理论，它包括三个不同的历程：到达过程、排队过程、服务过程．排队内容虽不尽相同，但排队过程均具有如下特征：

（1）有要求服务的人或物．如需要购票的旅客、请求进站的汽车等，通常称他们为“顾客”．

（2）有为顾客提供服务的人或物．如售票员、车站调度员等，通常称他们为“服务员”．

（3）顾客在某随机时刻，一个（批）一个（批）地进入服务系统．每位顾客接受服务的时间不一定确定，服务过程的随机性导致某个阶段的顾客排起长队，而在另外某个时刻服务员却有可能是闲着的．

服务系统一般分为以下三类：

（1）**消失制系统**：当顾客到达服务系统时，所有服务设施都被占用（服务员不闲着），该顾客立即离去，不再进入排队等待行列．例如，打电话遇到占线，顾客便挂掉不再打．此系统的特点是没有顾客排队（也可理解为顾客在系统内的排队时间为零）．

（2）**等待制系统**：当顾客到达服务系统时，所有服务设施都被占用，顾客只好排队等待直到接受服务．例如，排队等待买票．此系统的特点是顾客排队时长无限制．

(3) **混合制系统**：当顾客到达服务系统时，所有服务设施都被占用，如果排队位置未满，顾客就排队等待，否则立即离去．例如，旅客旅馆投宿，如果客满只能离开．此系统的特点是服务系统的容量有限．

在等待制和混合制系统中，常用的服务原则如下：

(1) 先到先服务：顾客按照到达服务系统的先后次序接受服务；

(2) 随机服务：所有到达服务系统的顾客都有相同的概率接受服务；

(3) 优先服务：顾客都有不同的优先权规定的服务规则．

2. 排队模型

排队模型一般由四个符号给出，即 $G_1|G_2|n|m$（或 $G_1/G_2/n/m$），第一个符号表示顾客到达流服从 G_1 分布，第二个符号表示服务时间服从 G_2 分布，第三个符号表示提供服务的服务员的数量，最后一个符号表示系统内顾客的容量或顾客排队容许的长度，则 $0 \leqslant m \leqslant \infty$. 当 $m=0$ 时，服务系统为消失制系统；当 m 是有限整数时，服务系统为混合制系统；当 $m=\infty$时，服务系统为等待制系统，此时 ∞可省略不写．

对排队问题，我们主要关心如下问题：

(1) 服务系统的绝对通过能力 A，即单位时间内接受服务的顾客平均数；

(2) 服务系统的相对通过能力 Q，即接受服务的顾客数与请求服务的顾客数之比；

(3) 服务系统的消失概率 $P_{消}$，即服务系统满员的概率或服务设备都被占用、排队位置满座的概率；

(4) 服务系统内顾客的平均数 L_s；

(5) 服务系统内排队等候的顾客平均数 L_q；

(6) 服务系统内顾客所花费时间的平均值 W_s；

(7) 服务系统内顾客排队等候时间的平均值 W_q.

3. 李特尔（Little）公式

当服务系统达到平稳状态后，我们讨论服务系统内顾客所花费时间的平均值 W_s 和服务系统内顾客的平均数 L_s 之间的关系，即李特尔公式．

记随机过程 $\{X(t), t \geqslant 0\}$，$\{Y(t), t \geqslant 0\}$ 分别为服务系统的到达顾客流和离去顾客流，且 λ 和 λ_e 分别为到达强度和进入强度，则随机变量 $X(t)$ 表示直到 t 时刻进入的顾客数，随机变量 $Y(t)$ 表示直到 t 时刻离去的顾客数．由于顾客到来、离去均是整数值，则服务系统的状态变化是跳跃式的，如图 5.8 所示．任意时刻 t 样本曲线的差 $z(t) \triangleq x(t) - y(t)$ 是系统内的顾客数，特别地，当 $z(t) = 0$，即两个样本曲线重合时，表示服务系统内没有顾客．

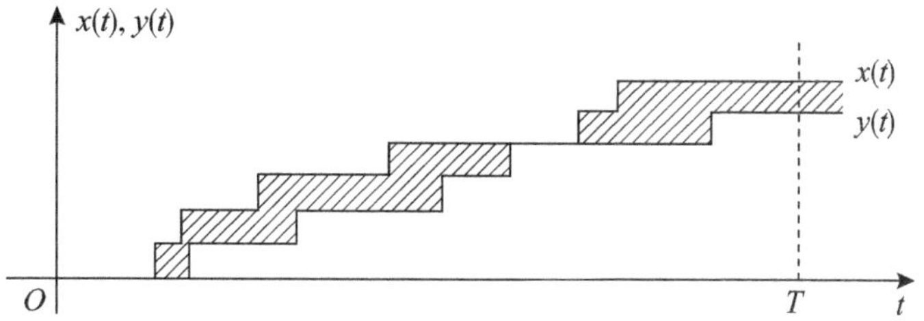

图 5.8　服务系统的状态变化

取时间 T 足够长，计算服务系统内在时间 T 内的顾客平均数

$$L_s = \frac{1}{T}\int_0^t z(t)\,\mathrm{d}t, \tag{5.249}$$

则积分值表示图 5.8 中阴影部分的面积，图中阴影部分由多个长方形组成，每个长方形的高等于 1，底边等于第一，第二，⋯ 个顾客在服务系统内停留的时间，记为 t_1，t_2，⋯，则当 T 足够大时有

$$\int_0^t z(t)\,\mathrm{d}t = \sum_i t_i, \tag{5.250}$$

即可得

$$L_s = \frac{1}{T}\int_0^t z(t)\,\mathrm{d}t = \frac{1}{T}\sum_i t_i = \lambda_e\left(\frac{1}{\lambda_e T}\sum_i t_i\right) = \lambda_e W_s, \tag{5.251}$$

由此我们可得**李特尔公式**：$W_s = \frac{L_s}{\lambda_e}$.

类似地，服务系统内顾客排队等候时间的平均值 W_q 和服务系统内排队等候的顾客平均数 L_q 之间的关系满足如下的**李特尔公式**：$W_q = \frac{L_q}{\lambda_e}$.

5.6.2 消失制排队系统

1. $M|M|1|0$ 系统

服务系统内顾客按照强度为 λ 的泊松过程到达，时间间距服从参数为 λ 的指数分布；服务时间 T 服从参数为 μ 的指数分布；系统内只有 1 个服务员；服务规则是当顾客到达时，如果服务员不闲着，顾客立即离开系统 .

设 $X(t)$ 表示 t 时刻服务系统内的顾客数，状态空间 $E=\{0,1\}$，则 $\{X(t),t\geqslant 0\}$ 是一个生灭过程 .

(1) 状态转移速度如图 5.9 所示 .

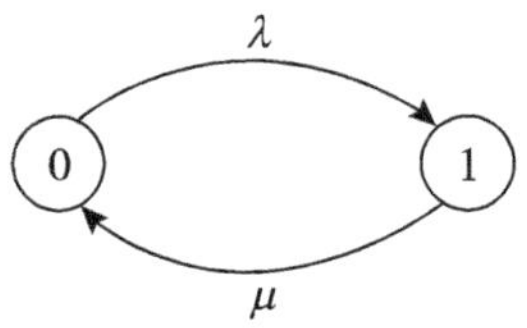

图 5.9 $M|M|1|0$ 状态转移图示

(2) 状态转移速度矩阵为

$$Q=\begin{pmatrix}-\lambda & \lambda\\ \mu & -\mu\end{pmatrix}. \tag{5.252}$$

(3) 由 $(\pi_0,\pi_1)Q=(0,0)$，$\pi_0+\pi_1=1$ 可得平稳分布为

$$(\pi_0,\pi_1)=\left(\frac{\mu}{\mu+\lambda},\frac{\lambda}{\mu+\lambda}\right). \tag{5.253}$$

由此可得服务台空闲的概率为 $P_{空}=\pi_0=\dfrac{\mu}{\mu+\lambda}$；由于是消失制系统，系统消失概率即服务台被占用的概率，即 $P_{消}=\pi_1=\dfrac{\lambda}{\mu+\lambda}$.

例 5.6.1 一条电话线，顾客的呼叫次数服从泊松分布，且平均每分钟 0.8 次，即 $\lambda=0.8$. 通话时长服从参数为 μ 的指数分布，每次通话时长平均为 $\dfrac{1}{\mu}=1.5$ (min). 令 $X(t)$ 表示 t 时刻通话占用的线路数，则 $\{X(t),t\geqslant 0\}$ 是生灭过程 .

(1) 求此生灭过程的平稳分布 .

（2）该条电话线每小时能接通多少次电话？

（3）每小时有多少次电话因接不通而挂断？

解： 此系统为 $M|M|1|0$ 消失制系统，且由题意可知 $\lambda=\frac{4}{5}$，$\mu=\frac{2}{3}$.

（1）平稳分布为

$$\begin{cases}\pi_0=\dfrac{\mu}{\lambda+\mu}=\dfrac{5}{11},\\ \pi_1=\dfrac{\lambda}{\lambda+\mu}=\dfrac{6}{11}.\end{cases}\tag{5.254}$$

（2）服务系统处于无顾客的状态的概率为 π_0，即可以接通电话的概率为 $\pi_0=\frac{5}{11}$，又平均每分钟呼叫电话 0.8 次，故每分钟可以接通电话的概率为

$$0.8\times\pi_0=\frac{4}{11},\tag{5.255}$$

则每小时能接通电话的次数为 $60\times\frac{4}{11}=\frac{240}{11}\approx 22$.

（3）电话占线的概率为 $P_{消}=\pi_1=\frac{6}{11}$，则每分钟不能接通电话的次数为 $0.8\times\frac{6}{11}=\frac{24}{55}$，即可得每小时不能接通电话的次数为 $60\times\frac{24}{55}=\frac{288}{11}\approx 26$.

2. $M|M|n|0$ 系统

服务系统内顾客按照强度为 λ 的泊松过程到达；服务时间 T 服从参数为 μ 的指数分布；系统有 n 个服务员；服务规则是当顾客到达时，如果服务员都不闲着，顾客立即离开系统.

设 $X(t)$ 表示 t 时刻服务系统内的顾客数，状态空间 $E=\{0,1,2,\cdots,n\}$，则 $\{X(t),t\geqslant 0\}$ 是一个生灭过程.

（1）状态转移速度如图 5.10 所示.

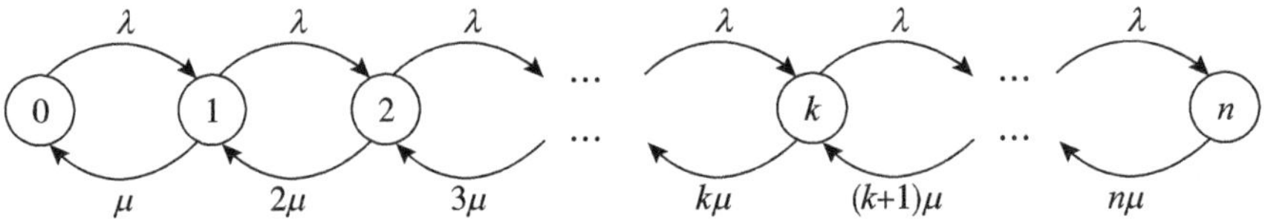

图 5.10　$M|M|n|0$ 系统的状态转移图示

（2）状态转移速度矩阵为

$$Q=\begin{pmatrix} -\lambda & \lambda & 0 & 0 & \cdots & 0 & 0 \\ \mu & -(\lambda+\mu) & \lambda & 0 & \cdots & 0 & 0 \\ 0 & 2\mu & -(\lambda+2\mu) & \lambda & \cdots & 0 & \\ \vdots & \vdots & \vdots & \vdots & & \vdots & \vdots \\ 0 & 0 & 0 & 0 & \cdots & n\mu & -n\mu \end{pmatrix}. \tag{5.256}$$

（3）由 $(\pi_0, \pi_1, \cdots, \pi_n)Q=(0, 0, \cdots, 0)$，$\sum\limits_{k=0}^{n}\pi_k=1$ 可得平稳分布

$$\begin{cases} \pi_0=\left[\sum\limits_{k=0}^{n}\dfrac{1}{k!}\left(\dfrac{\lambda}{\mu}\right)^k\right]^{-1}, \\ \pi_k=\dfrac{1}{k!}\left(\dfrac{\lambda}{\mu}\right)^k\pi_0,\ k=1, 2, \cdots, n. \end{cases} \tag{5.257}$$

由此可得服务台空闲的概率为 $P_{空}=\pi_0=\left[\sum\limits_{k=0}^{n}\dfrac{1}{k!}\left(\dfrac{\lambda}{\mu}\right)^k\right]^{-1}$；由于是消失制系统，系统消失概率即服务台被占用的概率，即 $P_{消}=\pi_n=\dfrac{1}{n!}\left(\dfrac{\lambda}{\mu}\right)\pi_0$.

例 5.6.2　某电话总机有 3 条中继线，顾客的呼叫次数服从泊松分布，且平均每分钟 1.5 次，即 $\lambda=1.5$. 通话时长服从参数为 μ 的指数分布，每次通话时长平均为 $\dfrac{1}{\mu}=2$（min）. 通话与呼叫是相互独立的，顾客在线路占满时选择挂机．令 $X(t)$ 表示 t 时刻通话占用的线路数，则 $\{X(t), t\geqslant 0\}$ 是生灭过程．求：

（1）此生灭过程的平稳分布；

（2）电话总机空闲的概率和服务系统的消失概率；

（3）平均通话线路数．

解：由题意可知状态空间 $E=\{0, 1, 2, 3\}$.

（1）由例 5.5.4 可得平稳分布 $(\pi_0, \pi_1, \pi_2, \pi_3)$ 为

$$\begin{cases} \pi_0=\left[\sum_{j=0}^{3}\frac{1}{j!}\left(\frac{\lambda}{\mu}\right)^j\right]^{-1}, \\ \pi_k=\dfrac{\frac{1}{k!}\left(\frac{\lambda}{\mu}\right)^k}{\sum_{j=0}^{3}\frac{1}{j!}\left(\frac{\lambda}{\mu}\right)^j}, \quad k=1, 2, 3. \end{cases} \tag{5.258}$$

又 $\lambda=\frac{3}{2}$，$\mu=\frac{1}{2}$，则

$$(\pi_0, \pi_1, \pi_2, \pi_3)=\left(\frac{1}{13}, \frac{3}{13}, \frac{9}{26}, \frac{9}{26}\right). \tag{5.259}$$

（2）电话总机空闲的概率 $P_{空}=\pi_0=\frac{1}{13}$；系统消失概率 $P_{消}=\pi_3=\frac{9}{26}$.

（3）平均通话线路数 $\sum_{k=1}^{3}k\pi_k=\frac{51}{26}\approx 2$（条）.

5.6.3　等待制排队系统

1. $M|M|1$ 系统

服务系统内顾客按照强度为 λ 的泊松过程到达；服务时间 T 服从参数为 μ 的指数分布；系统内只有 1 个服务员，顾客没有得到服务不离去．顾客总体是无限源．

设 $X(t)$ 表示 t 时刻服务系统内的顾客数，状态空间 $E=\{0, 1, 2, \cdots\}$，则 $\{X(t), t\geqslant 0\}$ 是一个生灭过程．

（1）状态转移速度如图 5.11 所示．

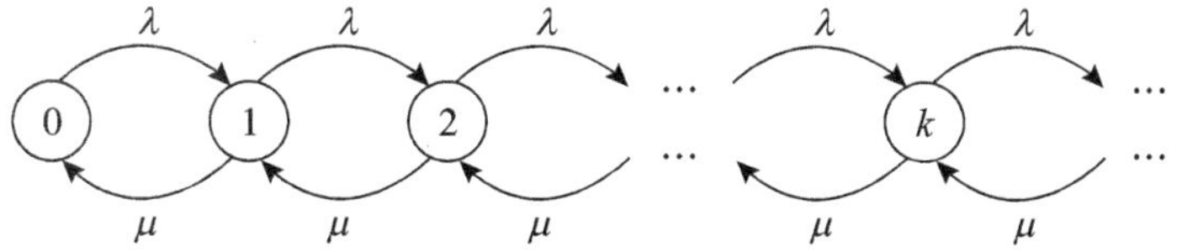

图 5.11　$M|M|1$ 系统的状态转移图示

(2) 状态转移速度矩阵为

$$Q=\begin{pmatrix} -\lambda & \lambda & 0 & 0 & \cdots \\ \mu & -(\lambda+\mu) & \lambda & 0 & \cdots \\ 0 & \mu & -(\lambda+\mu) & \lambda & \cdots \\ \cdots & \cdots & \cdots & \cdots & \cdots \end{pmatrix}. \tag{5.260}$$

(3) 由 $(\pi_0, \pi_1, \cdots)Q=(0, 0, \cdots)$ ，$\sum_{k=0}^{\infty}\pi_k=1$ 可得平稳分布

$$\begin{cases} \pi_0=\left[\sum_{k=0}^{n}\left(\frac{\lambda}{\mu}\right)^k\right]^{-1}=\left[\dfrac{1}{1-\dfrac{\lambda}{\mu}}\right]^{-1}=1-\rho, \\ \pi_1=\left(\dfrac{\lambda}{\mu}\right)^k\pi_0=\rho^k(1-\rho),\ k=1, 2, \cdots, \end{cases} \tag{5.261}$$

其中 $\rho=\dfrac{\lambda}{\mu}$ 称为系统负荷率，是一个衡量服务系统工作强度的指标.

在 $\rho<1$（表明平均服务时间小于两个先后到达的顾客间的平均时间）条件下讨论等待制系统的相关指标：

(1) 服务系统空闲的概率和系统忙的概率：系统空闲即没有顾客到达系统的概率为

$$P_{空}=\pi_0=1-\rho; \tag{5.262}$$

系统忙的概率为

$$P_{忙}=1-P_{空}=\rho. \tag{5.263}$$

(2) 服务系统内顾客的平均数 L_s：服务系统中顾客数包含等待服务和正在接受服务的人数，即

$$L_s=\sum_{k=1}^{\infty}k\pi_k=\sum_{k=1}^{\infty}k\rho^k\pi_0=\pi_0\rho\sum_{k=1}^{\infty}k\rho^{k-1}=\frac{\rho}{1-\rho}=\frac{\lambda}{\mu-\lambda}. \tag{5.264}$$

(3) 服务系统内排队等候的顾客平均数 L_q：

$$L_q=\sum_{k=1}^{\infty}(k-1)\pi_k=\sum_{k=1}^{\infty}k\pi_k-\sum_{k=1}^{\infty}\pi_k=L_s-(1-\pi_0)=\frac{\lambda}{\mu-\lambda}-\frac{\lambda}{\mu}=\frac{\lambda^2}{\mu(\mu-\lambda)}. \tag{5.265}$$

（4）服务系统内顾客所花费时间的平均值 W_s：系统内顾客所花费时间的平均值 W_s 是顾客到达系统的平均时间间隔 $\frac{1}{\lambda}$ 和顾客平均数 L_s 的乘积，即

$$W_s = \frac{1}{\lambda}L_s = \frac{1}{\lambda} \cdot \frac{\lambda}{\mu - \lambda} = \frac{1}{\mu - \lambda}. \tag{5.266}$$

（5）服务系统内顾客排队等候时间的平均值 W_q：系统内顾客排队等候时间的平均值 W_q 是顾客到达系统的平均时间间隔 $\frac{1}{\lambda}$ 和排队等候顾客平均数的乘积，即

$$W_q = \frac{1}{\lambda}L_q = \frac{\lambda}{\mu(\mu - \lambda)}. \tag{5.267}$$

例 5.6.3　某超市只有一个收款台，顾客到达服从泊松分布，且平均每小时到达 20 人．收款时间服从指数分布，平均每个顾客需要 2.5 min. 求该超市收款台的有关运行指标．

解： 由题意知该系统是 $M|M|1$ 等待制服务系统，且

$$\lambda = \frac{20}{60} = \frac{1}{3},\ \mu = \frac{1}{2.5} = \frac{2}{5},\ \rho = \frac{\lambda}{\mu} = \frac{5}{6}. \tag{5.268}$$

（1）收款台空闲的概率 $P_{空} = \pi_0 = 1-\rho = \frac{1}{6}$，收款台忙的概率 $P_{忙} = 1-P_{空} = \rho = \frac{5}{6}$.

（2）收款台顾客平均数 $L_s = \frac{\lambda}{\mu - \lambda} = 5(人)$．

（3）收款台排队等候的顾客平均数 $L_q = \frac{\lambda^2}{\mu(\mu - \lambda)} = \frac{75}{18} \approx 4(人)$．

（4）每一个顾客在收款台花费平均时间 $W_s = \frac{1}{\mu - \lambda} = 15(\text{min})$．

（5）每一个顾客在收款台排队等候的平均时间 $W_q = \frac{\lambda}{\mu(\mu - \lambda)} = 12.5(\text{min})$．

2. $M|M|1$ 顾客为有限源系统

服务系统内每个顾客独立地到达系统服从参数为 λ 的泊松过程；服务时间 T 服从参数为 μ 的指数分布；系统内只有 1 个服务员，顾客总数为 m 个，即是有限源．服务规则是先到先服务．$M|M|1$ 系统中，顾客总体是无限源，顾客是按照全体考

虑，他们以强度为 λ 的泊松过程来到系统，而 $M|M|1$ 成批到达系统的顾客源有限，顾客各自独立以强度为 λ 的泊松过程来到系统.

设 $X(t)$ 表示 t 时刻服务系统内的顾客数，状态空间 $E=\{0, 1, 2, \cdots, m\}$，则 $\{X(t), t\geqslant 0\}$ 是一个生灭过程.

(1) 状态转移速度如图 5.12 所示.

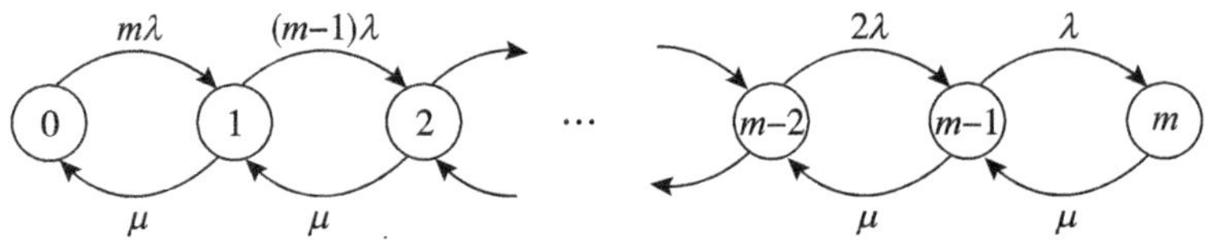

图 5.12 $M|M|1$ 顾客为有限源系统的状态转移图示

(2) 状态转移速度矩阵为

$$
\boldsymbol{Q}=\begin{pmatrix}
-m\lambda & m\lambda & & & & & \\
\mu & -[(m-1)\lambda+\mu] & (m-1)\lambda & & & & \\
 & \mu & -[(m-2)\lambda+\mu] & (m-2)\lambda & & & \\
 & & & \ddots & & & \\
 & & & \mu & -(2\lambda+\mu) & 2\lambda & \\
 & & & & \mu & -(\lambda+\mu) & \lambda \\
 & & & & & \mu & -\mu
\end{pmatrix}. \tag{5.269}
$$

(3) 由 $(\pi_0, \pi_1, \cdots, \pi_m)\boldsymbol{Q}=(0, 0, \cdots, 0)$，$\sum_{k=0}^{m}\pi_k=1$ 可得平稳分布

$$
\begin{cases}
\pi_0=\left[\sum_{i=0}^{m}\dfrac{m!}{(m-i)!}\left(\dfrac{\lambda}{\mu}\right)^i\right]^{-1}, \\
\pi_k=\dfrac{m!}{(m-k)!}\left(\dfrac{\lambda}{\mu}\right)^k\pi_0,\ 1\leqslant k\leqslant m.
\end{cases} \tag{5.270}
$$

(4) L_s 为系统内顾客平均数，则系统外的顾客数为 $m-L_s$，则顾客平均到达率为 λ_e，$\lambda_e=\lambda(m-L_s)$.

另一方面，设备被维修的平均数为 $1-\pi_0=\dfrac{\lambda_e}{\mu}$，即 $\lambda_e=\mu(1-\pi_0)$，则有

$$\lambda(m-L_s)=\mu(1-\pi_0),\tag{5.271}$$

即

$$L_s=m-\frac{\mu}{\lambda}(1-\pi_0).\tag{5.272}$$

（5）系统内排队等候的顾客平均数

$$L_q=L_s-(1-\pi_0).\tag{5.273}$$

（6）系统内顾客所花费时间的平均值

$$W_s=\frac{L_s}{\lambda_e}=\frac{L_s}{\lambda(m-L_s)}.\tag{5.274}$$

（7）系统内顾客排队等候时间的平均值

$$W_q=\frac{L_q}{\lambda_e}=\frac{L_q}{\lambda(m-L_s)}.\tag{5.275}$$

（8）设备（顾客）处于正常运行的台数

$$K=m-L_s.\tag{5.276}$$

（9）设备利用率

$$\tau=\frac{m-L_s}{m}.\tag{5.277}$$

例 5.6.4　现有两台同类型设备，1 个维修工人．设备的寿命（从开始工作到出故障需要维修）服从指数分布，且平均每周维修 1 台．维修时间服从指数分布，且平均每台设备维修需要 $\frac{1}{4}$ 周，设备寿命和维修时间独立．求服务系统的运行指标．

解： 由题意知此系统为顾客为有限源的 $M|M|1$ 等待制系统，且

$$\lambda=1,\ \mu=4,\ \rho=\frac{\lambda}{\mu}=\frac{1}{4},\ m=2.\tag{5.278}$$

（1）系统空闲的概率 $P_{空}=\pi_0=\left[\sum_{k=0}^{m}\frac{m!}{(m-k)!}\left(\frac{\lambda}{\mu}\right)^k\right]^{-1}=\frac{1}{1+2\times\frac{1}{4}+2\times\left(\frac{1}{4}\right)^2}$
$=\frac{8}{13}$.

（2）系统内顾客平均数 $L_s = m - \frac{\mu}{\lambda}(1-\pi_0) = 2 - 4 \times \left(1 - \frac{8}{13}\right) = \frac{6}{13}$（人）.

（3）系统内排队等候的顾客平均数 $L_q = L_s - (1-\pi_0) = \frac{6}{13} - \left(1 - \frac{8}{13}\right) = \frac{1}{13}$（人）.

（4）系统内顾客所花费的平均时间 $W_s = \frac{L_s}{\lambda(m-L_s)} = \frac{\frac{6}{13}}{\frac{20}{13}} = \frac{3}{10}$（周）.

（5）系统内顾客排队等候的平均时间 $W_q = \frac{L_q}{\lambda(m-L_s)} = \frac{\frac{1}{13}}{\frac{20}{13}} = \frac{1}{20}$（周）.

（6）设备正常工作台数 $K = m - L_s = 2 - \frac{6}{13} = \frac{20}{13} \approx 1.54$（台）.

（7）设备利用率 $\tau = \frac{m-L_s}{m} = \frac{10}{13} \approx 0.77$.

3. $M|M|n$ 系统

服务系统内顾客按照强度为 λ 的泊松过程到达；服务时间 T 服从参数为 μ 的指数分布，且两者独立；系统内有 n 个服务员，服务规则是先来先服务．顾客总体为无限源（令 $\lambda < n\mu$）.

设 $X(t)$ 表示 t 时刻服务系统内的顾客数（正在接受服务和等待服务的人数），状态空间 $E = \{0, 1, 2, \cdots\}$，则 $\{X(t), t \geq 0\}$ 是一个生灭过程．

（1）状态转移速度如图 5.13 所示．

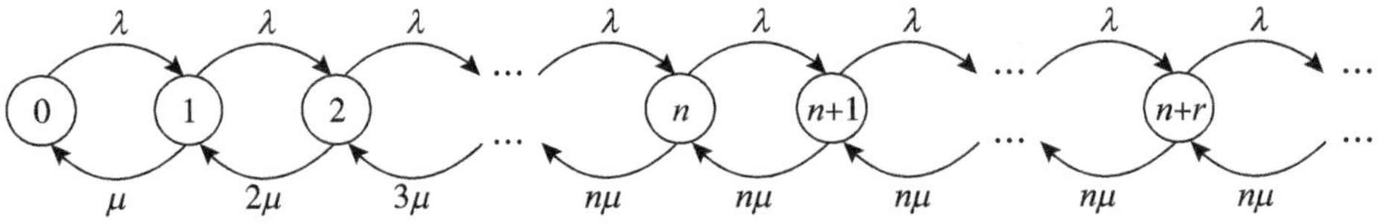

图 5.13　$M|M|n$ 系统的状态转移图示

（2）状态转移速度矩阵为

$$Q=\begin{pmatrix} -\lambda & \lambda & & & & & & \\ \mu & -(\lambda+\mu) & \lambda & & & & & \\ & 2\mu & -(\lambda+2\mu) & \lambda & & & & \\ & & & \ddots & & & & \\ & & & n\mu & -(\lambda+n\mu) & \lambda & & \\ & & & & n\mu & -(\lambda+n\mu) & \lambda & \\ & & & & & & \ddots & \end{pmatrix}. \tag{5.279}$$

（3）由 $(\pi_0, \pi_1, \cdots)Q=(0, 0, \cdots)$，$\sum_{k=0}^{\infty}\pi_k=1$ 可得平稳分布

$$\pi_k=\begin{cases}\dfrac{1}{k!}\left(\dfrac{\lambda}{\mu}\right)^k\pi_0, & 1\leqslant k\leqslant n,\\[2ex] \dfrac{1}{n!\,n^{k-n}}\left(\dfrac{\lambda}{\mu}\right)^k\pi_0, & k\geqslant n+1,\end{cases} \tag{5.280}$$

其中

$$\pi_0=\left[\sum_{k=0}^{n-1}\frac{1}{k!}\left(\frac{\lambda}{\mu}\right)^k+\frac{\left(\dfrac{\lambda}{\mu}\right)^n}{n!\left(1-\dfrac{\lambda}{n\mu}\right)}\right]^{-1},\quad \lambda<n\mu. \tag{5.281}$$

取系统负荷率 $\rho=\dfrac{\lambda}{\mu}$，则可得系统的运行指标如下：

（1）系统内顾客排队等待平均数

$$L_{\mathrm{q}}=\frac{\rho^{n+1}}{n\cdot n!\left(1-\dfrac{\rho}{n}\right)^2}\pi_0. \tag{5.282}$$

（2）系统内顾客的平均数

$$L_{\mathrm{s}}=L_{\mathrm{q}}+\frac{\lambda}{\mu}. \tag{5.283}$$

（3）系统内顾客花费的平均时间

$$W_{\mathrm{s}}=\frac{L_{\mathrm{s}}}{\lambda}. \tag{5.284}$$

（4）系统内顾客排队等待的平均时间

$$W_q = \frac{L_q}{\lambda}. \tag{5.285}$$

例 5.6.5 某汽车加油站有两个加油泵，汽车到达服从泊松分布，且平均每小时到达 12 辆．加油时间服从指数分布，平均每辆车加油需要 6 min. 求：

（1）加油站空闲和忙的概率；

（2）加油站逗留和等待加油的汽车平均数；

（3）平均每辆汽车在加油站逗留和等待的时间．

解： 由题意知该系统是 $M|M|2$ 等待制服务系统，且

$$\lambda = 12, \ \mu = \frac{60}{6} = 10, \ \rho = \frac{\lambda}{\mu} = \frac{6}{5}, \tag{5.286}$$

则可得：

（1）加油站空闲的概率

$$P_{空} = \pi_0 = \left[\sum_{k=0}^{n-1} \frac{1}{k!}\left(\frac{\lambda}{\mu}\right)^k + \frac{\left(\frac{\lambda}{\mu}^n\right)}{n!\left(1-\frac{\lambda}{n\mu}\right)}\right]^{-1} = \left[1 + \frac{6}{5} + \frac{\left(\frac{6}{5}\right)^2}{2 \times \left(1 - \frac{1}{2} \times \frac{6}{5}\right)}\right]^{-1} = \frac{1}{4}. \tag{5.287}$$

加油站忙的概率 $P_{忙} = 1 - P_{空} = \dfrac{3}{4}$.

（2）加油站排队等候加油的汽车平均数

$$L_q = \frac{\rho^{n+1}}{n \cdot n!\left(1-\frac{\rho}{n}\right)^2}\pi_0 = \frac{\left(\frac{6}{5}\right)^3 \times \frac{1}{4}}{4\left(1-\frac{6}{2\times 5}\right)^2} = \frac{27}{40} = 0.675(\text{辆}). \tag{5.288}$$

加油站内汽车逗留的平均数 $L_s = L_q + \dfrac{\lambda}{\mu} = \dfrac{27}{40} + \dfrac{6}{5} = \dfrac{15}{8} = 1.875(\text{辆})$.

（3）每辆汽车在加油站逗留的平均时间 $W_s = \dfrac{L_s}{\lambda} = \dfrac{5}{32}\ \text{h} = 9.375\ \text{min}$. 每辆汽车在加油站排队等待的平均时间 $W_q = \dfrac{L_q}{\lambda} = \dfrac{9}{160}\ \text{h} = 3.375\ \text{min}$.

4. $M|M|n$ 顾客为有限源系统

服务系统内每个顾客独立地到达系统服从参数为 λ 的泊松过程；服务时间 T 服从参数为 μ 的指数分布；系统内有 n 个服务员，顾客总数为 m 个，即是有限源．服务规则是先到先服务（$n < m$）.

设 $X(t)$ 表示 t 时刻服务系统内的顾客数，状态空间 $E = \{0, 1, 2, \cdots, m\}$，则 $\{X(t), t \geqslant 0\}$ 是一个生灭过程．

（1）状态转移速度如图 5.14 所示．

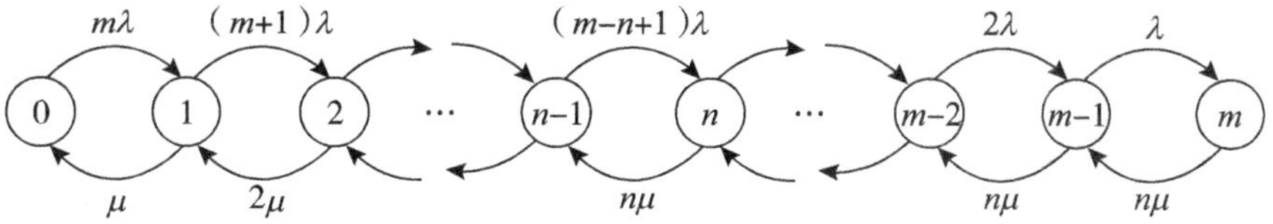

图 5.14　$M|M|n$ 顾客为有限源系统的状态转移图示

（2）状态转移速度矩阵为

$$Q = \begin{pmatrix} -\lambda & \lambda & & & & & \\ \mu & -(\lambda+\mu) & \lambda & & & & \\ & \ddots & & & & & \\ & & & n\mu & -(\lambda+n\mu) & \lambda & \\ & & & & \ddots & & \\ & & & & & n\mu & -n\mu \end{pmatrix}. \tag{5.289}$$

（3）由 $(\pi_0, \pi_1, \cdots, \pi_m)\boldsymbol{Q} = (0, 0, \cdots, 0)$，$\sum\limits_{k=0}^{m}\pi_k = 1$ 可得平稳分布

$$\pi_k = \begin{cases} \dfrac{m!}{k!\,(m-k)!}\left(\dfrac{\lambda}{\mu}\right)^k \pi_0, & 1 \leqslant k \leqslant n-1, \\ \dfrac{1}{n!\,n^{k-n}} \cdot \dfrac{m!}{(m-k)!}\left(\dfrac{\lambda}{\mu}\right)^k \pi_0, & n \leqslant k \leqslant m, \end{cases} \tag{5.290}$$

其中

$$\pi_0 = \left[\sum_{k=0}^{n-1} C_m^k \left(\frac{\lambda}{\mu}\right)^k + \sum_{k=n}^{m} \frac{1}{n!\,n^{k-n}} \frac{m!}{(m-k)!}\left(\frac{\lambda}{\mu}\right)^k\right]^{-1}, \tag{5.291}$$

则可得系统的运行指标如下．

（1）系统空间的概率

$$P_{空} = \pi_0 = \left[\sum_{k=0}^{n-1} C_m^k \left(\frac{\lambda}{\mu} \right)^k + \sum_{k=n}^{m} \frac{1}{n! n^{k-n}} \frac{m!}{(m-k)!} \left(\frac{\lambda}{\mu} \right)^k \right]^{-1}. \tag{5.292}$$

（2）系统内排队等候的顾客平均数

$$L_q = \sum_{k=n-1}^{m} (k-n) \pi_k. \tag{5.293}$$

（3）系统内顾客逗留的平均数

$$L_s = \sum_{k=1}^{m} k\pi_k. \tag{5.294}$$

（4）设备（顾客）正常运行的台数

$$K = m - L_s. \tag{5.295}$$

（5）设备利用率

$$\tau = \frac{m - L_s}{m}. \tag{5.296}$$

（6）有效来到率

$$\lambda_e = \lambda(m - L_s). \tag{5.297}$$

（7）系统内顾客花费时间的平均值

$$W_s = \frac{L_s}{\lambda_e}. \tag{5.298}$$

例 5.6.6 现有 5 台同类型的设备，2 个维修工人．设备的寿命服从指数分布，且平均每周维修 1 台．维修时间服从指数分布，且平均每台设备维修需要 $\frac{1}{4}$ 周，设备寿命和维修时间独立．求服务系统的运行指标．

解： 由题意知

$$\lambda = 1, \ \mu = 4, \ \frac{\lambda}{\mu} = \frac{1}{4}, \ m = 5, \ n = 2. \tag{5.299}$$

（1）系统空闲的概率

$$\begin{aligned} P_{空} = \pi_0 &= \left[\sum_{k=0}^{n-1} C_m^k \left(\frac{\lambda}{\mu} \right)^k + \sum_{k=n}^{m} \frac{1}{n! n^{k-n}} \frac{m!}{(m-k)!} \left(\frac{\lambda}{\mu} \right)^k \right]^{-1} \\ &= \left[\sum_{k=0}^{1} C_5^k \left(\frac{1}{4} \right)^k + \sum_{k=2}^{5} \frac{5!}{2! 2^{k-2} \cdot (5-k)!} \left(\frac{1}{4} \right)^k \right]^{-1} \end{aligned}$$

$$= \left[1 + 5 \times \frac{1}{4} + \frac{5!}{2!3!}\frac{1}{4^2} + \frac{5!}{2!2 \cdot 2!}\frac{1}{4^3} + \frac{5!}{2!2^2}\frac{1}{4^4} + \frac{5!}{2!2^3}\frac{1}{4^5}\right]^{-1}$$

$$= \left[1 + \frac{5}{4} + \frac{5}{8} + \frac{15}{64} + \frac{15}{256} + \frac{15}{2\,048}\right]^{-1} \approx 0.314\,9. \tag{5.300}$$

(2) 排队等待维修的设备平均数 $L_q = \sum_{k=3}^{5}(k-2)\pi_k = \pi_3 + 2\pi_4 + 3\pi_5 \approx 0.118$(台).

(3) 维修站中设备的平均数 $L_s = \sum_{k=1}^{5} k\pi_k \approx 1.094$(台).

(4) 设备正常运转台数 $K = m - L_s \approx 3.906$(台).

(5) 设备利用率 $\tau = \frac{m - L_s}{m} = \frac{K}{m} \approx 0.78$.

(6) 设备有效到来率 $\lambda_e = \lambda(m - L_s) \approx 3.906$.

(7) 维修站中设备逗留的平均时间 $W_s = \frac{L_s}{\lambda_e} \approx 0.28$(周).

5.6.4 混合制排队系统

1. $M|M|1|m$ 系统

服务系统内顾客按照强度为 λ 的泊松过程到达；服务时间 T 服从参数为 μ 的指数分布；系统内只有 1 个服务员；服务规则是先到先服务；系统内能容纳顾客排队的最大数为 m. 当顾客到达系统时，若排队顾客数已等于 m，则顾客立刻离开系统，即该服务系统是混合制排队系统.

设 $X(t)$ 表示 t 时刻服务系统内的顾客数，状态空间 $E = \{0, 1, \cdots, m, m+1\}$，$\{X(t), t \geq 0\}$ 是一个生灭过程.

(1) 状态转移速度如图 5.15 所示.

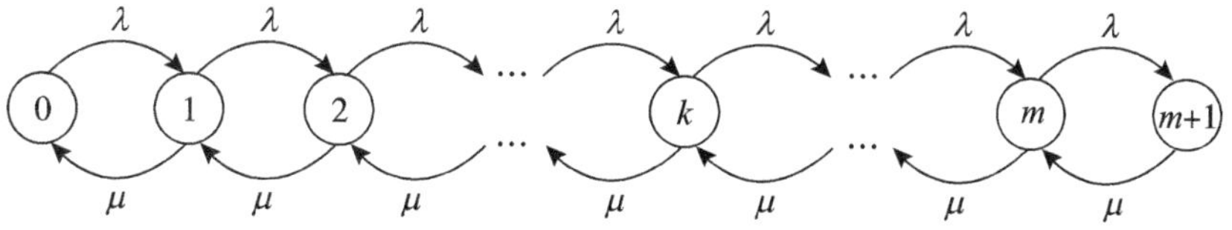

图 5.15　$M|M|1|m$ 系统的状态转移图示

（2）状态转移速度矩阵为

$$
\boldsymbol{Q}=\begin{pmatrix}
-\lambda & \lambda & & & & \\
\mu & -(\lambda+\mu) & \lambda & & & \\
 & \mu & -(\lambda+\mu) & \lambda & & \\
 & & & \ddots & & \\
 & & & \mu & -(\lambda+\mu) & \lambda \\
 & & & & \mu & -\mu
\end{pmatrix}. \tag{5.301}
$$

（3）由 $(\pi_0,\ \pi_1,\ \cdots,\ \pi_{m+1})\boldsymbol{Q}=(0,\ 0,\ \cdots,\ 0)$，$\sum_{k=0}^{m+1}\pi_k=1$ 可得平稳分布

$$
\begin{cases}
\pi_0=\dfrac{1-\dfrac{\lambda}{\mu}}{1-\left(\dfrac{\lambda}{\mu}\right)^{m+2}}=\dfrac{1-\rho}{1-\rho^{m+2}},\ \rho=\dfrac{\lambda}{\mu}, \\
\pi_k=\left(\dfrac{\lambda}{\mu}\right)^k\pi_0=\rho^k\pi_0,\ k=1,\ 2,\ \cdots,\ m+1.
\end{cases} \tag{5.302}
$$

（4）系统空闲的概率

$$
P_{空}=\pi_0=\frac{1-\rho}{1-\rho^{m+2}}. \tag{5.303}
$$

系统消失的概率

$$
P_{消}=\pi_{m+1}=\rho^{m+1}\pi_0=\frac{\rho^{m+1}(1-\rho)}{1-\rho^{m+2}}. \tag{5.304}
$$

（5）系统内顾客的平均数

$$
L_s=\sum_{k=0}^{m}k\pi_k=\frac{\rho}{1-\rho}-\frac{(m+2)\rho^{m+2}}{1-\rho^{m+2}}. \tag{5.305}
$$

（6）系统内排队等候的顾客平均数

$$
L_q=L_s-(1-\pi_0)=L_s+\frac{1-\rho}{1-\rho^{m+2}}-1. \tag{5.306}
$$

（7）系统内顾客花费时间的平均值

$$W_s = \frac{L_s}{\lambda(1 - \rho^{m+1}\pi_0)}. \tag{5.307}$$

（8）系统内顾客排队等候时间的平均值

$$W_q = W_s - \frac{1}{\mu} = \frac{L_q}{\lambda(1 - \rho^{m+1}\pi_0)}. \tag{5.308}$$

例 5.6.7　某汽车修理店只有 1 个维修工人，维修店内最多能容纳 3 辆汽车等待排队．汽车到达维修店服从泊松分布，且平均每天到达 1 辆．维修时间服从指数分布，且平均每辆汽车维修时间为 1.25 天．求该汽车维修店的运行指标．

解：由题意知此系统为 $M|M|1|m$ 混合制系统，且

$$\lambda = 1,\ \mu = \frac{4}{5},\ \rho = \frac{\lambda}{\mu} = 1.25,\ m = 3. \tag{5.309}$$

（1）系统空闲概率 $P_{空} = \pi_0 = \frac{1-\rho}{1-\rho^{m+2}} \approx 0.122$.

（2）修理店内汽车逗留的平均数 $L_s = \frac{\rho}{1-\rho} - \frac{(m+2)\rho^{m+2}}{1-\rho^{m+2}} \approx 2.44$(辆)．

（3）修理店内排队等候的汽车平均数 $L_q = L_s - (1 - \pi_0) \approx 1.56$(辆)．

（4）修理店内汽车花费的平均时间 $W_s = \frac{L_s}{\lambda(1-\rho^{m+1}\pi_0)} \approx 3.48$(天)．

（5）修理店内汽车排队等候的平均时间 $W_q = \frac{L_q}{\lambda(1-\rho^{m+1}\pi_0)} \approx 2.22$(天)．

2. $M|M|n|m$ 系统

服务系统内顾客按照强度为 λ 的泊松过程到达；服务时间 T 服从参数为 μ 的指数分布；系统内有 n 个服务员；服务规则是先到先服务；系统内能容纳顾客排队的最大数为 m. 当顾客到达系统时，若排队顾客数已等于 m，则顾客立刻离开系统，即该服务系统是混合制排队系统．

设 $X(t)$ 表示 t 时刻服务系统内的顾客数，状态空间 $E = \{0, 1, \cdots, m+n-1, m+n\}$，$\{X(t), t \geqslant 0\}$ 是一个生灭过程．

（1）状态转移速度如图 5.16 所示．

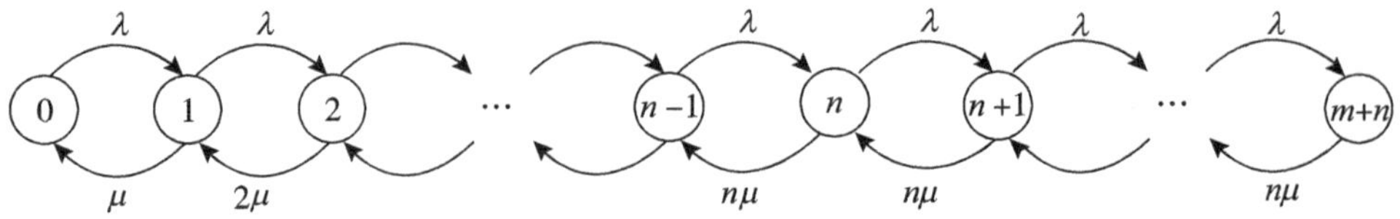

图 5.16　M|M|n|m 系统的状态转移图示

（2）状态转移速度矩阵为

$$Q=\begin{pmatrix} -\lambda & \lambda & & & & & \\ \mu & -(\lambda+\mu) & \lambda & & & & \\ & & \ddots & & & & \\ & & n\mu & -(\lambda+n\mu) & \lambda & & \\ & & & & \ddots & & \\ & & & & & n\mu & -n\mu \end{pmatrix}. \tag{5.310}$$

（3）由 $(\pi_0,\ \pi_1,\ \cdots,\ \pi_{m+n})\boldsymbol{Q}=(0,\ 0,\ \cdots,\ 0)$，$\sum\limits_{k=0}^{m+n}\pi_k=1$ 可得平稳分布

$$\pi_k=\begin{cases}\dfrac{1}{k!}\left(\dfrac{\lambda}{\mu}\right)^k\pi_0=\dfrac{1}{k!}\rho^k\pi_0,\ 1\leqslant k\leqslant n,\ \rho=\dfrac{\lambda}{\mu},\\[2ex] \dfrac{1}{n!\ n^{k-n}}\left(\dfrac{\lambda}{\mu}\right)^k\pi_0=\dfrac{1}{n!\ n^{k-n}}\rho^k\pi_0,\ n+1\leqslant k\leqslant m+n,\end{cases} \tag{5.311}$$

其中

$$\pi_0=\left\{1+\rho+\frac{\rho^2}{2!}+\cdots+\frac{\rho^n}{n!}+\frac{\rho^n\left[\dfrac{\rho}{n}-\left(\dfrac{\rho}{n}\right)^{m+1}\right]}{n!\left(1-\dfrac{\rho}{n}\right)}\right\}^{-1}. \tag{5.312}$$

（4）系统内排队等候的顾客平均数

$$L_{\mathrm{q}}=\frac{\rho^{m+1}\left[1-(m+1)\left(\dfrac{\rho}{n}\right)^m+m\left(\dfrac{\rho}{n}\right)^{m+1}\right]\pi_0}{nn!\left(1-\dfrac{\rho}{n}\right)^2}. \tag{5.313}$$

（5）系统内顾客的平均数

$$L_s = L_q + \rho\left(1 - \frac{\rho^{m+n}}{n^m n!}\pi_0\right). \tag{5.314}$$

（6）系统内顾客排队等候时间的平均值

$$W_q = \frac{\rho^{m+1}\left[1 - (m+1)\left(\frac{\rho}{n}\right)^m + m\left(\frac{\rho}{n}\right)^m\right]\pi_0}{nn!\left(1 - \frac{\rho}{n}\right)^2 \mu} = \frac{L_q}{\lambda}. \tag{5.315}$$

（7）系统内顾客花费时间的平均值

$$W_s = W_q + \frac{1}{\mu}\left(1 - \frac{\rho^{m+n}}{n^m n!}\pi_0\right). \tag{5.316}$$

例 5.6.8　某汽车加油站只有 2 个加油泵，加油站内最多能容纳 3 辆车等候排队．汽车到达加油站服从泊松分布，且平均每分钟到达 2 辆．加油时间服从指数分布，且平均每辆汽车的加油时间为 2 min. 求该加油站的运行指标．

解：由题意知此系统为 $M|M|n|m$ 混合制系统，且

$$\lambda = 2,\ \mu = \frac{1}{2},\ \rho = \frac{\lambda}{\mu} = 4,\ m = 3,\ n = 2. \tag{5.317}$$

（1）系统空闲概率

$$P_{空} = \pi_0 = \left\{1 + \rho + \frac{\rho^2}{2!} + \cdots + \frac{\rho^n}{n!} + \frac{\rho^n\left[\frac{\rho}{n} - \left(\frac{\rho}{n}\right)^{m+1}\right]}{n!\left(1 - \frac{\rho}{n}\right)}\right\}^{-1}$$

$$= \left[1 + 4 + \frac{4^2}{2} + \frac{4^2}{2} \times \frac{2 - 2^4}{1 - 2}\right]^{-1} = \frac{1}{125} = 0.008. \tag{5.318}$$

（2）加油站内排队等候的汽车平均数

$$L_q = \frac{\rho^{m+1}\left[1 - (m+1)\left(\frac{\rho}{n}\right)^m + m\left(\frac{\rho}{n}\right)^{m+1}\right]\pi_0}{nn!\left(1 - \frac{\rho}{n}\right)^2} = \frac{272}{125} = 2.176(\text{辆}). \tag{5.319}$$

（3）加油站内汽车逗留的平均数

$$L_s = L_q + \rho\left(1 - \frac{\rho^{m+n}}{n^m n!}\pi_0\right) = \frac{272}{125} + \frac{244}{125} = 4.128(\text{辆}). \tag{5.320}$$

（4）加油站内汽车排队等候的平均时间

$$W_q = \frac{L_q}{\lambda} = \frac{136}{125} = 1.088(\text{min}). \tag{5.321}$$

（5）加油站内汽车花费的平均时间

$$W_s = W_q + \frac{1}{\mu}\left(1 - \frac{\rho^{m+n}}{n^m n!}\pi_0\right) = \frac{136}{125} + \frac{122}{125} = 2.064(\text{min}). \tag{5.322}$$

习题五

1. 设 $\{U_n,\ n=1,\ 2\cdots\}$ 是相互独立的随机变量序列，试分别讨论下列的 $\{X_n,\ x=1,\ 2\cdots\}$ 是否是马氏链.

（1）$X_n = U_1 + U_2 + \cdots + U_n$；

（2）$X_n = (U_1 + U_2 + \cdots + U_n)^2$.

2. $\{X_n,\ n=1,\ 2\cdots\}$ 是随机差分方程 $X_n = \rho X_{n-1} + I_n$ 的解，其中 ρ 是已知常数，随机变量序列 $X_0 = 0$，$\{I_n,\ n=1,\ 2,\ \cdots\}$ 独立同分布且取可数值. 证明：$\{X_n,\ x=1,\ 2\cdots\}$ 是马氏链.

3. 设 $\{X(n),\ n=1,\ 2,\ \cdots\}$ 是相互独立同分布随机变量序列，令

$$Y(n) = \sum_{k=1}^{n} X(k),\ n=1,\ 2,\ \cdots,$$

分别证明下述情形下 $\{Y(n),\ n=1,\ 2\cdots\}$ 是齐次马氏链.

（1）$X(n)$ 是伯努利随机变量序列，且 $P(X(n)=0)=p$，$P(X(n)=1)=q(0<p,\ q<1,\ p+q=1)$，$n=1,\ 2,\ \cdots$；

（2）$X(n) \sim N(\mu,\ \sigma^2)$，$n=1,\ 2,\ \cdots$.

4. 设 $N(t)$ 是参数为 λ 的 Poission 过程，Y_n 是独立同分布取整数值的随机变量序列，令

$$X(t) = \sum_{n=1}^{N(t)} Y_n,$$

试证：

(1) $X(t)$ 是马氏过程;

(2) 求 $X(t)$ 的数学期望和自相关函数.

5. 设 $\{X(n), n=1, 2, \cdots\}$ 是相互独立取非负整数值的随机变量序列，令

$$Y(n)=\sum_{k=1}^{n} X(k), \quad n=1, 2, \cdots,$$

证明：$\{Y(n), n=1, 2, \cdots\}$ 是马氏链，并写出转移概率矩阵.

6. 设 $\{X(n), n=1, 2, \cdots\}$ 是马氏链，证明：

$$P(X(1)=x_1 \mid X(2)=x_2, X(3)=x_3, \cdots, X(n)=x_n)=P(X(1)=x_1 \mid X(2)=x_2),$$

即马尔可夫链的逆序也构成一个马尔可夫链.

7. 马氏链的转移概率矩阵为

$$\boldsymbol{P}=\begin{pmatrix} 0 & 1 \\ 1 & 0 \end{pmatrix}.$$

证明：该马氏链不是遍历的，但具有平稳分布.

8. 如果明日是否降雨仅与今日是否有雨有关，而与以往的天气无关. 设今日有雨而明日有雨的概率为 0.6，今日无雨明日有雨的概率为 0.3. 令 $X(0)$ 表示今日的天气状态，$X(n)$ 表示第 n 日的天气状态. “$X(n)=1$”表示第 n 日有雨；“$X(n)=2$”表示第 n 日无雨，则 $\{X(n), n=0, 1, 2, \cdots\}$ 是一个齐次马氏链.

(1) 写出状态转移概率矩阵;

(2) 求今日有雨而后日（第 2 日）仍有雨的概率;

(3) 求今日有雨而大后日（第 3 日）无雨的概率.

9. 一个开关有两种状态：开或者关. 若它现在是开着的，经过单位时间（s）后，它仍然开着的概率为 $\frac{1}{2}$，关上的概率为 $\frac{1}{2}$；若它现在是关着的，经过单位时间（s）后，它仍然关着的概率为 $\frac{3}{4}$，打开的概率为 $\frac{1}{4}$. 假设开关的状态转移只在 0，2，3，…（s）时进行. 当 $t=0$ 时，开关开着，求 $t=3$ 时开关关着和开着的概率分别是多少.

10. 一个球在标号分别为 1，2，3，4 的四个人之间传递，每次有球的人等可能

地把球传给其他三个人之一．以 $X(0)$ 表示最初有球的人，$X(n)$ 表示传递 n 次后恰好有球的人，则 $\{X(n), n=0, 1, 2, \cdots\}$ 是一个齐次马氏链．

（1）写出状态转移矩阵；

（2）计算 2 步和 3 步转移矩阵；

（3）求经过 3 次传球后有球的人恰好是第 1 次传球后有球的人的概率；

（4）求经过 3 次传球后有球的人恰好是开始拿球的人的概率．

11. 甲、乙两人进行比赛，每局比赛甲获胜的概率为 p，乙获胜的概率为 q，平局的概率为 r，$p+q+r=1$. 假设每局比赛后胜的记 1 分，输的记 -1 分，平局记 0 分．当两人中有一个获得 2 分时，比赛结束．以 $X(n)$ 表示比赛至第 n 局时，甲获得的分数，则 $\{X(n), n=0, 1, 2, \cdots\}$ 是一个齐次马氏链．

（1）写出此马氏链的状态空间；

（2）写出状态转移矩阵；

（3）计算第 2 步转移矩阵；

（4）在甲获得 1 分的情况下，再赛 2 局就结束比赛的概率是多少？

12. 为适应日益扩大的旅游事业的需要，A，B，C 三个汉服馆组成一个联营部，联合经营出租汉服业务．旅游者可从 A，B，C 三处任意一处租出汉服，用完后还到 A，B，C 三处的任意一处即可．估计转移概率如表 5.2 所示．

表 5.2　估计转移概率

		归还处		
		A	B	C
租赁处	A	0.2	0.8	0
	B	0.8	0	0.2
	C	0.1	0.3	0.6

今欲选择 A，B，C 之一附设清洗点，问最好应设在何处？

13. 从整数 1 到 6 中随机地选取一个数 $X(1)$，记 $X(n)$ 表示从整数 $1, 2, \cdots, X(n-1)$ 中随机选取的数，则 $\{X(n), n \geqslant 0\}$ 是一个齐次马氏链，写出其状态转移空间和状态转移矩阵．

14. 连续投掷一枚均匀硬币，$X(n)$ 表示前 n 次掷出的正面次数，且每次独立投掷，则 $\{X(n), n \geqslant 0\}$ 是一个齐次马氏链，写出其状态转移空间和状态转移矩阵．

15. 将 2 个白球和 2 个黑球随机地放到甲、乙 2 个盒子中，每个盒子各有 2 个球．每次从盒子中各取 1 个球，并进行交换后放回．以 $X(0)$ 表示开始时甲盒中的白球数，$X(n), n \geqslant 1$ 表示经过 n 次交换后甲盒中的白球数，则 $\{X(n), n \geqslant 0\}$ 是一个齐次马氏链，写出其状态转移空间和状态转移矩阵．

16. 有两个赌徒进行赌博，赌徒 1 赌资有 a 元，赌徒 2 赌资有 b 元．每赌一局胜者赢 1 元，败者输 1 元，没有平局，直到有一人输光．设每一局中赌徒 1 获胜的概率为 $\frac{1}{2}$，$X(n)$ 表示第 n 局时赌徒 1 的赌资，则 $\{X(n), n \geqslant 0\}$ 是一个齐次马氏链．

（1）写出状态空间和状态转移矩阵；

（2）求赌徒 1 输光的概率．

17. 设 $\{X(n), n \geqslant 0\}$ 为齐次马氏链，且状态空间为 $E=\{1, 2, 3\}$，状态转移矩阵为

$$\boldsymbol{P}=\begin{pmatrix} \frac{1}{2} & \frac{1}{2} & 0 \\ \frac{1}{2} & \frac{1}{4} & \frac{1}{4} \\ 0 & \frac{1}{3} & \frac{2}{3} \end{pmatrix}.$$

（1）讨论其遍历性；

（2）求平稳分布；

（3）求 $P(X(4)=3 \mid X(1)=1, X(2)=1)$；

（4）求 $P(X(2)=1, X(3)=2 \mid X(1)=1)$．

18. 已知齐次马氏链 $\{X(n), n \geqslant 0\}$ 的状态空间 $E=\{1, 2, 3\}$，状态转移矩阵为

$$P=\begin{pmatrix}\frac{1}{2} & \frac{1}{3} & \frac{1}{6}\\ \frac{1}{3} & \frac{1}{3} & \frac{1}{3}\\ \frac{1}{3} & \frac{1}{2} & \frac{1}{6}\end{pmatrix}.$$

初始分布为 $P(X(0)=1)=\frac{2}{5}$，$P(X(0)=2)=\frac{2}{5}$，$P(X(0)=3)=\frac{1}{5}$. 求：

（1）2 步转移矩阵；

（2）$X(2)$ 的分布律；

（3）平稳分布 .

19. 已知齐次马氏链 $\{X(n), n\geqslant 0\}$ 的状态空间 $E=\{1, 2, 3\}$，状态转移矩阵为

$$P=\begin{pmatrix}\frac{1}{2} & \frac{1}{2} & 0\\ \frac{1}{3} & 0 & \frac{2}{3}\\ 0 & \frac{2}{5} & \frac{3}{5}\end{pmatrix}.$$

（1）讨论其遍历性；

（2）求平稳分布；

（3）求 $P(X(4)=3 \mid X(1)=1, X(2)=2)$；

（4）若 $X(1)$ 的分布律为 $P(X(1)=1)=\frac{1}{2}$，$P(X(1)=2)=\frac{1}{3}$，$P(X(1)=3)=\frac{1}{6}$. 求：$P(X(1)=1, X(2)=2, X(3)=3)$ 及 $X(2)$ 的分布律 .

20. 已知齐次马氏链 $\{X(n), n\geqslant 0\}$ 的状态空间 $E=\{1, 2, 3, 4\}$，状态转移矩阵为

$$P=\begin{pmatrix} \frac{1}{2} & \frac{1}{2} & 0 & 0 \\ \frac{1}{3} & \frac{1}{3} & \frac{1}{3} & 0 \\ 0 & \frac{1}{3} & \frac{1}{3} & \frac{1}{3} \\ 0 & 0 & \frac{1}{2} & \frac{1}{2} \end{pmatrix}.$$

（1）讨论其遍历性；

（2）求平稳分布；

（3）若初始分布为 $P(X(0)=1)=\frac{1}{8}$，$P(X(0)=2)=\frac{1}{4}$，$P(X(0)=3)=\frac{1}{4}$，$P(X(0)=4)=\frac{3}{8}$，求 $X(2)$ 的分布律．

21. 已知齐次马氏链 $\{X(n), n\geqslant 0\}$ 的状态空间 $E=\{1, 2, 3, 4\}$，状态转移矩阵为

$$P=\begin{pmatrix} \frac{1}{2} & \frac{1}{2} & 0 & 0 \\ 1 & 0 & 0 & 0 \\ 0 & \frac{1}{3} & \frac{2}{3} & 0 \\ \frac{1}{2} & 0 & \frac{1}{2} & 0 \end{pmatrix}.$$

（1）画出状态转移图；

（2）讨论各状态性质；

（3）分解状态空间．

22. 已知齐次马氏链 $\{X(n), n\geqslant 0\}$ 的状态空间 $E=\{1, 2, 3, 4, 5, 6\}$，状态转移矩阵为

$$P=\begin{pmatrix} 0 & 0 & \frac{1}{2} & 0 & \frac{1}{2} & 0 \\ \frac{1}{3} & 0 & 0 & \frac{1}{3} & 0 & \frac{1}{3} \\ 0 & 1 & 0 & 0 & 0 & 0 \\ 0 & 0 & 1 & 0 & 0 & 0 \\ 0 & 1 & 0 & 0 & 0 & 0 \\ 0 & 0 & \frac{1}{4} & 0 & \frac{3}{4} & 0 \end{pmatrix}.$$

（1）画出状态转移图；

（2）讨论各状态性质；

（3）分解状态空间．

23. 设两个电话局之间有 s 条用来通话的中断线．两个电话局均有比 s 多的用户，他们之间通话要占用中断线，且认为不管正在通话的用户有几个，不在通话的用户数被看成不变．假设在 $(t, t+\Delta t)$ 中又有一个用户要求通话的概率是 $\lambda\Delta t + o(\Delta t)$，而与正在通话的用户数无关；它表明如有空着的中断线，就可以进行通话，否则上述用户的要求因线路占满而被拒绝；又假设在 $(t, t+\Delta t)$ 中一个用户结束通话而空出一条线路的概率为 $\mu\Delta t + o(\Delta t)$，且认为各用户之间彼此独立．令 $X(t)$ 表示 t 时刻正在使用的中断线的个数．

（1）证明 $\{X(t), t \geqslant 0\}$ 是一个生灭过程；

（2）求其平稳分布；

（3）当电话局间的中断线路的个数 s 无限增加时，平稳分布服从什么分布？

24. 某电话总线有 2 条中断线，设电话呼叫数服从参数为 λ 的泊松分布，平均每分钟有 2 次呼叫，通话时间服从参数为 μ 的指数分布，平均每次通话 3 min，呼叫和通话相互独立．若线路被占，顾客不等待，设 $X(t)$ 表示 t 时刻通话线路数，则 $\{X(t), t \geqslant 0\}$ 是一个生灭过程．

（1）画出状态转移图；

（2）求状态转移速度矩阵；

（3）求平稳分布．

25. 假定有 3 台机器，1 个维修工人，每台机器出故障是独立的．故障时间服从平均值为 $\frac{1}{\lambda}$ 的指数分布，只要机器出故障，维修工人就开始维修，除非其正忙于维修另外的机器．维修时间服从平均值为 $\frac{1}{\mu}$ 的指数分布．设 $X(t)$ 表示 t 时刻出故障的机器数，则 $\{X(t), t \geqslant 0\}$ 是一个生灭过程．

（1）画出状态转移图；

（2）求状态转移速度矩阵；

（3）求平稳分布．

26. 设某火车站的电话问讯处有 3 部电话，可以看作 $M|M|3|3$ 系统．通话时间服从指数分布，每次通话的平均时间为 3 min，则打到问讯处的电话能接通的概率是多少？

27. 某汽车加油站有 2 个加油泵，已知待加油的汽车按照泊松分布到达加油站，平均每小时 10 辆，加油时间服从指数分布，且平均每辆 6 min. 假设加油站最多能容纳 3 辆车（包括正在加油的汽车）．设 $X(t)$ 表示 t 时刻正在加油站的汽车数，若没有空位，汽车立即离去，则 $\{X(t), t \geqslant 0\}$ 是一个生灭过程．

（1）画出状态转移图；

（2）求状态转移速度矩阵 $\boldsymbol{Q}$；

（3）求平稳分布．

28. 某校长接待室由正、副校长 2 人接待来访师生，已知来访者按照泊松分布到达，平均每 15 min 到达 1 人，接待时间服从指数分布，且每人平均接待 20 min. 假设接待室最多能容纳 3 个座位供来访者（包括正在被接待的人）．设 $X(t)$ 表示 t 时刻在接待室的来访者人数，若没有空位，来访者立即离去，则 $\{X(t), t \geqslant 0\}$ 是一个生灭过程．

（1）画出状态转移图；

（2）求状态转移速度矩阵 $\boldsymbol{Q}$；

（3）求平稳分布．

29. 一个服务系统，顾客按照强度为 λ 的泊松过程到达，系统内只有一个服务员，并且服务时间服从参数为 μ 的指数分布．如果服务系统内没有顾客，则顾客到达就开始服务，否则就排队，但如果系统内有两个顾客在排队，他就离开不返回．$X(t)$ 表示 t 时刻系统中的顾客数．

（1）写出状态空间；

（2）求状态转移速度矩阵 $\boldsymbol{Q}$；

（3）求平稳分布．

30. 设货船按照泊松分布到达某港口，平均每天到达 2 艘，装卸货物时间服从指数分布，平均每天可装卸 3 艘，求每艘船在港口内平均等待装卸时间和等待装卸的船只平均数．

31. 某超级市场，顾客按照泊松过程到达，平均每半小时到达 6 人，收款台计价收费时间服从指数分布，平均为 4 min，求：

（1）超市内顾客的平均数；

（2）超市内等待付款顾客的平均数；

（3）超市内顾客花费时间的平均值；

（4）超市内等待付款顾客花费时间的平均值．

32. 某接待室，接待人员每天工作 10 h，来访人员的到来和被接待时间都是随机的．设每天平均有 90 人到来，接待的平均速度为 10 人/h.

（1）求排队等待接待的平均人数；

（2）求等待接待至少为 2 人的概率；

（3）若让等待接待的人平均为 2 人，接待速度应提高多少？

33. 某修理店，顾客按照每小时 12 人的泊松过程到达，服务时间服从指数分布，每次服务时间平均 6 min，店内有 2 名工人，求：

（1）店内没有顾客的概率；

（2）店内至少有 2 名顾客的概率；

（3）店内等候服务顾客的平均数；

（4）店内等候服务顾客花费时间的平均值；

（5）店内顾客花费时间的平均值；

（6）店内顾客的平均数 .

34. 某加油站只有 1 个加油泵，最多能停放 4 辆汽车（包括正在加油的汽车）. 设汽车到达间隔和加油时间相互独立且都服从指数分布，平均每 2 min 到达一辆汽车，每辆汽车加油平均需要 2 min，求：

（1）来加油的汽车到达加油站时能立即加油的概率；

（2）加油站场地有空的概率；

（3）实际加油的汽车在加油站花费时间的平均值 .

35. 2 名工人看管 4 台机器，每台机器平均每半小时需要维修一次，每次维修平均需要 10 min. 设机器连续运转时间和维修时间相互独立，都服从指数分布. $X(t)$ 表示 t 时刻出故障的机器台数，则 $\{X(t), t \geqslant 0\}$ 是一个生灭过程，该系统为 $M|M|2|4$ 排队模型 . 求机器发生故障不能马上得到维修的概率，以及系统的运行指标 .

36. 某医院的外科换药处有 2 名护士，换药者以泊松过程到达，平均每小时有 20 位病人来换药 . 换药时间服从指数分布，每位病人的换药时间平均为 5 min. 设 $X(t)$ 表示 t 时刻来到换药处的人数，则 $\{X(t), t \geqslant 0\}$ 是一个生灭过程，该系统为 $M|M|2$ 排队模型 . 求该系统的运行指标 .

37. 某医生的私人诊所平均每隔 20 min 有一位病人前来就诊，医生给每位病人诊断平均需要 15 min，现把其看作一个 $M|M|1$ 排队模型 . 医生希望有足够的座位给来就诊的病人，病人到达诊所时如果没有座位的概率不超过 0. 01，则至少应为病人准备多少个座位？

38. 设 $[0, t]$ 内到达的顾客服从泊松分布，参数为 λt，系统内只有一个服务员，服务时间服从参数为 μ 的指数分布，即系统是 $M|M|1$ 排队模型 . 证明：

（1）在服务员的服务时间内到达的顾客的平均数为 $\dfrac{\lambda}{\mu}$；

（2）在服务员的服务时间内无顾客到达的概率为 $\dfrac{\mu}{\lambda+\mu}$.

39. 设有一出租车汽车站，到达该站的出租车数服从泊松分布，平均每分钟到达一辆出租车；到达该站的顾客数也服从泊松分布，平均每分钟到达 2 名顾客．如果出租车到站时无顾客候车，不论是否已有汽车停留在站上，该辆汽车就停留在站上候客；反之，如果顾客到达汽车站时发现站上没有汽车，则离去；如果顾客到站时有汽车在候客，则顾客立刻雇一辆车．求：

（1）汽车站上等候的出租车的平均数；

（2）在到站的潜在顾客中有多少人雇得到出租汽车．

40. 设系统内有一个服务员，服务时间服从指数分布．到达服务点的顾客数服从参数为 λ 的泊松分布．设当顾客被服务结束后，以 α 的概率离开系统，以 $1-\alpha$ 的概率重新去排队，于是一个顾客可以多次被服务．设每次服务的平均时间为 $\frac{1}{\mu}$.

（1）建立该系统的平稳方程，求系统进入统计平稳后取各状态的概率，并说明存在统计平稳的条件；

（2）求顾客进入系统起到他第一次被服务所花费的排队等候的时间的平均值；

（3）求顾客进入系统后一共被服务了 n 次的概率（$n \geq 1$）；

（4）求顾客被服务的时间平均值（不包含该顾客在系统内排队等候的时间）．

41. 考虑一个出租汽车站，其出租汽车到达汽车站和顾客到达汽车站分别按照强度为 λ_1 和 λ_2 的独立的泊松过程进行，且 $\lambda_1 < \lambda_2$. 一辆出租汽车来到，不管出租汽车队伍多长都得等待；一个顾客来到，只有两个或更少的顾客在等待汽车时，他才等待．当系统进入平稳后，求：

（1）等待出租汽车的顾客的平均数；

（2）一个顾客到来不需要等待就能坐上汽车的概率．

参考文献

[1] 陈良均，朱庆棠．随机过程及应用 [M]. 北京：高等教育出版社，2006.

[2] 胡英奇，毛用才．随机过程 [M]. 西安：西安电子科技大学出版社，2017.

[3] 李漳南，吴荣．随机过程教材 [M]. 北京：高等教育出版社，1987.

[4] 刘次华．随机过程 [M]. 武汉：华中科技大学出版社，2017.

[5] 张卓奎，陈慧婵．随机过程及其应用 [M]. 西安：西安电子科技大学出版社，2012.

[6] 汪荣鑫．随机过程 [M]. 西安：西安交通大学出版社，2018.

[7] 田铮，秦超英．随机过程与应用 [M]. 北京：科学出版社，2018.

[8] 柳金甫，孙洪祥，王军．应用随机过程 [M]. 北京：清华大学出版社，北京交通大学出版社，2006.

[9] 郭业才．随机过程与控制 [M]. 北京：清华大学出版社，2017.